Einstellungstest Chemikant / Chemikantin

Kurt Guth
Marcus Mery

Einstellungstest Chemikant / Chemikantin

Fit für den Eignungstest im Auswahlverfahren

AUSBILDUNGS Park

Kurt Guth • Marcus Mery
Einstellungstest Chemikant / Chemikantin: Fit für den Eignungstest im Auswahlverfahren | Allgemeinwissen, Mathe, Deutsch, Logisches Denken, Konzentration und mehr | Über 800 Aufgaben mit allen Lösungen

Ausgabe 2025

2. Auflage

Gestaltung: bitpublishing / s.b. design
Lektorat: Andreas Mohr

Bildnachweis:
Archiv des Verlages
Umschlagfoto: © Aleksandar Malivuk – Shutterstock.com
S. 13 (CE-Logo): Public Domain
S. 16 (Opernhaus Sydney): https://commons.wikimedia.org/wiki/File:Circular_Quay,_Sydneyoperahhouse.jpg; Shannon Hobbs; CC-BY-SA-2.0 (https://creativecommons.org/licenses/by-sa/2.0/legalcode); Original entfärbt, beschnitten
S. 18 (Konrad Adenauer): https://commons.wikimedia.org/wiki/File:Bundesarchiv_B_145_Bild-F078072-0004,_Konrad_Adenauer.jpg; Bundesarchiv, B 145 Bild-F078072-0004 / Katherine Young; CC BY-SA 3.0 DE; (https://creativecommons.org/licenses/by-sa/3.0/de/legalcode); Original beschnitten
S. 50 (Petrischale): Public Domain

Bibliografische Information der Deutschen Nationalbibliothek –
Die Deutsche Nationalbibliothek verzeichnet diese Publikation in der Deutschen Nationalbibliografie; detaillierte bibliografische Daten sind im Internet über http://dnb.dnb.de abrufbar.

Gedruckt auf chlorfrei gebleichtem Papier

Satz: bitpublishing, Schwalbach
Druck: mediaprint solutions, Paderborn

ISBN 978-3-95624-114-7

1624 – AP ECH – 5c04

Inhaltsverzeichnis

Vorwort

In Klebstoffen und Kosmetika, Farben und Sonnencremes, Hustensaft und Plastikflaschen – Chemie ist überall. Und sie findet sich beileibe nicht nur dort, wo mit künstlichen Stoffen hantiert wird oder gefährliche Vorgänge stattfinden: Auch in unserem Körper laufen andauernd jede Menge ganz natürliche chemische Prozesse ab.

Wer vor komplizierten Formeln und den einschlägigen Fachbegriffen nicht zurückschreckt, hat beruflich gute Karten. Denn Chemie-Fachkräfte sind begehrt! Einstiegschancen bieten sich vor allem in der pharmazeutischen oder chemischen Industrie, doch auch wissenschaftliche Labors oder Umweltämter freuen sich über fähigen Nachwuchs.

Was bringt Ihnen dieses Buch?

Mit diesem Buch haben Sie alles zur Hand, was Sie brauchen, um sich auf computergestützte und schriftliche Einstellungstests für Chemikanten und Chemielaboranten vorzubereiten. Sie lernen klassische und ungewöhnliche Aufgabentypen kennen, erfahren die besten Lösungsstrategien und machen sich mit der Prüfungssituation vertraut.

Auf den folgenden Seiten finden Sie eine Fülle typischer Aufgaben aus allen wichtigen Testbereichen: Allgemeinbildung, fachbezogenes Wissen, Sprachbeherrschung, Mathematik, Logik, visuelles Denkvermögen, Konzentration und Merkfähigkeit. Der Lösungsteil am Schluss jedes Kapitels liefert nicht nur die richtigen Antworten, sondern erklärt auch die Lösungswege kompakt und verständlich. Dazu erhalten Sie Tipps und Tricks, um knifflige Aufgaben geschickt zu „knacken".

Eine grobe Richtschnur zur Einordnung Ihrer Ergebnisse: 50–60 % richtig gelöste Aufgaben können als ausreichend gelten, 60–70 % als befriedigend, 70–85 % als gut und höhere Werte als hervorragend – erfahrungsgemäß schafft das allerdings kaum jemand.

Wir wünschen Ihnen viel Erfolg!

Ihr Ausbildungspark-Team

Kontakt

Ausbildungspark Verlag GmbH
Kundenbetreuung
Bettinastraße 69
63067 Offenbach am Main

Telefon +49 (69) 40 56 49 73
Telefax +49 (69) 43 05 86 02
kontakt@ausbildungspark.com
www.ausbildungspark.com

10 Tipps für den Testerfolg

▶ **1. Gut vorbereiten.**
Beginnen Sie rechtzeitig mit der Vorbereitung, portionieren Sie den Lernstoff in kleine Einheiten, planen Sie Pausenzeiten ein. Wer sich in den letzten Tagen vor dem Test zu viel zumutet, läuft Gefahr, das Gelernte weder zu verstehen noch zu behalten.

▶ **2. Informieren.**
Fragen Sie frühzeitig nach: Welche Hilfsmittel (z. B. Taschenrechner) dürfen Sie benutzen? Welche Materialien (z. B. Stift, Papier, Lineal) müssen Sie mitbringen, welche werden Ihnen gestellt?

▶ **3. Entspannungshilfen finden.**
Eignen Sie sich Entspannungstechniken an, zum Beispiel Atemübungen oder autogenes Training. Am Prüfungstag lassen sich Denkblockaden damit leichter überwinden.

▶ **4. Aufgeräumt ankommen.**
Erscheinen Sie ausgeschlafen und pünktlich, achten Sie auf Ihren äußeren Eindruck – die Prüfer tun es auch. Und vergessen Sie das Frühstück nicht: Wer mit nüchternem Magen in die Prüfung startet, baut schneller ab und ist weniger leistungsfähig.

▶ **5. Lieber einmal mehr fragen.**
Nutzen Sie die Möglichkeit, den Testleitern Fragen zu stellen, um Unklarheiten auszuräumen.

▶ **6. Aufgabenstellungen aufmerksam lesen.**
Studieren Sie die Fragen und Bearbeitungshinweise sorgfältig. Manchmal sind kleine Finten eingebaut, die den unkonzentrierten Teilnehmer entlarven.

▶ **7. Zügig arbeiten.**
Behalten Sie die Uhr im Auge und teilen Sie sich Ihre Zeit gut ein. Oft steigt das Schwierigkeitsniveau innerhalb einer Aufgabenkategorie zum Ende hin an. Eventuell hilft es, zuerst in jeder Kategorie die einfachen

Aufgaben zu lösen. Planen Sie etwas Zeit ein, um Ihre Antworten auf Flüchtigkeitsfehler und andere kleine Patzer zu kontrollieren.

- **8. Nicht verrückt machen lassen.**
  Der Test ist in der vorgegebenen Zeit beim besten Willen nicht zu schaffen? Dieser Eindruck kann völlig richtig sein. Viele Prüfungen sind so konzipiert, dass kaum jemand im vorgegebenen Zeitrahmen alle Aufgaben korrekt lösen kann. So wird zugleich das Arbeitsverhalten unter Druck getestet.

- **9. Nicht festbeißen.**
  Anstatt minutenlang an einer Aufgabe zu verzweifeln, gehen Sie lieber zur nächsten über. Mit den übersprungenen Fragen können Sie sich – angefangen bei der leichtesten – später noch beschäftigen. So manch kniffliger Fall entpuppt sich als leichte Übung, wenn die erste Anspannung überwunden ist.

- **10. Zur Not einfach raten.**
  Die schlechteste Antwort ist meistens keine Antwort: Falsche Lösungen werden nur selten mit Punktabzügen bestraft. Bei Multiple-Choice-Aufgaben mit mehreren Antwortvorschlägen lässt sich das richtige Ergebnis einkreisen, indem man die falschen Lösungen eine nach der anderen aussortiert.

Allgemeinwissen

Staat und Politik

Bearbeitungszeit 5 Minuten

Beantworten Sie bitte die folgenden Aufgaben, indem Sie jeweils den richtigen Lösungsbuchstaben markieren.

1) Wofür steht der Buchstabe „A" im Parteinamen der AfD?

A. Alternative
B. Avantgarde
C. Aktion
D. Agitation
E. Keine Antwort ist richtig.

2) Welche Partei regiert die Volksrepublik China seit 1949?

A. Demokratische Partei Chinas
B. Sozialistische Partei Chinas
C. Kommunistische Partei Chinas
D. Nationale Partei Chinas
E. Keine Antwort ist richtig.

3) Wofür steht die Abkürzung „NATO"?

A. Neighboured Allies Tactical Organization
B. Northern Allies Trade Office
C. North Atlantic Treaty Organization
D. North American Transfer Obligation
E. Keine Antwort ist richtig.

4) Wie viele Jahre beträgt die Amtszeit des Bundeskanzlers?

A. 3
B. 4
C. 5
D. 6
E. Keine Antwort ist richtig.

5) Wer war der erste sozialdemokratische Kanzler der Bundesrepublik Deutschland?

A. Ludwig Erhard
B. Kurt Georg Kiesinger
C. Helmut Schmidt
D. Willy Brandt
E. Keine Antwort ist richtig.

6) Wo residiert der französische Staatspräsident?

A. Montparnasse
B. Louvre
C. Bastille
D. Élysée-Palast
E. Keine Antwort ist richtig.

7) Wen meint man mit dem Begriff „Unionsparteien"?

A. Die an einer Regierungskoalition beteiligten Parteien
B. CDU und CSU
C. Alle nicht an der Regierung beteiligten Parteien
D. Alle Parteien, die den Zentralismus befürworten
E. Keine Antwort ist richtig.

8) Zu welchem Staat gehört diese Flagge?

A. Nordkorea
B. Laos
C. Japan
D. Südkorea
E. Keine Antwort ist richtig.

9) Wie ist die Bundesversammlung zusammengesetzt?

A. Ausschließlich aus Mitgliedern des Bundestages
B. Ausschließlich aus Vertretern der Länder
C. Aus Mitgliedern des Bundestages und Vertretern der Länder
D. Ausschließlich aus Politikern
E. Keine Antwort ist richtig.

10) Wo befindet sich der offizielle Sitz des Europäischen Parlaments?

A. Straßburg
B. Brüssel
C. Kopenhagen
D. Luxemburg
E. Keine Antwort ist richtig.

Wirtschaft und Gesellschaft *Bearbeitungszeit 5 Minuten*

Beantworten Sie bitte die folgenden Aufgaben, indem Sie jeweils den richtigen Lösungsbuchstaben markieren.

11) Was versteht man unter dem Begriff „Inflation"?

A. Preisniveaustabilität
B. Anstieg des Preisniveaus
C. Sinkende Preise
D. Geldaufwertung
E. Keine Antwort ist richtig.

12) Was bedeutet „DAX"?

A. Deutscher Aktienhandel
B. Deutsche Aufsicht für Indizes
C. Deutsche Agentur für Indizes
D. Deutscher Aktienindex
E. Keine Antwort ist richtig.

13) Eine Holding ist ...?

A. eine Gewerkschaft.
B. eine Beteiligungsgesellschaft.
C. ein Staatsbetrieb.
D. eine Baubehörde.
E. Keine Antwort ist richtig.

14) Mit welchem Rohstoff befasst sich die Organisation OPEC?

A. Erdöl
B. Gold
C. Kohle
D. Eisen
E. Keine Antwort ist richtig.

15) Wofür steht dieses Logo?

CE

A. Einhaltung von „Fair Trade"-Handelsrichtlinien
B. Gütesiegel im Online-Handel
C. Importierte Elektronikware
D. Einhaltung der EU-Handelsrichtlinien
E. Keine Antwort ist richtig.

16) Was bedeutet der Begriff „Tarifautonomie"?

A. Die Tarifvertragsparteien können Löhne und Gehälter frei vereinbaren.
B. Die Belegschaft darf Löhne und Gehälter frei bestimmen.
C. Die Arbeitgeberverbände können Löhne und Gehälter festlegen.
D. Die Gewerkschaften entscheiden frei über Löhne und Gehälter.
E. Keine Antwort ist richtig.

17) Was versteht man unter „Rezession"?

A. Einen wirtschaftlichen Aufschwung
B. Wirtschaftliche Stabilität
C. Einen Rückgang der Wirtschaftskraft
D. Steigende Gewinne
E. Keine Antwort ist richtig.

18) Was wird unter dem Begriff „Joint Venture" verstanden?

A. Fusionen
B. Rechtlich selbstständige Gemeinschaftsunternehmen
C. Rechtlich unselbstständige Geschäftseinheiten
D. Kartelle
E. Keine Antwort ist richtig.

19) Welcher EU-Staatsbürger zahlt in seinem Heimatland nicht mit Euro?

A. Der Österreicher
B. Der Slowene
C. Der Schwede
D. Der Slowake
E. Der Finne

20) Durch welche der folgenden Steuern erzielt der Staat die größeren Einnahmen?

A. Gewerbesteuer
B. Umsatzsteuer
C. Tabaksteuer
D. Energiesteuer
E. Keine Antwort ist richtig.

Geografie und Landeskunde *Bearbeitungszeit 5 Minuten*

Beantworten Sie bitte die folgenden Aufgaben, indem Sie jeweils den richtigen Lösungsbuchstaben markieren.

21) Wie heißt die Landeshauptstadt von Bayern?

A. Nürnberg
B. Würzburg
C. Aschaffenburg
D. München
E. Keine Antwort ist richtig.

22) Welchem Staat ist die falsche Hauptstadt zugeordnet?

A. Japan – Tokio
B. Afghanistan – Kabul
C. Australien – Sydney
D. Indonesien – Jakarta
E. Keine Antwort ist richtig.

23) Wie heißt der atlantische Meeresarm zwischen England und Frankreich?

A. Straße von Dover
B. Skagerrak
C. Straße von Gibraltar
D. Ärmelkanal
E. Keine Antwort ist richtig.

24) In welchem Mittelgebirge liegt die „Sächsische Schweiz"?

A. Teutoburger Wald
B. Kaiserstuhl
C. Spessart
D. Elbsandsteingebirge
E. Keine Antwort ist richtig.

25) Durch welches Bundesland fließt die Oder?

A. Bayern
B. Hamburg
C. Nordrhein-Westfalen
D. Brandenburg
E. Keine Antwort ist richtig.

26) Welche Stadt liegt nicht in Bayern?

A. Augsburg
B. Regensburg
C. Oldenburg
D. Würzburg
E. Keine Antwort ist richtig.

27) Wie heißt die Landeshauptstadt von Brandenburg?

A. Potsdam
B. Cottbus
C. Frankfurt (Oder)
D. Eisenhüttenstadt
E. Keine Antwort ist richtig.

28) Welches ist das flächenmäßig größte Land Südamerikas?

A. Argentinien
B. Bolivien
C. Chile
D. Brasilien
E. Keine Antwort ist richtig.

29) Wie heißt die Meerenge zwischen Schwarzem Meer und Mittelmeer?

A. Bosporus
B. Straße von Gibraltar
C. Sueskanal
D. Straße von Tunis
E. Keine Antwort ist richtig.

30) In welcher Stadt befindet sich diese Sehenswürdigkeit?

A. Rio de Janeiro
B. New York
C. Toronto
D. Sydney
E. Keine Antwort ist richtig.

Geschichte

Bearbeitungszeit 5 Minuten

Beantworten Sie bitte die folgenden Aufgaben, indem Sie jeweils den richtigen Lösungsbuchstaben markieren.

31) Wer war der erste Präsident der Vereinigten Staaten von Amerika?

A. John F. Kennedy
B. Ronald W. Reagan
C. Thomas Jefferson
D. George Washington
E. Keine Antwort ist richtig.

32) Wann war der Zweite Weltkrieg in Europa?

A. 1940–1945
B. 1914–1918
C. 1939–1945
D. 1940–1946
E. Keine Antwort ist richtig.

33) Was geschah am 24. Oktober 1929 an der New Yorker Börse?

A. Die Börsenkurse sind stark gestiegen.
B. Dieser Tag wird auch als „grüner Freitag" bezeichnet.
C. An diesem Tag wurde eine Weltwirtschaftskrise durch den Zusammenbruch der New Yorker Börse ausgelöst.
D. Die Börsenkurse sind leicht gefallen.
E. Keine Antwort ist richtig.

34) Wer war der „Sonnenkönig"?

A. Philipp I.
B. Karl IV.
C. Ludwig XIV.
D. Heinrich III.
E. Keine Antwort ist richtig.

35) Wann ungefähr begann das Mittelalter?

A. Im 18. Jahrhundert
B. Im 12. Jahrhundert
C. Nach den Kreuzzügen
D. Mit der Völkerwanderung
E. Keine Antwort ist richtig.

36) In welchem Jahr brach der Dreißigjährige Krieg aus?

A. 1597
B. 1618
C. 1789
D. 1848
E. Keine Antwort ist richtig.

37) Der „Deutsche Herbst" war ...?

A. 1968.
B. 1972.
C. 1977.
D. 1979.
E. Keine Antwort ist richtig.

38) Wie heißt dieser Politiker?

A. Konrad Adenauer
B. Helmut Kohl
C. Hans-Dietrich Genscher
D. Theodor Heuss
E. Keine Antwort ist richtig.

39) Was geschah am 9. November 1989?

A. Vollzug der Deutschen Einheit
B. Französische Revolution
C. Fall der Berliner Mauer
D. Einführung des Euro
E. Keine Antwort ist richtig.

40) Was geschah im Jahr 2002?

A. Vertrag über die Europäische Union
B. Vertrag von Lissabon
C. Einführung des Euro
D. Terroranschlag
E. Keine Antwort ist richtig.

Kunst, Musik und Literatur *Bearbeitungszeit 5 Minuten*

Beantworten Sie bitte die folgenden Aufgaben, indem Sie jeweils den richtigen Lösungsbuchstaben markieren.

41) Wessen 9. Sinfonie enthält die Ode „An die Freude"?

A. Gustav Mahler
B. Ludwig van Beethoven
C. Johann Strauß
D. Joseph Haydn
E. Keine Antwort ist richtig.

42) Wer schrieb die „Blechtrommel"?

A. Franz Kafka
B. Friedrich Schiller
C. Heinrich Böll
D. Günter Grass
E. Keine Antwort ist richtig.

43) Welches ist kein Saiteninstrument?

A. Oboe
B. Bratsche
C. Gitarre
D. Cello
E. Keine Antwort ist richtig.

44) Wer schrieb den Roman „Farm der Tiere"?

A. Aldous Huxley
B. George Orwell
C. Roald Dahl
D. Mark Twain
E. Keine Antwort ist richtig.

45) Von wem stammt der Ausspruch „Ich denke, also bin ich"?

A. Baruch Spinoza
B. René Descartes
C. Friedrich Nietzsche
D. Immanuel Kant
E. Keine Antwort ist richtig.

46) Zu welcher Stilgruppe der bildenden Kunst zählte Claude Monet?

A. Realismus
B. Symbolismus
C. Impressionismus
D. Expressionismus
E. Keine Antwort ist richtig.

47) Welches Instrument wird zuweilen mit einem „Besen" gespielt?

A. Gitarre
B. Cembalo
C. Triangel
D. Schlagzeug
E. Keine Antwort ist richtig.

48) Welcher bedeutende französische Komödiendichter des 17. Jahrhunderts schrieb „Der eingebildete Kranke"?

A. Cyrano de Bergerac
B. Molière
C. La Fontaine
D. Balzac
E. Keine Antwort ist richtig.

49) Für welche gestalterische Stilrichtung stehen die Namen Walter Gropius, Ludwig Mies van der Rohe, Wassily Kandinsky und Lyonel Feininger?

A. Historismus
B. Postmoderne
C. Rokoko
D. Klassische Moderne
E. Keine Antwort ist richtig.

50) Woyzeck, Danton, Leonce und Lena sind Hauptfiguren in Dramen welches Autors?

A. Friedrich Dürrenmatt
B. Georg Büchner
C. Molière
D. Heinrich von Kleist
E. Keine Antwort ist richtig.

Mathematik

Bearbeitungszeit 5 Minuten

Beantworten Sie bitte die folgenden Aufgaben, indem Sie jeweils den richtigen Lösungsbuchstaben markieren.

51) Welches Element ist kein Bestandteil einer Division?

A. Quotient
B. Dividend
C. Subtrahend
D. Divisor
E. Keine Antwort ist richtig.

52) Wie lautet das römische Zahlzeichen für die Zahl 4?

A. VI
B. V
C. IV
D. X
E. Keine Antwort ist richtig.

53) Wie nennt man den abgebildeten Typ eines Vierecks?

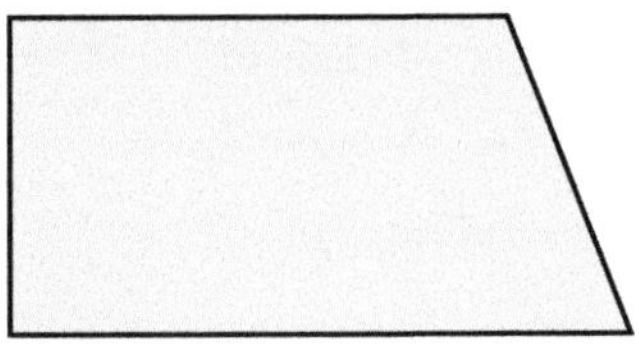

A. Trapez
B. Raute
C. Quader
D. Parallelogramm
E. Keine Antwort ist richtig.

54) Wofür steht dieses Zeichen?

$$\infty$$

A. Unendlichkeit
B. Promille
C. Statistische Wahrscheinlichkeit
D. Kaufmännische Rundung
E. Keine Antwort ist richtig.

55) Wie lautet die 3. Binomische Formel?

A. $(a + b)^2 = a^2 + 2ab + b^2$
B. $(a - b)^2 = a^2 - 2ab + b^2$
C. $(a + b) \times (a - b) = a^2 - b^2$
D. $a^2 + b^2 = c^2$
E. Keine Antwort ist richtig.

56) Wie lautet der Satz des Pythagoras?

A. $(a + b)^2$
B. $(a - b)^2$
C. $a^2 - b^2$
D. $a^2 + b^2 = c^2$
E. Keine Antwort ist richtig.

57) Welcher Gegenstand hat die Form eines Kegels?

A. Konservendose
B. Bowlingkugel
C. Pyramide
D. Eiswaffel
E. Keine Antwort ist richtig.

58) Eine Gerade, die einen Kreis in einem einzigen Punkt berührt, nennt man …?

A. Sekante.
B. Parallele.
C. Kathete.
D. Tangente.
E. Keine Antwort ist richtig.

59) Welches Gesetz beschreibt keine elementare Grundregel der Mathematik?

A. Assoziativgesetz
B. Abstraktivgesetz
C. Kommutativgesetz
D. Distributivgesetz
E. Keine Antwort ist richtig.

60) Was kann man mithilfe der p-q-Formel machen?

A. Wurzeln negativer Zahlen ziehen
B. Volumen eines Würfels berechnen
C. Quadratische Gleichungen lösen
D. Umfang eines Kreises bestimmen
E. Keine Antwort ist richtig.

Naturwissenschaften

Bearbeitungszeit 5 Minuten

Beantworten Sie bitte die folgenden Aufgaben, indem Sie jeweils den richtigen Lösungsbuchstaben markieren.

61) In welcher Einheit wird elektrische Spannung gemessen?

A. Volt
B. Ohm
C. Dezibel
D. Ampere
E. Keine Antwort ist richtig.

62) Welche Aussage zu Metallen ist falsch?

A. Metalle haben eine gute elektrische Leitfähigkeit.
B. Metalle haben eine gute Formbarkeit.
C. Metalle können nur fest oder gasförmig sein.
D. Metalle haben eine gute thermische Leitfähigkeit.
E. Keine Antwort ist richtig.

63) Welches Gerät misst unter anderem die Stärke von Erdbeben?

A. Tomograf
B. Barometer
C. Seismograf
D. Hygrometer
E. Keine Antwort ist richtig.

64) Wie heißt die am schnellsten wachsende Pflanze der Welt?

A. Ackerwinde
B. Riesenbambus
C. Sommerflieder
D. Indisches Springkraut
E. Keine Antwort ist richtig.

65) Wie heißt das abgebildete Biomolekül?

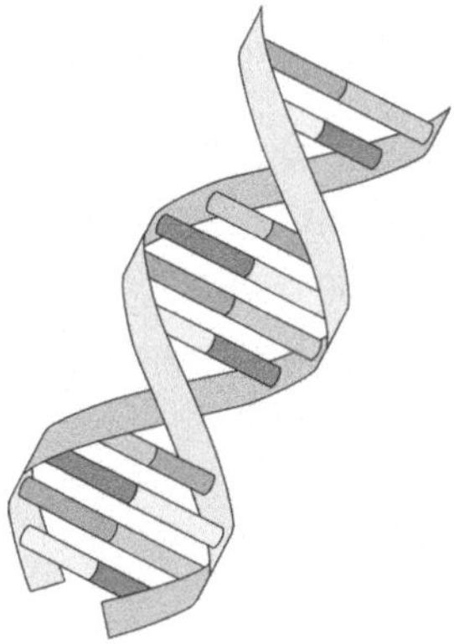

A. Insulin
B. Glutamat
C. DNA
D. Adrenalin
E. Keine Antwort ist richtig.

66) Welcher Teil der Zelle schützt sie vor ihrer Umgebung?

A. Mitochondrien
B. Zellmembran
C. Ribosomen
D. Zellkern
E. Keine Antwort ist richtig.

67) Was ist ein Elektron?

A. Ein chemisches Element
B. Ein elektrisch geladenes Proton
C. Ein elektrisch geladenes Neutron
D. Ein negativ geladenes Elementarteilchen
E. Keine Antwort ist richtig.

68) Welche Geschwindigkeit hat das Licht?

A. 300.000 km/h
B. 300.000 km/s
C. 300.000 m/h
D. 300.000 m/s
E. Keine Antwort ist richtig.

69) Wenn ein Körper nicht beschleunigt wird, dann …?

A. bewegt er sich mit Sicherheit nicht.
B. verliert er mit Sicherheit an Energie.
C. behält er seine Geschwindigkeit mit Sicherheit bei.
D. besitzt er mit Sicherheit keine Masse.
E. Keine Antwort ist richtig.

70) Mithilfe des Sonnenlichts wird bei der Fotosynthese …?

A. Wasser in Sauerstoff und Kohlendioxid umgewandelt.
B. Wasser und Kohlendioxid in Stickstoff und Glucose umgewandelt.
C. Wasser und Kohlendioxid in Sauerstoff und Glucose umgewandelt.
D. Kohlendioxid in Wasser umgewandelt.
E. Keine Antwort ist richtig.

IT-Kenntnisse

Bearbeitungszeit 5 Minuten

Beantworten Sie bitte die folgenden Aufgaben, indem Sie jeweils den richtigen Lösungsbuchstaben markieren.

71) Das „Mainboard" in einem Computer …?

A. wird auch „Prozessor" genannt.
B. ist die Grafikkarte mit integrierter Soundkarte.
C. wird auch „Hauptspeicher" genannt.
D. ist die Hauptplatine eines Computers und enthält diverse Steckplätze.
E. Keine Antwort ist richtig.

72) Was wird in der Computertechnologie unter „Plug & Play" verstanden?

A. Ein Druckertreiber
B. Eine Schnittstelle zum Anschluss von Peripheriegeräten
C. Ein Gerätetreiber unter Windows XP zum Anschluss von externen Geräten
D. Die Eigenschaft, Geräte an einen Computer anschließen zu können, ohne dafür einen Treiber installieren zu müssen
E. Keine Antwort ist richtig.

73) Worauf bezieht sich in der IT-Sprache die Angabe „3 GHz"?

A. Bildschirmauflösung der Grafikkarte
B. Speicherkapazität der Festplatte
C. Geschwindigkeit des Prozessors
D. Kapazität des Hauptspeichers
E. Keine Antwort ist richtig.

74) Welche Funktion hat der Hauptprozessor eines Computers?

A. Der Prozessor ist ein Datenspeicher.
B. Der Prozessor ist das Herzstück eines Computers und steuert die Bestandteile.
C. Der Prozessor ist ein Gerät zur Unterstützung der Stromversorgung.
D. Der Prozessor fährt den Computer hoch.
E. Keine Antwort ist richtig.

75) Was ist JavaScript?

A. Eine Skriptsprache zur Internetnutzung in Web-Browsern
B. Eine Tabellenkalkulationssoftware
C. Ein Textverarbeitungsprogramm
D. Ein Script zur Automatisierung in Photoshop
E. Keine Antwort ist richtig.

76) Welche Aussage zur Firewall ist richtig?

A. Eine Firewall ist ein Programm, das Schutz vor unberechtigtem Zugriff aus dem Internet bietet.
B. Eine Firewall kann nur zwischen zwei WAN-Netzwerken („Wide Area Networks") geschaltet werden.
C. Eine Firewall muss zwischen ein LAN- („Local Area Network") und ein WAN-Netzwerk („Wide Area Network") geschaltet werden.
D. Eine Firewall kann nur zwischen zwei LAN-Netzwerken („Local Area Networks") geschaltet werden.
E. Keine Antwort ist richtig.

77) Was ist ein LAN?

A. Ein Rechnernetz
B. Ein Internetprotokoll
C. Ein Glasfaserkabel
D. Ein Kupferkabel mit Texasstecker
E. Keine Antwort ist richtig.

78) Wofür stehen die Begriffe „analog" und „digital"?

A. Für verschiedene Arten von Mikroprozessoren
B. Für Ein- und Ausgabegeräte
C. Für manuelle und automatische Prozesse
D. Für unterschiedliche Signalarten
E. Keine Antwort ist richtig.

79) Wofür steht im IT-Bereich die Bezeichnung „ROM"?

A. „ROM" ist die englische Abkürzung für „Arbeitsspeicher".
B. „ROM" ist die englische Abkürzung für „Hauptspeicher".
C. Unter „ROM" wird ein Speicher verstanden, der sowohl beschreibbar als auch lesbar ist.
D. Unter „ROM" wird ein Speicher verstanden, der nur lesbar ist.
E. Keine Antwort ist richtig.

80) Wofür steht in der IT-Sprache der Begriff „Host"?

A. Für einen Rechner, der sich in einer untergeordneten Struktur befindet

B. Für einen Rechner, der als Server betrieben wird

C. Für einen Rechner, der als Client betrieben wird

D. Für ein Netzwerk mit mehreren Rechnern

E. Keine Antwort ist richtig.

Begriffe einsetzen

Bearbeitungszeit 5 Minuten

Welcher Begriff ergänzt die Lücke sachlich korrekt?

Beantworten Sie bitte die folgenden Aufgaben, indem Sie jeweils den richtigen Lösungsbuchstaben markieren.

81) Die _____ des Menschen ist unantastbar. (Artikel 1, Satz 1 des Grundgesetzes)

A. Freiheit
B. Seele
C. Ehre
D. Würde
E. Keine Antwort ist richtig.

82) Die vier Grundbausteine der _____ sind Adenin, Thymin, Cytosin und Guanin.

A. Erde
B. DNA
C. Photosynthese
D. Viren
E. Keine Antwort ist richtig.

83) Die menschlichen _____ sind in Chromosomen gebündelt.

A. Blutkörperchen
B. Erbinformationen
C. Zellen
D. Nervenbahnen
E. Keine Antwort ist richtig.

84) Alle Tiere haben _____.

A. Nasen
B. Ohren
C. Lungen
D. einen Stoffwechsel
E. Keine Antwort ist richtig.

85) Ohne _____ kann Eisen nicht rosten.

A. Kohlenstoff
B. Stickstoff
C. Sauerstoff
D. Wasserstoff
E. Keine Antwort ist richtig.

86) Vitamin D kann der menschliche Körper mithilfe von _____ selbst bilden.

A. Sonnenlicht
B. Mineralwasser
C. sportlicher Betätigung
D. Getreideprodukten
E. Keine Antwort ist richtig.

87) Mit einem _____ misst man die Luftfeuchtigkeit.

A. Nanometer
B. Manometer
C. Hygrometer
D. Thermometer
E. Keine Antwort ist richtig.

88) _____ sind Lösungen mit einem niedrigen pH-Wert.

A. Emulsionen
B. Basen
C. Säuren
D. Laugen
E. Keine Antwort ist richtig.

89) Eine passive Impfung enthält _____.

A. Gegengift.
B. tote Krankheitserreger.
C. lebende Krankheitserreger.
D. Antikörper.
E. Keine Antwort ist richtig.

90) _____ ist der Wirkstoff eines Schmerzmittels.

A. Essigsäure
B. Diazepam
C. Acetylsalicylsäure
D. Barbiturat
E. Keine Antwort ist richtig.

Lösungen: Allgemeinwissen

1) A	31) D	61) A
2) C	32) C	62) C
3) C	33) C	63) C
4) B	34) C	64) B
5) D	35) D	65) C
6) D	36) B	66) B
7) B	37) C	67) D
8) D	38) A	68) B
9) C	39) C	69) C
10) A	40) C	70) C
11) B	41) B	71) D
12) D	42) D	72) D
13) B	43) A	73) C
14) A	44) B	74) B
15) D	45) B	75) A
16) A	46) C	76) A
17) C	47) D	77) A
18) B	48) B	78) D
19) C	49) D	79) D
20) B	50) B	80) B
21) D	51) C	81) D
22) C	52) C	82) B
23) D	53) A	83) B
24) D	54) A	84) D
25) D	55) C	85) C
26) C	56) D	86) A
27) A	57) D	87) C
28) D	58) D	88) C
29) A	59) B	89) D
30) D	60) C	90) C

Staat und Politik (Aufgaben 1–10)

Zu 1) A. Alternative

Die 2013 gegründete „Alternative für Deutschland" ist eine politische Partei. Ursprünglich thematisierte sie kritisch die Finanz- und Wirtschaftspolitik Deutschlands und der Europäischen Union, wuchs aber schnell zur als rechtspopulistisch kritisierten, allgemeinen „Protestpartei" heran. 2014 erhielt die AfD erstmals Sitze in verschiedenen Landesparlamenten.

Zu 2) C. Kommunistische Partei Chinas

Die Kommunistische Partei Chinas (KPCh), gegründet 1921, regiert die Volksrepublik China seit deren Ausrufung durch Mao Zedong im Jahre 1949. Seitdem gab es wiederholt Unruhen und Machtkämpfe im Land, die die Souveränität der KPCh infrage stellten.

Zu 3) C. North Atlantic Treaty Organization

Die „North Atlantic Treaty Organization", kurz NATO, ist ein Bündnis zur gemeinsamen Selbstverteidigung, gegründet 1949 durch den Nordatlantikvertrag. Mitglieder sind 32 europäische und nordamerikanische Staaten, darunter die USA, Kanada, Großbritannien, Frankreich und Deutschland. Das NATO-Hauptquartier befindet sich seit 1967 in Brüssel.

Zu 4) B. 4

Eine reguläre Amtsperiode des Bundeskanzlers dauert vier Jahre, anschließend ist eine Wiederwahl möglich. Der Kanzler kann jedoch auch vorzeitig abgewählt werden – durch ein Misstrauensvotum der Bundestags-Mehrheit.

Zu 5) D. Willy Brandt

Willy Brandt war von 1969 bis 1974 der erste Bundeskanzler der SPD, nach den drei CDU-Kanzlern Konrad Adenauer (1949–1963), Ludwig Erhard (1963–1966) und Kurt Georg Kiesinger (1966–1969).

Zu 6) D. Élysée-Palast

Der Amtssitz des französischen Staatspräsidenten ist der Élysée-Palast in Paris. Er wurde 1718 bis 1722 erbaut und befindet sich unweit der Champs-Élysées.

Zu 7) B. CDU und CSU

Als „Unionsparteien" bezeichnet man die Schwesterparteien CDU (Christlich Demokratische Union) und CSU (Christlich-Soziale Union). Bei Wahlen tritt in Bayern nur die CSU an, außerhalb des Freistaats nur die CDU. Im

Bundestag bilden sie eine Fraktionsgemeinschaft.

Zu 8) D. Südkorea

Die Abbildung zeigt die Nationalflagge Südkoreas. Der weiße Grund steht für Reinheit und Friedfertigkeit. Der Kreis mit den ineinander ragenden Hälften – eine rot, eine blau – ist ein Symbol der „Eum und Yang"-Philosophie und steht für das Universum mit all seinen Gegensätzen. Die vier schwarzen Trigramme verkörpern unter anderem die Elemente Himmel, Wasser, Feuer und Erde.

Zu 9) C. Aus Mitgliedern des Bundestages und Vertretern der Länder

Die Bundesversammlung besteht aus den Mitgliedern des Bundestages und Abgesandten der Landesparlamente. Sie wird vom Bundestagspräsidenten einberufen und ihre einzige Aufgabe besteht in der Wahl des Bundespräsidenten.

Zu 10) A. Straßburg

Das Europäische Parlament ist das Parlament der Europäischen Union mit Sitz in Straßburg. Seit 1979 wird es alle fünf Jahre in allgemeinen, freien und geheimen Wahlen gewählt. Als weltweit einzige direkt gewählte supranationale Institution repräsentiert das Parlament rund 500 Millionen EU-Staatsbürger und wird auch als „Bürgerkammer der EU" bezeichnet. Seit der Parlamentsgründung 1952 wurden seine Kompetenzen mehrmals stark ausgeweitet, insbesondere durch die Verträge von Maastricht (1992) und Nizza (2001). Im Vergleich mit den nationalen Parlamenten hat es allerdings noch immer relativ wenige Rechte.

Wirtschaft und Gesellschaft (Aufgaben 11–20)

Zu 11) B. Anstieg des Preisniveaus

„Inflation" nennt man eine Geldentwertung: Das Austauschverhältnis von Geld zu allen anderen Gütern verändert sich zulasten des Geldes. Zur Berechnung der Inflationsrate können unterschiedliche Preisindizes herangezogen werden; das Statistische Bundesamt der Bundesrepublik nutzt den Lebenshaltungsindex für Haushalte: Anhand eines festgelegten Warenkorbs bestimmt man die Entwicklung der Lebenshaltungskosten und dadurch die Inflationsrate.

Zu 12) D. Deutscher Aktienindex

Der Deutsche Aktienindex („DAX" bzw. „Dax") ist ein von der Deutschen Börse berechneter Index, der die Wertentwicklung der Aktien der 40 größten deutschen Unternehmen nach Marktkapitalisierung und Umsatz gewichtet repräsentiert. Der Dax ist das mit Abstand bekannteste Barometer für den deutschen Aktienmarkt. Der Index wurde am 1. Juli 1988 mit einem Startwert von 1.000 Punkten eingeführt, kann allerdings bis in die 1950er-Jahre hinein zurückberechnet werden.

Zu 13) B. eine Beteiligungsgesellschaft.

Eine Holding ist eine Beteiligungs- bzw. Dachgesellschaft: So nennt man Unternehmen mit dem ausschließlichen Geschäftszweck, sich an anderen Unternehmen zu beteiligen.

Zu 14) A. Erdöl

Die OPEC, 1960 in Bagdad gegründet, ist die „Organisation erdölexportierender Länder" („Organization of the Petroleum Exporting Countries"). Mitglieder sind Algerien, Angola, Ecuador, Gabun, Indonesien, Iran, Irak, Kuwait, Libyen, Nigeria, Katar, Saudi-Arabien, die Vereinigten Arabischen Emirate und Venezuela. Ziel der OPEC ist ein gemeinsames Handelsmonopol für Erdöl, um die Fördermengen und die Preisentwicklung des Rohstoffs zu kontrollieren.

Zu 15) D. Einhaltung der EU-Handelsrichtlinien

Das Logo mit den Buchstaben „CE" für „Communauté Européenne" („Europäische Gemeinschaft") ist ein EU-Verwaltungszeichen. Damit kennzeichnen Produzenten ihre Waren, um die Einhaltung der EU-Handelsstandards zu versichern, etwa zum Gesundheits- und Umweltschutz. Bevor die Produkte in den Verkauf gehen, müssen sie vom Hersteller und ggf. von einer privaten, von der EU überwachten Prüfstelle untersucht werden.

Zu 16) A. Die Tarifvertragsparteien können Löhne und Gehälter frei vereinbaren.

„Tarifautonomie" bedeutet: Die Tarifvertragsparteien – die Gewerkschaften und Arbeitgeberverbände – können Tarifverträge frei vereinbaren, unabhängig vom Staat. Allerdings müssen sie sich dabei an bestimmte rechtliche Rahmenbedingungen halten.

Zu 17) C. Einen Rückgang der Wirtschaftskraft

„Rezession" steht für einen wirtschaftlichen Abschwung, eine anhaltende konjunkturelle Schwäche. Kennzeichen von Rezessionsphasen sind: pessimistische wirtschaftliche

Erwartungen, fallende Börsenkurse, eine schrumpfende Nachfrage, überfüllte Lager, ein Überstundenabbau, beginnende Kurzarbeit, ausbleibende Investitionen, eine teilweise Stilllegung von Produktionsanlagen sowie stagnierende oder sinkende Preise, Löhne und Zinsen. Nach herrschender Auffassung besteht eine Rezession, wenn die Wirtschaftsleistung in zwei aufeinanderfolgenden Quartalen im Vergleich zum Vorjahr stagniert oder schrumpft und somit ein gleichbleibendes oder sinkendes Bruttoinlandsprodukt zu erwarten ist.

Zu 18) B. Rechtlich selbstständige Gemeinschaftsunternehmen

Ein „Joint Venture" bezeichnet die Zusammenarbeit verschiedener Gesellschaften. Hierzu wird eine rechtlich selbstständige Gesellschaft gegründet, an der die Gründungsgesellschaften beteiligt sind und in diese außer ihrem Kapital auch ihr Know-how und andere wirtschaftlich relevante Ressourcen einbringen. Die wesentlichen Aspekte eines *Joint Ventures* sind Autonomie und Kooperation.

Zu 19) C. Der Schwede

Der Euro ist offizielles Zahlungsmittel in 20 der 27 EU-Staaten (Stand 2025): Belgien, Deutschland, Estland, Finnland, Frankreich, Griechenland, Irland, Italien, Kroatien, Lettland, Litauen, Luxemburg, Malta, die Niederlande, Österreich, Portugal, die Slowakei, Slowenien, Spanien und Zypern – aber nicht Schweden. In einer Volksbefragung sprach sich 2003 eine Mehrheit der Schweden gegen den Euro aus, die Einführung der Gemeinschaftswährung liegt hier seitdem auf Eis.

Zu 20) B. Umsatzsteuer

Die amtlichen Zahlen für das Jahr 2023: Der deutsche Staat konnte Steuereinnahmen in Höhe von rund 916 Milliarden Euro verbuchen. Die größten Posten waren die Lohnsteuer mit 236 Milliarden Euro vor der Umsatzsteuer mit 213 Milliarden Euro und der Einfuhrumsatzsteuer mit 79 Milliarden Euro.

Geografie und Landeskunde (Aufgaben 21–30)

Zu 21) D. München

München ist die bevölkerungsreichste Stadt (1,5 Millionen Einwohner) und Landeshauptstadt des Freistaats Bayern. Die Metropole ist eines der wichtigsten Wirtschafts-, Verkehrs- und Kulturzentren der Bundesrepublik und wurde 1158 erstmals urkundlich erwähnt. Auch abseits von Oktoberfest und Fußballspielen lassen sich in München viele Sehenswürdigkeiten besichtigen, z. B. der Englische Garten am Westufer der Isar, der Olympiapark, das Neue Rathaus oder verschiedene Galerien.

Zu 22) C. Australien – Sydney

Die Hauptstadt Australiens ist nicht Sydney, sondern Canberra im Südwesten des Landes. Canberra ist eine Planhauptstadt, deren Errichtung 1908 als Kompromisslösung beschlossen wurde, um die Rivalität der Metropolen Sydney und Melbourne zu umgehen.

Zu 23) D. Ärmelkanal

Der Ärmelkanal trennt das französische Festland von Großbritannien und verbindet den offenen Nordatlantik mit der Nordsee. Er ist an seiner schmalsten Stelle – der Straße von Dover bzw. Straße von Calais – nur 34 Kilometer breit. Hier wird der Ärmelkanal auch vom 1993 eingeweihten Eurotunnel unterquert, der einen regelmäßigen Zugverkehr zwischen Frankreich und dem Vereinigten Königreich ermöglicht.

Zu 24) D. Elbsandsteingebirge

Das Elbsandsteingebirge liegt in Sachsen und im tschechischen Nordböhmen: Den tschechischen Teil nennt man auch „Böhmische Schweiz", den deutschen Teil „Sächsische Schweiz". Geprägt wurde der Name im 18. Jahrhundert von zwei Schweizer Künstlern, die sich an das Jura-Gebirge ihrer Heimat erinnert fühlten. Populär wurde der Begriff durch die Ortsbeschreibungen des Autors und Theologen Wilhelm Lebrecht Götzinger (1758–1818).

Zu 25) D. Brandenburg

Die Oder ist ein 866 km langer europäischer Fluss, der durch Tschechien, Polen und Deutschland fließt und in Polen in die Ostsee mündet. In Deutschland fließt sie als Grenzfluss zu Polen nur durch das Bundesland Brandenburg.

Zu 26) C. Oldenburg

Die Orte A, B und D sind allesamt bayerische Großstädte: Augsburg ist die Hauptstadt des Regierungsbezirks Schwaben, Regensburg die Hauptstadt des Regierungsbezirks Oberpfalz und Würzburg die Hauptstadt des Regierungsbezirks Unterfranken. Oldenburg ist eine kreisfreie Stadt in Niedersachsen.

Zu 27) A. Potsdam

Potsdam, die Landeshauptstadt von Brandenburg mit rund 180.000 Einwohnern, schließt unmittelbar im Südwesten an die deutsche Hauptstadt Berlin an. Als ehemalige preußische Residenzstadt verfügt die Stadt über zahlreiche Kulturdenkmäler wie z. B. das Schloss Sanssouci. Auch das Filmstudio Babelsberg befindet sich hier.

Zu 28) D. Brasilien

Das flächenmäßig größte Land Südamerikas ist Brasilien mit einem Territorium von rund 8,5 Mio. Quadratkilometern. Argentinien liegt auf Rang 2 mit knapp 2,7 Mio. Quadratkilometern, Bolivien umfasst etwa 1,1 Mio. km^2 und Chile belegt eine Fläche von rund 757.000 km^2.

Zu 29) A. Bosporus

Der Bosporus, die Meerenge zwischen Europa und Kleinasien, verbindet das Schwarze Meer mit dem Marmarameer, einem Binnenmeer des Mittelmeers. An seinen Ufern erstreckt sich die Stadt Istanbul.

Zu 30) D. Sydney

Das Foto zeigt das Sydney Opera House, das Wahrzeichen der australischen Millionenstadt Sydney. Entworfen vom dänischen Architekten Jørn Utzon, wurde das Gebäude nach 14-jähriger Bauzeit 1973 offiziell eröffnet. Unverwechselbar ist die Dachkonstruktion aus mehreren gekrümmten, mit weißen Keramikfliesen verkleideten Schalen. Das Opernhaus Sydney wurde 2007 in die Liste des UNESCO-Weltkulturerbes aufgenommen.

Geschichte (Aufgaben 31–40)

Zu 31) D. George Washington

George Washington, nach dem die amerikanische Hauptstadt benannt ist, war von 1789 bis 1797 der erste Präsident der Vereinigten Staaten. Er hat als Oberbefehlshaber der Continental Army und Vorsitzender der verfassungsgebenden Philadelphia Convention einen entscheidenden Beitrag zur Entstehung der USA als Nation geleistet.

Zu 32) C. 1939–1945

Auslöser des Zweiten Weltkriegs war der Angriff des Deutschen Reiches auf Polen am 1. September 1939 ohne vorherige Kriegserklärung. Großbritannien und Frankreich antworteten mit Kriegserklärungen an das Deutsche Reich. Der Zweite Weltkrieg forderte 55 bis 60 Millionen Menschenleben und endete mit den vollständigen Kapitulationen Deutschlands (8. Mai 1945) und Japans (2. September 1945).

Zu 33) C. An diesem Tag wurde eine Weltwirtschaftskrise durch den Zusammenbruch der New Yorker Börse ausgelöst.

Der 24. Oktober 1929 wird auch als „Schwarzer Donnerstag" bezeichnet – es war der Tag des folgenreichsten Börsencrashs der Geschichte. Schon in den Vorwochen hatte der jahrelang gestiegene Dow-Jones-Index deutliche Verluste verbucht. Am „Schwarzen Donnerstag" brachen die New Yorker Börsenkurse schließlich rapide ein, befeuert von einer Panik unter den Anlegern. Der Crash löste eine Weltwirtschaftskrise aus, die sich über Jahre hinzog und erst 1932 ihren Tiefpunkt erreichte.

Zu 34) C. Ludwig XIV.

Ludwig XIV. (1638–1715), als Fünfjähriger zum König von Frankreich gekrönt, zählt zu den prägnantesten Vertretern des höfischen Absolutismus. Für ihn stand der Monarch im Zentrum des Staates wie die Sonne im Sonnensystem, die Ludwig XIV. zum Symbol seiner Herrschaft und Strahlkraft machte. Von seinem ausschweifenden Lebensstil, von seinem Hang zu Prunk und Pracht zeugt unter anderem die gigantische Schlossanlage von Versailles, die er sich als Regierungssitz bauen ließ.

Zu 35) D. Mit der Völkerwanderung

Der Beginn des Mittelalters wird von Historikern recht unterschiedlich datiert. Einigkeit besteht jedoch darin, welche Vorgänge im 4. und 5. Jahrhundert n. Chr. den Übergang von der Spätantike zum Frühmittelalter markieren: nämlich die Völkerwanderung, der Untergang des (west-)römischen Reiches und der Zerfall der politisch-kulturellen Einheit des Mittelmeerraums.

Zu 36) B. 1618

Der Dreißigjährige Krieg brach 1618 aus, mit dem Aufstand der böhmischen Stände gegen die Herrschaft der Habsburger. Im Kriegsverlauf griffen alle Großmächte Europas auf den mitteleuropäischen Kriegsschauplätzen ein, mit verheerenden Folgen für die Bevölkerung. Nach fünfjährigen Verhandlungen konnten 1648 in Münster und Osnabrück die endgültigen Friedensverträge beschlossen werden. Sie führten zu einer politischen und territorialen Neuordnung Europas.

Zu 37) C. 1977.

Der „Deutsche Herbst" steht für die politische Krise in Deutschland im

Herbst 1977, ausgelöst durch den Linksterrorismus der Roten Armee Fraktion (RAF). Am 5. September entführten RAF-Mitglieder den Arbeitgeberpräsidenten Hanns Martin Schleyer, um ihre inhaftierten RAF-Genossen Andreas Baader, Gudrun Ensslin, Jan-Carl Raspe und Irmgard Möller freizupressen. Mit dem gleichen Ziel entführten palästinensische Terroristen am 13. Oktober die Lufthansa-Maschine „Landshut". Als die Spezialeinheit GSG 9 die „Landshut"-Geiseln am 18. Oktober befreite, nahmen sich Baader, Ensslin und Raspe das Leben, woraufhin Schleyer erschossen wurde.

Zu 38) A. Konrad Adenauer

Konrad Adenauer (1876–1967) war von 1949 bis 1963 der erste Bundeskanzler der Bundesrepublik Deutschland. Parallel dazu bekleidete er von 1951 bis 1955 auch das Amt des Außenministers. 1946 gehörte Adenauer zu den Begründern der CDU, die er 1950 bis 1966 als Bundesvorsitzender anführte. Der Jurist und ehemalige Kölner Oberbürgermeister (von 1917 bis 1933) hatte nachhaltigen Einfluss auf die junge Bundesrepublik: Er trieb die europäische Integration voran, setzte auf Westbindung, Antikommunismus und die soziale Marktwirtschaft.

Zu 39) C. Fall der Berliner Mauer

Der 9. November 1989 ist der Tag des Mauerfalls. Die Berliner Mauer trennte vom 13. August 1961 bis zu diesem Tag West-Berlin vom Ostteil der Stadt und vom umliegenden Gebiet der DDR. Sie war eines der bekanntesten Symbole für den Kalten Krieg und die Teilung Deutschlands.

Zu 40) C. Einführung des Euro

Am 1. Januar 2002 wurde der Euro, die Währung der Europäischen Währungsunion, erstmals als Bargeld eingeführt, nachdem sie schon seit dem 1. Januar 1999 als Buchgeld bestanden hatte. Damit löste der Euro die nationalen Währungen als Zahlungsmittel ab.

Kunst, Musik und Literatur (Aufgaben 41–50)

Zu 41) B. Ludwig van Beethoven

Der Komponist Ludwig van Beethoven (1770–1827) schuf neun Sinfonien, zahlreiche Streichquartette, Lieder, Klavierstücke, Orchesterwerke, Messen und eine Oper. Beethoven gilt als einer der wichtigsten Vertreter der Wiener Klassik, der die Musik dieser Stilepoche zu ihrer höchsten Entwicklung geführt hat, insbesondere in den stilprägenden Formen der Sinfonie, der Klaviersonate und des Streichquartetts.

Zu 42) D. Günter Grass

Günter Grass (1927–2015) gilt als einer der bedeutendsten deutschsprachigen Autoren der Gegenwart. Im Jahr 1999 erhielt er den Nobelpreis für Literatur. „Die Blechtrommel", sein bekanntestes Werk, erschien 1959.

Zu 43) A. Oboe

Die Oboe ist ein Holzblasinstrument mit Doppelrohrblatt. Vorläufer dieses Instruments gab es schon um 3000 v. Chr., die heutige Form wurde im 19. Jahrhundert entwickelt. In der klassischen Musik hat die Oboe neben Flöte und Fagott seit dem Barock ihren festen Platz im Orchester und als Soloinstrument. Bedeutende Oboenkonzerte komponierten unter anderem Johann Sebastian Bach, Wolfgang Amadeus Mozart, Robert Schumann, Joseph Haydn und Richard Strauss. Abseits der klassischen Musik spielt man die Oboe vor allem im Jazz.

Zu 44) B. George Orwell

George Orwells Roman „Farm der Tiere" erschien 1945 und wird oft als Anspielung auf die Entwicklung der Sowjetunion gelesen: Die Tiere einer Farm verjagen den unfähigen Bauern und beschließen, sich künftig selbst zu versorgen und demokratisch zu organisieren. Nach und nach übernehmen jedoch die Schweine die Alleinherrschaft und beuten die anderen Tiere aus. Der Roman wurde mehrmals verfilmt, teils mit starken antikommunistischen Untertönen.

Zu 45) B. René Descartes

René Descartes (1596–1650) war ein französischer Philosoph, Mathematiker und Naturwissenschaftler. Er gilt als Begründer des modernen frühneuzeitlichen Rationalismus („Cartesianismus"). Sein berühmtes Diktum „cogito ergo sum" („ich denke, also bin ich") bildet die Grundlage seiner Metaphysik: Descartes betrachtet Geist und Materie als zwei voneinander verschiedene, unabhängige Substanzen („Cartesianischer Dualismus").

Zu 46) C. Impressionismus

Der Impressionismus war eine Stilrichtung der Malerei im späten 19. Jahrhundert, die sich von Frankreich aus weltweit verbreitete. Wichtige Vertreter des Impressionismus waren Claude Monet, Edouard Manet, Pierre-Auguste Renoir, Alfred Sisley und Edgar Degas.

Zu 47) D. Schlagzeug

Mit einem Besen kann man Schlagzeug spielen. Es handelt sich dabei um eine spezielle Art von Stick, aus dessen Griff 100–200 Metall- oder Kunststoffdrähte ragen. Verwendet man sie wie normale Sticks, ergeben Besen einen leisen, weichen Klang. Durch kreisende Bewegungen auf der Snare Drum erzeugen sie wiederum ein Rauschen – diese Technik wird häufig in der Swing- und Jazzmusik eingesetzt.

Zu 48) B. Molière

Der Schauspieler, Theaterdirektor und Dramatiker Molière (1622–1673) zählt zu den großen französischen Klassikern. Er prägte das Theater seiner Zeit als Schauplatz, um allgemeine menschliche Verhaltensweisen zu beleuchten. Sein Wirken machte die Komödie potenziell ebenbürtig zur Tragödie. Das 1673 uraufgeführte Stück „Der eingebildete Kranke" handelt vom Hypochonder Argan, der sich einredet, krank zu sein. Sein Arzt verschreibt überflüssige Behandlungen, und Argans geldgierige Frau spekuliert bereits auf sein Erbe. Alle Versuche, ihn von seiner Besessenheit und Leichtgläubigkeit zu heilen, scheitern. Schließlich wird er überredet, seinen Tod vorzutäuschen, um herauszufinden, wer ihn wirklich liebt.

Zu 49) D. Klassische Moderne

Zur Klassischen Moderne zählt man mehrere avantgardistische Stilrichtungen, die Ende des 19. Jahrhunderts entstanden. Prominente Vertreter waren u. a. die Architekten Walter Gropius und Ludwig Mies van der Rohe sowie die Maler Wassily Kandinsky und Lyonel Feininger. Gropius gründete 1919 das Bauhaus in Dessau, eine Kunstschule, die Kunst und Handwerk verband. Die sachliche, funktionelle, modulare, meist kubische Bauhaus-Formensprache hatte großen Einfluss auf Kunst und Design im 20. Jahrhundert.

Zu 50) B. Georg Büchner

Georg Büchner (1813–1837) zählt trotz seines frühen Todes mit 23 Jahren zu den bedeutenden deutschen Dramatikern. Das Drama „Woyzeck" gehört noch heute zu den erfolgreichsten Theaterstücken im deutschsprachigen Raum: Es erzählt mit psychologischem Feinsinn und dramatischer Finesse, wie und warum der Soldat Woyzeck zum Mörder (gemacht) wird. Auch das Lustspiel „Leonce und Lena" und das Revolutionsdrama „Dantons Tod" sind vielbeachtet.

Mathematik (Aufgaben 51–60)

Zu 51) **C.** Subtrahend

Bei einer Division teilt man einen Dividenden durch einen Divisor, das Ergebnis heißt Quotient: Dividend ÷ Divisor = Quotient. Ein Subtrahend ist dagegen Element einer Subtraktion: Minuend – Subtrahend = Differenz.

Zu 52) **C.** IV

Das Zahlensystem des antiken Römischen Reichs kennt die Zahlzeichen I (1), V (5), X (10), L (50), C (100) und M (1.000). Durch ihre addierende Aneinanderreihung kann man beliebige Zahlen bilden (z. B. MMI = 2.001). Im vorliegenden Fall ist allerdings die Subtraktionsregel anzuwenden: eine verkürzende Schreibweise, die verhindert, dass vier gleiche Zahlzeichen direkt aufeinanderfolgen. Indem man also dem nächsthöheren Zahlzeichen V (5) eine I (1) voranstellt, ergibt sich V – I = IV (5 – 1 = 4). Für die Null gibt es übrigens kein Zeichen.

Zu 53) **A.** Trapez

Ein Trapez ist in ein Viereck mit zwei parallelen, unterschiedlich langen Grundseiten und zwei angrenzenden, nicht parallelen Schenkeln.

Zu 54) **A.** Unendlichkeit

Die liegende Acht ist seit dem 17. Jahrhundert als mathematisches Symbol für Unendlichkeit bekannt.

Zu 55) **C.** $(a + b) \times (a - b) = a^2 - b^2$

Die dritte Binomische Formel lautet $(a + b) \times (a - b) = a^2 - b^2$.

Zu 56) **D.** $a^2 + b^2 = c^2$

Der Satz des Pythagoras ist ein Grundsatz der Geometrie. Demnach gilt: In einem rechtwinkligen Dreieck entspricht die Summe der Kathetenquadrate ($a^2 + b^2$) dem Quadrat der Hypotenuse c, die dem rechten Winkel gegenüberliegt.

Zu 57) **D.** Eiswaffel

In der Geometrie sind Kegel – im engeren Sinne Kreiskegel – Körper mit einer kreisförmigen Grundfläche und einer Spitze, die sich auf einer (gedachten) senkrechten Linie zur Grundfläche befindet. Der einzige hier aufgeführte Gegenstand, der diese Bedingungen erfüllt, ist die Eiswaffel. Eine Konservendose mit parallelen, kreisförmigen Grund- und Deckflächen ist ein Zylinder, eine Bowlingkugel ist eine Kugel, und eine Pyramide – mit mehreckiger Grundfläche und Spitze – nennt man auch in der Geometrie schlicht „Pyramide".

Zu 58) D. Tangente.

Eine Tangente ist eine Gerade, die eine Kurve oder einen Kreis in einem einzigen Punkt berührt. Durchschneidet die Gerade den Kreis, heißt sie Sekante, berührt sie ihn überhaupt nicht, nennt man sie Passante. Parallelen sind Geraden, die in derselben Ebene liegen und sich in keinem Punkt schneiden, Katheten sind die beiden kürzeren Seiten eines rechtwinkligen Dreiecks.

Zu 59) B. Abstraktivgesetz

Das Assoziativgesetz besagt, dass in einem Summen- oder Produktterm die einzelnen Faktoren bzw. Summanden beliebig in Klammern gefasst werden können. Es gilt:

$(a + b) + c = a + (b + c)$

$(a \times b) \times c = a \times (b \times c)$

Laut dem Distributivgesetz kann eine Summe mit einem Faktor multipliziert werden, indem man jeden Summanden einzeln mit dem Faktor multipliziert und die Produkte addiert:

$(a + b) \times c = a \times c + b \times c$

Nach dem Kommutativgesetz kann man die Elemente eines Summen- oder Produktterms vertauschen, ohne das Ergebnis zu ändern:

$a + b = b + a$

$a \times b = b \times a$

Zu 60) C. Quadratische Gleichungen lösen

Mithilfe der p-q-Formel kann man quadratische Gleichungen lösen, die in der Normalform einer quadratischen Gleichung vorliegen ($x^2 + px + q = 0$).

Naturwissenschaften (Aufgaben 61–70)

Zu 61) A. Volt

Das Volt – benannt nach dem italienischen Physiker Alessandro Volta – ist die international genormte SI-Einheit für elektrische Spannung mit dem Einheitenzeichen „V“.

Zu 62) C. Metalle können nur fest oder gasförmig sein.

Da Metalle über viele bewegliche Ladungsträger verfügen, eignen sie sich hervorragend als elektrische Leiter. Da auch die thermische Leitfähigkeit – also die Wärmeleitfähigkeit – von Metallen generell gut ist, bestehen beispielsweise Heizkörper meist aus metallischem Material. Durch Pressen, Ziehen, Walzen oder Schmieden sind Metalle darüber hinaus leicht formbar, und werden sie erhitzt, lassen sie sich schmelzen. Dann liegen sie in flüssigem Zustand vor. Eine

Ausnahme bildet das Quecksilber, das schon bei Raumtemperatur flüssig ist. Metalle können also nicht nur fest oder gasförmig sein; Antwort C ist falsch.

Zu 63) C. Seismograf

In „Seismograf" stecken die griechischen Wörter „seismós" („Erschütterung") und „grapho" („schreiben"). Mit diesem Gerät kann man Bodenerschütterungen messen, zum Beispiel bei Erdbeben. Das Instrument besteht im Wesentlichen aus einer an Federn aufgehängten Masse, die in Ruhe verharrt, während sich die Bodenbewegungen auf das Gehäuse übertragen.

Zu 64) B. Riesenbambus

Die am schnellsten wachsende Pflanze der Welt ist der Riesenbambus: In der Wachstumsphase erreicht er ein tägliches Längenwachstum von bis zu 70 Zentimetern. Der Riesenbambus stammt ursprünglich aus Südostasien, findet sich mittlerweile aber auch in vielen mitteleuropäischen Gärten als Zierpflanze.

Zu 65) C. DNA

Es handelt sich um die DNA („deoxyribonucleic acid", dt. „Desoxyribonukleinsäure" oder auch DNS). Die DNA ist die Trägerin der Erbinformationen in Lebewesen und manchen Virenarten. Im Normalzustand liegt sie in Form einer Doppelhelix vor, zu der sich zwei Makromolekül-Stränge schraubenartig umwinden.

Zu 66) B. Zellmembran

Die Zelle ist der Grundbaustein aller Lebewesen. Einzeller bestehen aus einer einzigen Zelle, bei Mehrzellern bilden mehrere Zellen eine funktionelle Einheit. Im menschlichen Körper gibt es rund 220 verschiedene Zell- und Gewebetypen und mehrere Milliarden Zellen. Jede Zelle ist von einer Zellmembran umschlossen, die sie abgrenzt und schützt. Die Membran besteht hauptsächlich aus einer Doppel-Lipidschicht, die den Austausch von Nährstoffen zwischen der Zelle und ihrer Umgebung ermöglicht.

Zu 67) D. Ein negativ geladenes Elementarteilchen

Das Elektron ist ein negativ geladenes Elementarteilchen mit dem Symbol e^-. In den bisher möglichen Experimenten zeigen Elektronen keine innere Struktur und können insofern als punktförmig angenommen werden. Die experimentelle Obergrenze für die Größe des Elektrons liegt derzeit bei etwa 10^{-19} m. In Atomen und

Ionen bilden Elektronen die Elektronenhülle.

Zu 68) B. 300.000 km/s

Die Lichtgeschwindigkeit, abgekürzt „c", wird in der Relativitätstheorie als höchstmögliche Geschwindigkeit überhaupt angenommen. Im Vakuum beträgt sie 299.792.458 Meter pro Sekunde, also rund 300.000 Kilometer pro Sekunde. Heutzutage lässt sich die Geschwindigkeit des Lichts mit technischen Geräten genau ermitteln: zum Beispiel, indem man die Laufzeit eines Laserstrahls über eine definierte Distanz misst.

Zu 69) C. behält er seine Geschwindigkeit mit Sicherheit bei.

Beschleunigung bedeutet, die Geschwindigkeit eines Körpers in einem definierten Zeitraum zu verändern – entweder positiv (beschleunigen) oder negativ (bremsen). Wenn ein Körper nicht beschleunigt wird, kann man daher nur eines mit Sicherheit sagen: dass er seine momentane Geschwindigkeit beibehält. Wie hoch diese ist, darüber sagt die Beschleunigung nichts aus.

Zu 70) C. Wasser und Kohlendioxid in Sauerstoff und Glucose umgewandelt.

Die vereinfachte formale Gleichung der Fotosynthese lautet:

$6\,CO_2 + 6\,H_2O + \text{Lichtenergie} \rightarrow C_6H_{12}O_6 + 6\,O_2$

Aus Kohlen(stoff)dioxid und Wasser entstehen durch die Einwirkung von Lichtenergie Glucose und Sauerstoff.

IT-Kenntnisse (Aufgaben 71–80)

Zu 71) D. ist die Hauptplatine eines Computers und enthält diverse Steckplätze.

„Mainboard", „Systemplatine" oder „Motherboard" nennt man die Hauptplatine eines Computers, auf der sich in der Regel folgende Systemkomponenten befinden: die CPU, der PCI-Bus mit den Slots für die Erweiterungskarten, die Steckplätze für den Arbeitsspeicher, verschiedene Schnittstellen, der Cache, die Echtzeituhr, BIOS-ROM und CMOS-RAM, die verschiedenen Controller und der Tastatur-Prozessor. Die Konzeption des Mainboards beeinflusst systemrelevante Parameter wie die Systemleistung, die Zukunftssicherheit und die Kompatibilität zu Systemkomponenten (Anschlüsse, Erweiterbarkeit).

Zu 72) D. Die Eigenschaft, Geräte an einen Computer anschließen zu können, ohne dafür einen Treiber installieren zu müssen

Plug & Play (engl. für „anschließen und loslegen") – auch „Plug'n Play" oder „PnP" – ist die Eigenschaft eines Computers, ein neues Gerät nutzen zu können, ohne dass dafür ein Treiber installiert werden muss. So lassen sich neu angeschlossene Peripheriegeräte ohne zusätzliche Einstellungen direkt in Betrieb nehmen.

Zu 73) C. Geschwindigkeit des Prozessors

Das Kürzel GHz steht für „Gigahertz" und bezieht sich auf die Geschwindigkeit eines Mikroprozessors, bemessen an der Taktfrequenz: Darunter versteht man den Rhythmus, in dem Daten im Computer verarbeitet werden – im vorliegenden Fall sind das drei Milliarden Schwingungen pro Sekunde. Die Taktfrequenzen gängiger Mikroprozessoren haben sich seit Mitte der 1980er-Jahre von einigen Megahertz (MHz) in den Gigahertz-Bereich vervielfacht.

Zu 74) B. Der Prozessor ist das Herzstück eines Computers und steuert die Bestandteile.

Der Hauptprozessor oder auch „CPU" („Central Processing Unit") ist die zentrale Verarbeitungseinheit des Computers. Der Prozessor befindet sich in einem Sockel oder direkt auf die Leiterplatte gelötet auf dem Motherboard. Er überwacht und steuert den gesamten Rechner und führt logische und arithmetische Berechnungen (Programme) aus. Die CPU hält die jeweils benötigten Informationen vorrätig und organisiert den Datentransfer.

Zu 75) A. Eine Skriptsprache zur Internetnutzung in Web-Browsern

JavaScript ist eine von Sun Microsystems und Netscape entwickelte Programmiersprache, die man besonders zur dynamischen Programmierung in Web-Browsern verwendet. Hauptsächlich wird sie clientseitig eingesetzt, das heißt um Dienstleistungen eines Servers zu nutzen. Typische Anwendungsgebiete sind Banner und Laufschriften, die Plausibilitätsprüfung von Formulareingaben, der gleichzeitige Wechsel mehrerer Frames, die dynamische Manipulation von Webseiten, das Senden und Empfangen von Daten, ohne dass der Browser die Seite neu laden muss, das sofortige Vorschlagen von Suchbegriffen und die Verschleierung von E-Mail-Adressen zur Spam-Abwehr.

Zu 76) A. Eine Firewall ist ein Programm, das Schutz vor unberechtigtem Zugriff aus dem Internet bietet.

Eine Firewall überwacht den Datenverkehr zwischen zwei Netzwerken. Anhand festgelegter Regeln entscheidet sie, welche Netzwerkpakete durchgelassen werden und welche nicht, vor allem zum Schutz vor unerlaubten Zugriffen. So lässt sich beispielsweise ein privates Netz gegen ungewollte Zugriffe aus dem Internet sichern.

Zu 77) A. Ein Rechnernetz

Das „Local Area Network" (LAN) ist ein lokales Rechnernetz, das größer ist als ein „Personal Area Network" (PAN) und kleiner als ein „Metropolitan Area Network" (MAN). LANs erstrecken sich in der Regel über mehrere Räume, aber selten über ein Grundstück hinaus. Zum Aufbau lokaler Netzwerke gibt es verschiedene Technologien. Am verbreitetsten ist der Ethernet-Standard, der bestimmte Kabeltypen, Stecker, Signalisierungen und Protokolle festlegt.

Zu 78) D. Für unterschiedliche Signalarten

Die Begriffe „analog" und „digital" bezeichnen unterschiedliche Signaltypen. Analogsignale können stufenlos jeden Wert zwischen einem Minimum und einem Maximum annehmen. Man erzeugt sie vorzugsweise durch elektrische Signale, z. B. elektrische Spannungen oder Stromstärken. Auf dieser Technik basieren unter anderem Audio- und Videokassetten. Die Digitaltechnik arbeitet stattdessen mit nur zwei festgelegten Werten (in der Regel 0 und 1), die die booleschen Konstanten „wahr" und „falsch" repräsentieren. Moderne Speicher- und Kommunikationssysteme wie CD-ROMs, DVDs, die Mobiltelefonie und das Internet arbeiten mit Digitalsignalen.

Zu 79) D. Unter „ROM" wird ein Speicher verstanden, der nur lesbar ist.

Ein ROM-Speicher („Read-Only-Memory") ist ein Festwertspeicher, der nur lesbar ist und nicht beschrieben werden kann. Er ist nicht flüchtig, so dass er seine Daten auch in stromlosem Zustand behält. Ein Anwendungsbeispiel ist das BIOS von PCs: ein Programm auf einem ROM-Speicher, das unmittelbar nach dessen Einschalten ausgeführt wird. Das Beschreiben eines ROM-Speichers wird als Programmierung des Bausteins bezeichnet und ist nicht mit den wiederholbaren Schreibzugriffen in einem RAM-Speicher vergleichbar.

Zu 80) B. Für einen Rechner, der als Server betrieben wird

In einem Computernetzwerk bezeichnet man dasjenige System als „Host" (dt. „Gastgeber"), auf dem die Serversoftware läuft. Neben einzelnen Computern können auch komplexe Computersysteme oder Netzwerkgeräte wie Router und Druckerserver Hosts sein. Die Endgeräte, die mit ihnen kommunizieren, heißen „Clients" (dt. „Kunden").

Begriffe einsetzen (Aufgaben 81–90)

Zu 81) D. Würde

Artikel 1 des Grundgesetzes lautet: „Die Würde des Menschen ist unantastbar. Sie zu achten und zu schützen ist Verpflichtung aller staatlichen Gewalt."

Zu 82) B. DNA

Die DNA ist die Trägerin der Erbinformationen in Lebewesen und manchen Virenarten. Im Normalzustand liegt sie in Form einer Doppelhelix vor, zu der sich zwei Makromolekül-Stränge schraubenartig umwinden. Ihre Grundbausteine sind die vier Nukleinbasen Adenin, Thymin, Cytosin und Guanin.

Zu 83) B. Erbinformationen

Die menschlichen Erbinformationen sind in den Genen codiert. Mehrere Gene reihen sich jeweils zu einem langen, dünnen Faden aneinander, der wiederum zu einer kompakten Struktur, einem Chromosom aufgewickelt ist. Der Mensch besitzt 23 verschiedene Chromosomenpaare, also insgesamt 46 Chromosomen. Darunter findet sich nur bei Frauen ein xx-Chromosomenpaar und ausschließlich bei Männern ein xy-Paar.

Zu 84) D. einen Stoffwechsel

Einem Tier, das weder Nase, noch Ohren oder Lunge besitzt, begegnet man recht häufig – dem Regenwurm. Wie alle anderen Lebewesen hat er jedoch einen Stoffwechsel, das heißt: Sein Organismus wandelt chemische Stoffe in andere Stoffe um, die er braucht, um seine Körpersubstanz zu erhalten, Energie zu gewinnen und seine Körperfunktionen aufrechtzuerhalten. Ein weiterer Stoffwechsel-Prozess ist die Umwandlung schädlicher Stoffe in ausscheidbare Stoffe.

Zu 85) C. Sauerstoff

Rost entsteht, wenn Eisen oder Stahl in Gegenwart von Wasser mit Sauerstoff oxidiert. Dabei verliert das Metall Elektronen an eine Wasser-Sauerstoff-Verbindung, wodurch sich seine Eigenschaften und seine Funktionalität verändern. Man nennt diesen Prozess auch Korrosion.

Zu 86) A. Sonnenlicht

Die Substanz Cholecalciferol – auch als Vitamin D bekannt – kann der menschliche Körper in der Haut selbst herstellen. Eine Voraussetzung dafür ist die Einwirkung von UVB-Strahlung, wie sie im Sonnenlicht vorkommt. Vitamin D übernimmt wichtige Aufgaben im Organismus, beispielsweise beim Knochenaufbau.

Zu 87) C. Hygrometer

Zur Bestimmung der Luftfeuchtigkeit nutzt man ein Hygrometer. Der Name des Instruments setzt sich zusammen aus den altgriechischen Wörtern „hygrós" („feucht", „nass") und „métron" („Maß", „Maßstab"). Mit einem Thermometer misst man Temperaturen, mit einem Manometer Drücke. Das Nanometer ist eine Längeneinheit und entspricht einem milliardstel Meter.

Zu 88) C. Säuren

Der pH-Wert gibt an, wie sauer bzw. basisch eine wässrige Lösung ist. Niedrige Werte haben beispielsweise Zitronensaft (pH-Wert 2,4), Magensäure (1–1,5) und Batteriesäure (<1). Am anderen Ende der Skala finden sich Basen wie Seife (9–10), Bleichmittel (12,5) oder Natronlauge (13,5–14). Emulsionen sind Gemische zweier normalerweise nicht mischbarer Flüssigkeiten (ohne sichtbare Entmischung), „Lauge" ist ein umgangssprachlicher Ausdruck für eine bestimmte Art von Basen.

Zu 89) D. Antikörper.

Bei aktiven Impfungen verabreicht man lebende oder tote Krankheitserreger, die das Immunsystem zur Bildung eigener Antikörper anregen. Bei passiven Immunisierungen enthält der Impfstoff selbst die benötigten Antikörper, das Immunsystem bleibt „passiv". Streng medizinisch ist dieses Verfahren keine Impfung im eigentlichen Sinne.

Zu 90) C. Acetylsalicylsäure

Acetylsalicylsäure wirkt schmerzstillend, entzündungshemmend, fiebersenkend, beugt Blutgerinnseln vor und ist Bestandteil des wohl bekanntesten Schmerzmittels: Aspirin. Diazepam ist der Wirkstoff vieler häufig verordneter Schlafmittel, Barbiturate sind Arzneistoffe mit beruhigenden, schlaffördernden und krampflösenden Eigenschaften.

Fachbezogenes Wissen

Chemie

Bearbeitungszeit 10 Minuten

Beantworten Sie bitte die folgenden Aufgaben, indem Sie jeweils den richtigen Lösungsbuchstaben markieren.

1) Wie lautet die chemische Summenformel des Wassermoleküls?

A. H_2O
B. H_2O_2
C. H_3O
D. H_2O_3
E. Keine Antwort ist richtig.

2) Die Vereinigung mehrerer Elemente nennt der Chemiker …?

A. Analyse.
B. Synthese.
C. Diffusion.
D. Oxidation.
E. Keine Antwort ist richtig.

3) Die pharmazeutische Industrie nutzt Acetylsalicylsäure als Wirkstoff für …?

A. Schlafmittel.
B. Antibiotika.
C. Schmerzmittel.
D. Fungizide.
E. Keine Antwort ist richtig.

4) Vervollständigen Sie die Reaktionsgleichung: $SO_2 + H_2O \rightarrow$?

A. H_2CO_3
B. H_2SO_3
C. $H_2S_2O_4$
D. $HO_3 + SH_2$
E. Keine Antwort ist richtig.

5) Welchen Rohstoff braucht man zur Herstellung eines Behälters wie auf dem Foto?

A. Steinsalz
B. Erz
C. Erdgas
D. Erdöl
E. Keine Antwort ist richtig.

6) Welche Faktoren entscheiden über den Aggregatzustand, in dem ein Stoff vorliegt?

A. Druck und Bewegung
B. Bewegung und Magnetismus
C. Magnetismus und Temperatur
D. Temperatur und Druck
E. Keine Antwort ist richtig.

7) Wie heißt der abgebildete Laborgegenstand?

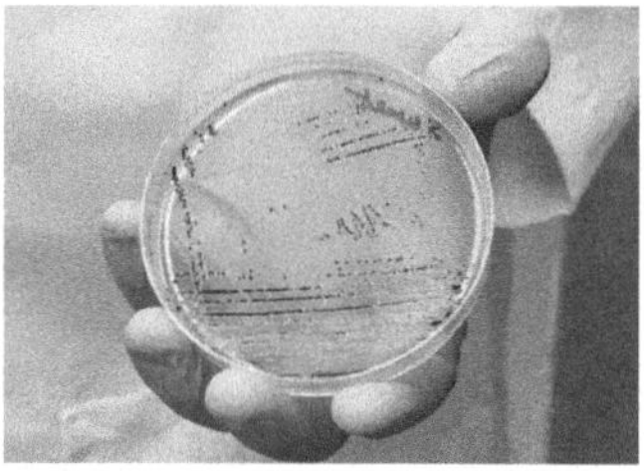

A. Bunsenbrenner
B. Erlenmeyerkolben
C. Petrischale
D. Zentrifuge
E. Keine Antwort ist richtig.

8) Was ist eine Emulsion?

A. Eine besonders kratzfeste Beschichtung
B. Ein ätzendes Reinigungsmittel
C. Ein Gemisch zweier Flüssigkeiten
D. Eine explosive Lösung
E. Keine Antwort ist richtig.

9) Wie viele Elemente kennt die Chemie?

A. Etwa 80
B. Etwa 90
C. Über 100
D. Unzählige
E. Keine Antwort ist richtig.

10) Welches Element steht im Zentrum der organischen Chemie?

A. Sauerstoff
B. Magnesium
C. Calcium
D. Kohlenstoff
E. Keine Antwort ist richtig.

11) Womit kann man den pH-Wert eines Stoffes ermitteln?

A. Mit einem Intrigator
B. Mit einem Filtrator
C. Mit einem Indignator
D. Mit einem Indikator
E. Keine Antwort ist richtig.

12) Bei welchem Stoff handelt es sich um eine chemische Verbindung?

A. Wasserstoff
B. Kohlendioxid
C. Kohlenstoff
D. atomarer Sauerstoff
E. Keine Antwort ist richtig.

13) Was ist Plutonium?

A. Eine Flüssigkeit
B. Ein Metall
C. Ein Edelgas
D. Ein Halogen
E. Keine Antwort ist richtig.

14) Welches Element ist der Grundstoff vieler Düngemittel?

A. Sauerstoff
B. Kohlenstoff
C. Stickstoff
D. Schwefel
E. Keine Antwort ist richtig.

15) Bei welcher Temperatur liegt der absolute Nullpunkt?

A. 0 Grad Celsius
B. –195,80 Grad Celsius
C. –273,15 Grad Celsius
D. –320,44 Grad Celsius
E. Keine Antwort ist richtig.

16) Was ist der Lackmustest?

A. Ein Test zur Feststellung von Blei
B. Ein Test zur Feststellung der Stromstärke
C. Ein Test zur Feststellung des pH-Werts
D. Ein Test zur Feststellung des radioaktiven Zerfalls
E. Keine Antwort ist richtig.

17) Wie lautet die Abkürzung des chemischen Elements Gold?

A. Fe
B. Ag
C. Go
D. Au
E. Keine Antwort ist richtig.

18) Welches Element zählt nicht zur Gruppe der Edelgase?

A. Helium
B. Neon
C. Brom
D. Krypton
E. Keine Antwort ist richtig.

19) Was ist ein Molekül?

A. Gruppe von Metallen
B. Gruppe von Elementen
C. Gruppe von Atomen
D. Gruppe von Protonen
E. Keine Antwort ist richtig.

20) Welche Aussage über Edelgase trifft zu?

A. Edelgase sind sehr reaktionsfreudig.
B. Edelgase sind farb- und geruchlos.
C. Edelgase sind grundsätzlich instabil.
D. Edelgase lösen sich leicht in Wasser.
E. Keine Antwort ist richtig.

Technik

Bearbeitungszeit 7½ Minuten

Beantworten Sie bitte die folgenden Aufgaben, indem Sie jeweils den richtigen Lösungsbuchstaben markieren.

21) Zur Gefahrenabwehr verfügen Maschinen und Anlagen über Not-Aus-Schalter. Woran erkennt man sie?

A. Not-Aus-Schalter bestehen aus einem roten Betätigungselement auf gelbem Grund.
B. Not-Aus-Schalter geben ein gelbes Blinklicht ab.
C. An jedem Not-Aus-Schalter findet sich eine dreieckige Hinweistafel mit einem schwarzen Blitzsymbol auf gelbem Grund.
D. Grüne Hinweisschilder weisen auf den jeweils nächsten Not-Aus-Schalter hin.
E. Keine Antwort ist richtig.

22) Wie geschieht die Kraft- und Energieübertragung in hydraulischen Anlagen?

A. Durch Druckluft
B. Durch Flüssigkeit
C. Über Stangen und Hebel
D. Über Seilzüge
E. Keine Antwort ist richtig.

23) Eine Flüssigkeit, die Strom leitet, nennt man ...?

A. Elektron.
B. Elektrode.
C. Elektrolyt.
D. Elektrolyse.
E. Keine Antwort ist richtig.

24) Geringe Dichte, korrosionsbeständig, isolierend und wärmedämmend – von welcher Werkstoffgruppe ist die Rede?

A. Von den Kohlenstoffen
B. Von den Nichteisenmetallen
C. Von den Naturstoffen
D. Von den Kunststoffen
E. Keine Antwort ist richtig.

25) Welches Öl sollte man zur Schmierung extrem enger Zwischenräume verwenden?

A. Ein besonders dickflüssiges Öl
B. Ein besonders dünnflüssiges Öl
C. Ein besonders viskoses Öl
D. Ein besonders schnell trocknendes Öl
E. Keine Antwort ist richtig.

26) Woraus besteht Bronze?

A. Aus Eisen und Messing
B. Aus Gold und Silber
C. Aus Kupfer und Zinn
D. Aus Zinn und Nickel
E. Keine Antwort ist richtig.

27) Was ist eine Baugruppe?

A. Eine Serie gleichartiger Produkte, hergestellt in einem bestimmten Zeitraum
B. Eine aus mehreren Einzelteilen zusammengesetzte Komponente einer (elektro-)technischen Anlage
C. Die Gesamtheit der Mitarbeiter, die an der Fertigung eines bestimmten Produkts beteiligt sind
D. Ein Verbund von Maschinen, die bei der Montage zusammenwirken
E. Keine Antwort ist richtig.

28) Welches Bauelement dient zum Schalten und Verstärken elektrischer Signale?

A. Transformator
B. Transistor
C. Kondensator
D. Generator
E. Keine Antwort ist richtig.

29) Mit einem Generator kann man ...?

A. chemische in mechanische Energie umwandeln.
B. elektrische Energie in Wärmeenergie umwandeln.
C. mechanische in elektrische Energie umwandeln.
D. elektrische in mechanische Energie umwandeln.
E. Keine Antwort ist richtig.

30) Welche Reihe sortiert die Stoffe aufsteigend nach ihrer elektrischen Leitfähigkeit bei Raumtemperatur?

A. Silber, Wasser, Graphit
B. PVC, Silizium, Kupfer
C. Quecksilber, Holz, Wasserstoff
D. Glas, Helium, Diamant
E. Keine Antwort ist richtig.

31) Wie nennt man einen metallischen Stoff aus mindestens zwei Elementen?

A. Oxid
B. Galvanisierung
C. Legierung
D. Armierung
E. Keine Antwort ist richtig.

32) Was ist ein Relais?

A. Der Schaltplan einer elektrischen Anlage

B. Das Schaltpult einer computergesteuerten Anlage

C. Ein elektromagnetischer Schalter

D. Ein Verstärker elektrischer Signale

E. Keine Antwort ist richtig.

33) Beim Hebelgesetz gilt: Kraft mal Kraftarm gleich ...?

A. Kraftarm minus Lastarm.

B. Last minus Lastarm.

C. Last durch Lastarm.

D. Last mal Lastarm.

E. Keine Antwort ist richtig.

34) Worin unterscheiden sich Ketten nicht von Riemen?

A. Durch niedrigeren Schlupf

B. Durch grundsätzlich geringeren Platzverbrauch

C. Durch Unempfindlichkeit gegen äußere Einflüsse

D. Durch bessere Kraftübertragung

E. Keine Antwort ist richtig.

35) Eine bereits rotglühende Eisenstange wird weiter erhitzt. Was geschieht?

A. Die Eisenstange glüht orange.

B. Die Eisenstange glüht grünlich.

C. Die Eisenstange bleibt rotglühend.

D. Die Eisenstange glüht unmittelbar danach blau.

E. Keine Antwort ist richtig.

Praktisches Verständnis *Bearbeitungszeit 15 Minuten*

Beantworten Sie bitte die folgenden Aufgaben, indem Sie jeweils den richtigen Lösungsbuchstaben markieren.

36) An einem Schwingungsdiagramm lässt sich ablesen, wie hoch die Frequenz eines Tons ist, d. h. wie oft sich eine (Schall-)Schwingung pro Zeiteinheit wiederholt. Hohe Frequenzen bedeuten dabei hohe Töne. Welche Töne sind gleich hoch?

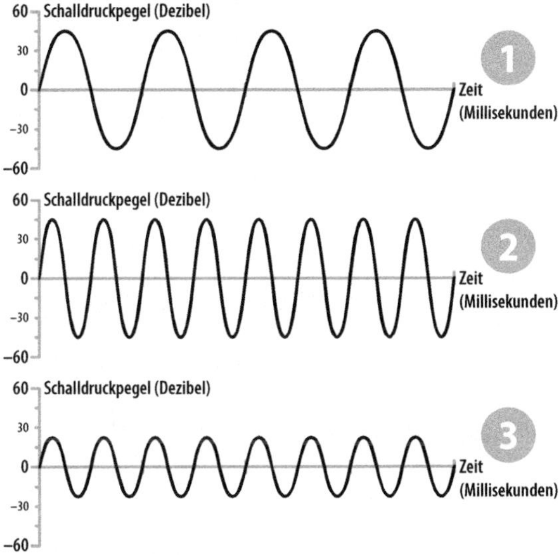

A. Ton 1 und Ton 2
B. Ton 1 und Ton 3
C. Ton 2 und Ton 3
D. Alle Töne sind verschieden hoch.
E. Keine Antwort ist richtig.

37) Welcher der vier Rahmen ist am stabilsten?

A. Rahmen 1
B. Rahmen 2
C. Rahmen 3
D. Rahmen 4
E. Keine Antwort ist richtig.

38) Mit welchem Schraubenschlüssel lässt sich die Schraubenmutter am besten festziehen?

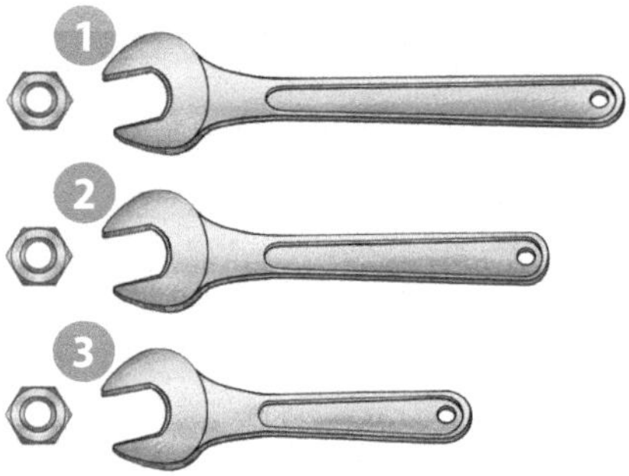

A. Mit Schraubenschlüssel 1
B. Mit Schraubenschlüssel 2
C. Mit Schraubenschlüssel 3
D. Die Schraube lässt sich mit den verschiedenen Schraubenschlüsseln gleich gut festziehen.
E. Keine Antwort ist richtig.

39) Welches Rad dreht sich am langsamsten?

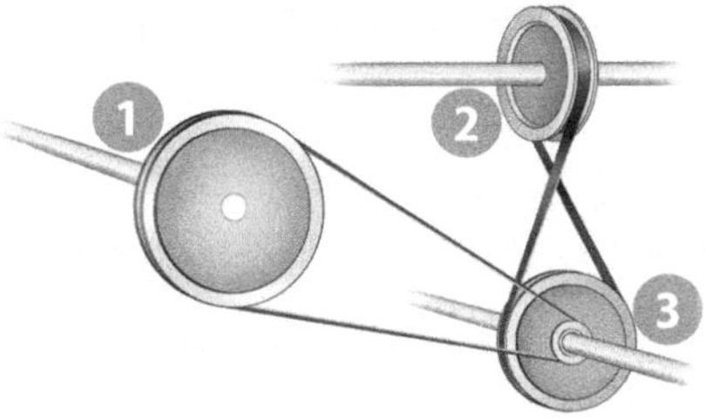

A. Rad 1
B. Rad 2
C. Rad 3
D. Alle Räder drehen sich gleich schnell.
E. Keine Antwort ist richtig.

40) Welche Spritzflasche funktioniert?

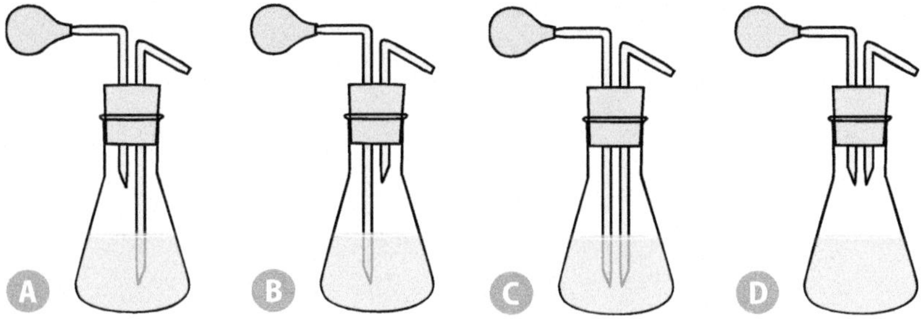

A. Spritzflasche A
B. Spritzflasche B
C. Spritzflasche C
D. Spritzflasche D
E. Keine Antwort ist richtig.

41) Die drei Glühlampen A, B und C brennen gleich hell. Was geschieht, wenn in folgender Schaltung Glühlampe A defekt ist, so dass sie erlischt?

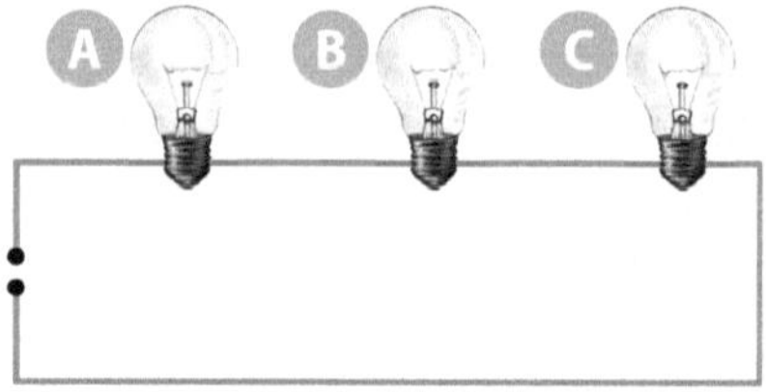

A. Die Glühlampen B und C erlöschen ebenfalls.
B. Die Glühlampen B und C leuchten heller als zuvor.
C. Die Glühlampen B und C leuchten unverändert weiter.
D. Die Glühlampe B leuchtet ein wenig heller als C.
E. Keine Antwort ist richtig.

42) In welche Richtung dreht sich das obere Rad, wenn das Antriebsrad A in Pfeilrichtung gedreht wird?

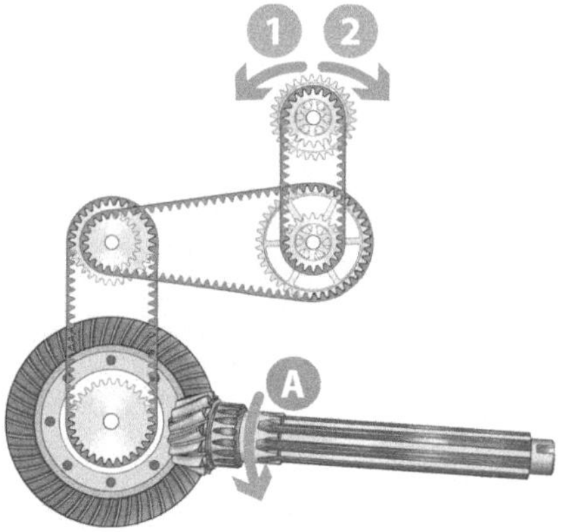

A. In Richtung 1
B. In Richtung 2
C. Hin und her
D. Gar nicht
E. Keine Antwort ist richtig.

43) Ihnen liegen vier Kontaktanschlüsse 1 bis 4 vor. Welche zwei Kontaktanschlüsse müssen kurzgeschlossen werden, damit eine der vier Lampen möglichst hell leuchtet?

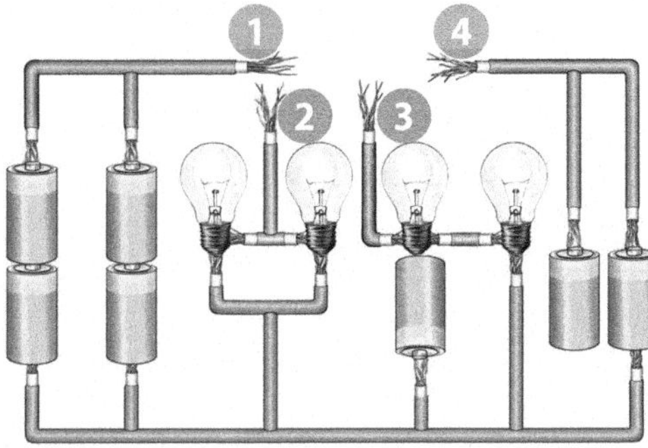

A. 1 und 2
B. 2 und 3
C. 3 und 4
D. 1 und 3
E. Keine Antwort ist richtig.

44) Welche der Räder drehen sich in die gleiche Richtung wie Rad 1?

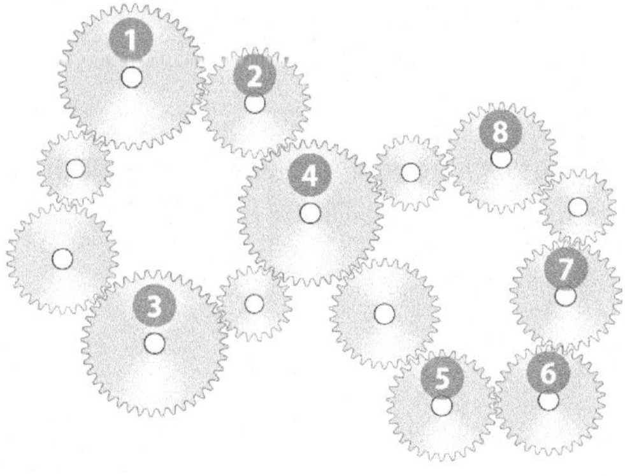

A. 4 und 6
B. 2, 4 und 6
C. 4, 5 und 7
D. 3 und 7
E. Keine Antwort ist richtig.

45) An drei unterschiedliche Federsysteme werden identische Stahlkugeln gehängt. Alle Federn sind gleich und können als masselos angenommen werden. In welchem dieser Systeme bewegen sich die Kugeln am weitesten nach unten?

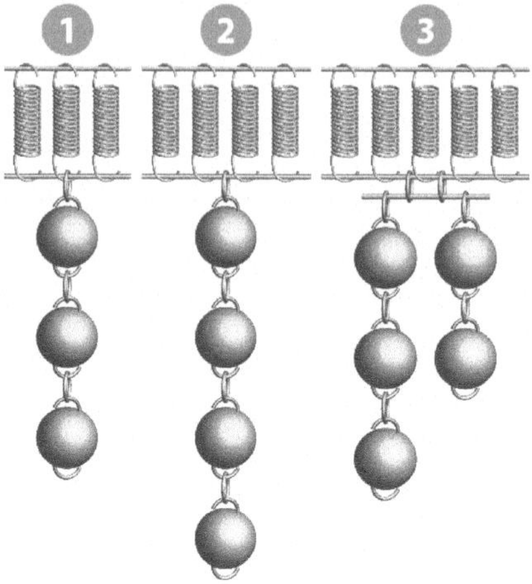

A. System 1
B. System 2
C. System 3
D. Alle Kugeln bewegen sich gleich weit nach unten.
E. Keine Antwort ist richtig.

46) Jeder der Würfel besteht aus einem anderen Material, doch alle haben die gleiche Masse. Welche Aussage über ihre Dichte ist richtig?

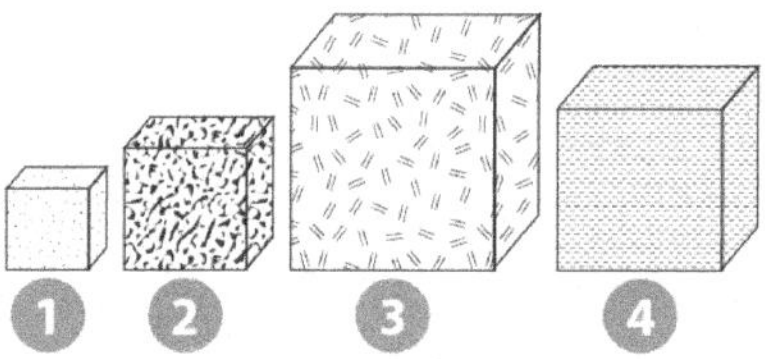

A. Würfel 3 besitzt die größte Dichte.
B. Alle Würfel besitzen die gleiche Dichte.
C. Würfel 1 besitzt die größte Dichte.
D. Ohne weitere Angaben lässt sich dazu nichts sagen.
E. Keine Antwort ist richtig.

47) Parallele Lichtbündel durchlaufen optische Systeme mit verschiedenen Linsen. Welcher Strahlengang ist korrekt?

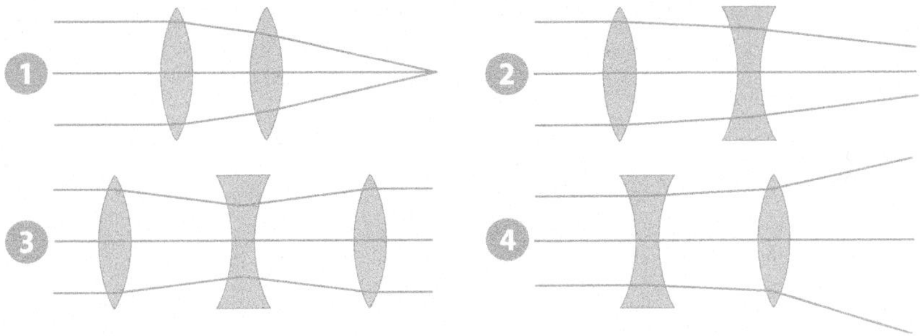

A. Strahlengang 1
B. Strahlengang 2
C. Strahlengang 3
D. Strahlengang 4
E. Keine Antwort ist richtig.

48) Die zwei Platten eines Kondensators sind durch Glas isoliert. Wie sieht eine typische Ladungsverteilung aus?

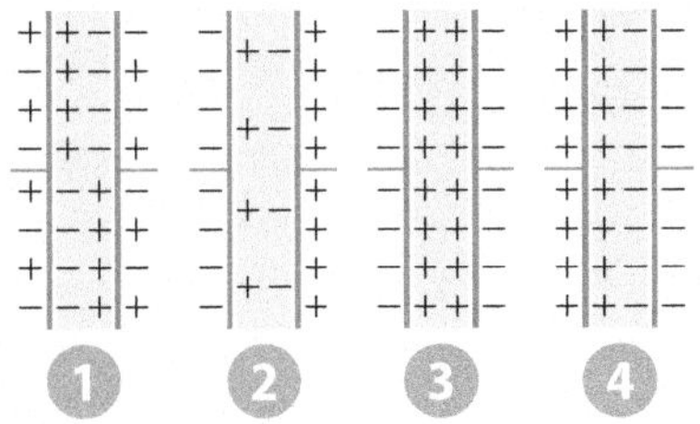

A. Wie in Skizze 1
B. Wie in Skizze 2
C. Wie in Skizze 3
D. Wie in Skizze 4
E. Keine Antwort ist richtig.

49) Weißes Licht wird durch ein optisches Prisma geleitet und dabei in die Spektralfarben aufgespalten. Welche Skizze gibt den Strahlengang korrekt wieder? Beachten Sie, dass das Licht beim Übergang ins Glas zum Lot hin gebrochen wird.

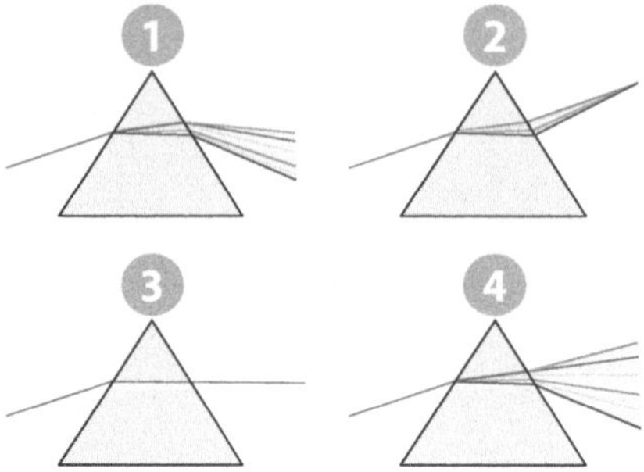

A. Skizze 1
B. Skizze 2
C. Skizze 3
D. Skizze 4
E. Keine Antwort ist richtig.

50) Welche Masse hat das graue Gewicht?

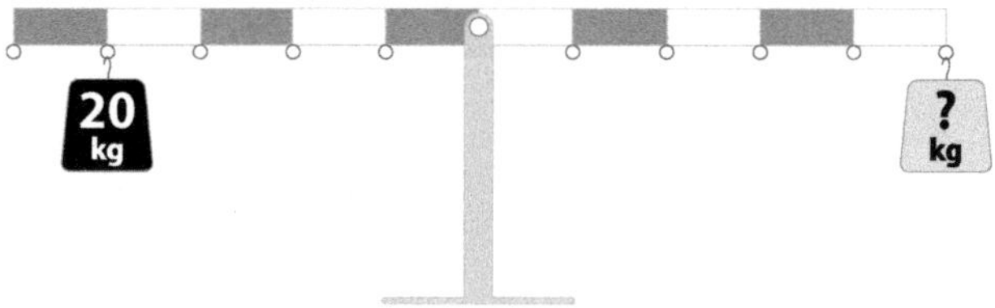

A. 16 Kilogramm
B. 20 Kilogramm
C. 24 Kilogramm
D. 28 Kilogramm
E. Keine Antwort ist richtig.

Arbeitssicherheit

Bearbeitungszeit 5 Minuten

Beantworten Sie bitte die folgenden Aufgaben, indem Sie jeweils den richtigen Lösungsbuchstaben markieren.

51) Was bedeutet dieses Piktogramm?

A. Entzündlicher Stoff
B. Radioaktiver Stoff
C. Magnetischer Stoff
D. Explosionsgefährlicher Stoff
E. Keine Antwort ist richtig.

52) Was bedeutet dieses Piktogramm?

A. Erste Hilfe
B. Christliche Seelsorge
C. Sammelplatz für Notfälle
D. Krankenhaus
E. Keine Antwort ist richtig.

53) Was bedeutet dieses Piktogramm?

A. Vorstandsbereich
B. Helmpflicht beachten
C. Kleidung desinfizieren
D. Laborkittel tragen
E. Keine Antwort ist richtig.

54) Was bedeutet dieses Piktogramm?

A. Zutritt verboten
B. Faulgase
C. Giftiger Stoff
D. Hochspannung
E. Keine Antwort ist richtig.

55) Was bedeutet dieses Piktogramm?

A. Reizender Stoff
B. Erste Hilfe
C. Entzündlicher Stoff
D. Nicht öffnen
E. Keine Antwort ist richtig.

56) Was bedeutet dieses Piktogramm?

A. Umweltgefährlicher Stoff
B. Gefahr durch Kampfmittel
C. Extreme Hitze
D. Biologischer Schadstoff
E. Keine Antwort ist richtig.

57) Was bedeutet dieses Piktogramm?

A. Verbot von offenem Feuer
B. Nichtraucherbereich
C. Vorsicht, Funkenflug
D. Brennbarer Feststoff
E. Keine Antwort ist richtig.

58) Was bedeutet dieses Piktogramm?

A. Undichte Behälter
B. Ätzender Stoff
C. Desinfektionspflicht
D. Handschuhpflicht
E. Keine Antwort ist richtig.

59) Was bedeutet dieses Piktogramm?

A. Quarantänebereich
B. Gesichtsschutz benutzen
C. Seuchengefahr
D. Atemschutz anziehen
E. Keine Antwort ist richtig.

60) Was bedeutet dieses Piktogramm?

A. Starker Magnetismus
B. Implosionsgefahr
C. Lärmquelle
D. Biologische Gefährdung
E. Keine Antwort ist richtig.

Lösungen: Fachbezogenes Wissen

1) A	21) A	41) A
2) B	22) B	42) A
3) C	23) C	43) D
4) B	24) D	44) E
5) D	25) B	45) D
6) D	26) C	46) C
7) C	27) B	47) A
8) C	28) B	48) B
9) C	29) C	49) A
10) D	30) B	50) A
11) D	31) C	51) D
12) B	32) C	52) A
13) B	33) D	53) D
14) C	34) B	54) C
15) C	35) A	55) A
16) C	36) C	56) A
17) D	37) A	57) A
18) C	38) A	58) B
19) C	39) A	59) B
20) B	40) A	60) D

Chemie (Aufgaben 1–20)

Zu 1) A. H_2O

Ein Wassermolekül enthält zwei Atome Wasserstoff (H) und ein Atom Sauerstoff (O) – in chemischer Formelschreibweise: H_2O.

Zu 2) B. Synthese.

Synthese stammt vom griechischen „sýnthesis" („Zusammensetzung"). In der Chemie bezeichnet der Begriff die Vereinigung von mehreren Elementen zu einer Verbindung oder von mehreren Verbindungen zu einem neuen Stoff. Die Ausgangsstoffe nennt man auch „Reaktanden".

Zu 3) C. Schmerzmittel.

Acetylsalicylsäure (ASS) wirkt schmerzstillend, entzündungshemmend, fiebersenkend und beugt Blutgerinnseln vor. Das wohl bekannteste ASS-Arzneimittel ist Aspirin.

Zu 4) B. H_2SO_3

Schwefeldioxid (SO_2) und Wasser (H_2O) reagieren unter bestimmten Bedingungen zu schwefliger Säure (H_2SO_3).

Zu 5) D. Erdöl

Das Foto zeigt eine Flasche aus dem Kunststoff PET (Polyethylenterephthalat). Man nutzt ihn nicht nur für PET-Flaschen, sondern auch für Folien, Textilfasern und andere Produkte. Um Kunststoffe wie PET herzustellen, benötigt man Erdöl, einen nicht erneuerbaren und somit endlichen natürlichen Rohstoff.

Zu 6) D. Temperatur und Druck

Die drei klassischen Aggregatzustände sind fest, flüssig und gasförmig. Verändert man den Umgebungsdruck und/oder die Temperatur, kann man die Aggregatzustände ineinander umwandeln. Erhitzt man zum Beispiel Wasser, verdampft es in den gasförmigen Zustand, kühlt man es ab, wird es zu festem Eis.

Zu 7) C. Petrischale

Petrischalen werden aus Kunststoff oder Laborglas gefertigt, sind in der Regel rund, flach und durchsichtig und haben einen übergreifenden Deckel. Man nutzt sie hauptsächlich, um Zellen und Mikroorganismen unter kontrollierten Bedingungen zu kultivieren, etwa in biologischen, chemischen oder medizinischen Labors.

Zu 8) C. Ein Gemisch zweier Flüssigkeiten

Eine Emulsion ist ein fein verteiltes Gemisch zweier verschiedener, normalerweise nicht mischbarer Flüssigkeiten ohne sichtbare Entmischung. Die eine Flüssigkeit ist dabei in kleinen Tröpfchen in der anderen verteilt. Typische Beispiele sind Öl-Wasser-Gemische wie in Mayonnaise oder zahlreichen Kosmetika.

Zu 9) C. Über 100

Nachgewiesen wurden bisher 118 chemische Elemente, die im Periodensystem nach steigender Kernladungszahl angeordnet sind. Sämtliche 80 stabilen Elemente kommen auf der Erde vor, nur 17 davon sind keine Metalle. Die Atome mancher Elemente verbinden sich miteinander zu Molekülen, so zum Beispiel alle unter Normalbedingungen gasförmigen Elemente, die keine Edelgase sind: Wasserstoff (H_2), Stickstoff (N_2), Sauerstoff (O_2), Fluor (F_2) und Chlor (Cl_2). Edelgase reagieren nicht mit sich selbst; sie bestehen aus einzelnen Atomen.

Zu 10) D. Kohlenstoff

Die organische Chemie beschäftigt sich mit der Struktur, der Herstellung und der Umwandlung von Kohlenstoff und Kohlenstoffverbindungen. Diese sind die Grundlage des bislang bekannten Lebens.

Zu 11) D. Mit einem Indikator

Ein chemischer Indikator wird mit dem zu überprüfenden Stoff in Kontakt gebracht. Meist gibt eine entsprechende Verfärbung des Indikators Aufschluss über den pH-Wert des Stoffs. Abgeleitet ist das Kürzel von „pondus Hydrogenii" oder „potentia Hydrogenii" (lat. „Gewicht" bzw. „Kraft des Wasserstoffs"). Ein hoher pH-Wert zeigt einen sehr basischen/alkalischen Stoff an, saure Stoffe haben einen niedrigen pH-Wert.

Zu 12) B. Kohlendioxid

Wasserstoff (Abkürzung: H), Kohlenstoff (C) und atomarer Sauerstoff (O) sind Elemente. Chemische Verbindungen sind Stoffe aus mindestens zwei Elementen und mit einer eindeutigen chemischen Struktur. Kohlendioxid (CO_2) ist ein solcher Stoff: Seine Moleküle bestehen aus einem Kohlenstoffatom und zwei Sauerstoffatomen.

Zu 13) B. Ein Metall

Plutonium (Ordnungszahl 94) ist – wie u. a. auch Uran, Actinium und Thorium – ein Schwermetall aus der Gruppe der Actinoide.

Zu 14) C. Stickstoff

Stickstoff treibt die Pflanzenentwicklung an und gilt als wichtigste Düngerform.

Zu 15) C. –273,15 Grad Celsius

Der absolute Nullpunkt ist die theoretisch tiefste mögliche Temperatur, die auch als 0 Kelvin definiert ist, was –273,15 °C entspricht. Nach dem dritten Hauptsatz der Thermodynamik kann der absolute Nullpunkt niemals erreicht werden, doch es ist möglich, Temperaturen zu erzeugen, die dem absoluten Nullpunkt beliebig nahe kommen. Wissenschaftlern ist es bereits gelungen, kleine Proben bis auf wenige milliardstel Kelvin über dem absoluten Nullpunkt abzukühlen.

Zu 16) C. Ein Test zur Feststellung des pH-Werts

Der Lackmustest ist ein in der Chemie gebräuchlicher Test zur Bestimmung des pH-Werts einer Substanz mithilfe des Farbstoffs Lackmus. Die Auswertung erfolgt normalerweise anhand von Farbvergleichsskalen.

Zu 17) D. Au

Die korrekte Abkürzung des chemischen Elements Gold lautet „Au", abgeleitet vom lateinischen Namen für Gold („Aurum").

Zu 18) C. Brom

Brom (Ordnungszahl 35) zählt wie auch Fluor, Chlor, Astat und Iod zur Elementgruppe der Halogene.

Zu 19) C. Gruppe von Atomen

Ein Molekül ist ein Teilchen, das aus mindestens zwei Atomen besteht, welche durch eine chemische Bindung verbunden sind. Moleküle sind die kleinsten Teilchen, die die Eigenschaften des zugrunde liegenden Stoffes haben. Es gibt Moleküle wie Sauerstoff (O_2), die aus einem einzigen Element aufgebaut sind – in diesem Fall den beiden O-Atomen. Die meisten Moleküle sind aber Verbindungen aus Nichtmetallen mit einem weiteren Nichtmetall, Halbmetall oder Metall.

Zu 20) B. Edelgase sind farb- und geruchlos.

Edelgase sind farb- und geruchlos, nicht brennbar und kaum wasserlöslich. Da sie chemisch nahezu keine Verbindungen eingehen können (d. h., sie sind wenig reaktionsfreudig), kommen Edelgase nur atomar vor und nicht molekular.

Technik (Aufgaben 21–35)

Zu 21) A. Not-Aus-Schalter bestehen aus einem roten Betätigungselement auf gelbem Grund.

Not-Aus-Schalter sind unentbehrliche Instrumente der Arbeitssicherheit. Im Notfall kann man damit Produktionsabläufe sofort unterbrechen, um Personen- oder Materialschäden abzuwenden. Not-Aus-Schalter gibt es je nach Einsatzfeld in verschiedensten Ausführungen – vom Taster oder Knopf bis hin zum Drehschalter. Gemeinsames Erkennungsmerkmal: ein rotes Bedienelement auf gelbem Grund.

Zu 22) B. Durch Flüssigkeit

Allgemein bezeichnet „Hydraulik" die Lehre vom Strömungsverhalten flüssiger Stoffe. Hydraulische Anlagen – z. B. Bagger, Krane, Werkzeugmaschinen – nutzen das Prinzip der Kraft- bzw. Energieübertragung mittels Flüssigkeiten. Verwendet man stattdessen Druckluft (oder andere

Gase), handelt es sich um pneumatisches Gerät.

Zu 23) C. Elektrolyt.

Das Elektron ist ein (negativer) Ladungsträger, Elektroden sind elektrisch leitfähige Bauteile. Die Elektrolyse ist ein chemischer Prozess, bei dem es zu einer Redoxreaktion in einer leitenden Flüssigkeit kommt – diese wiederum bezeichnet man als Elektrolyt.

Zu 24) D. Von den Kunststoffen

Antwort D stimmt: Kunststoffe zeichnen sich aus durch ihre geringe Dichte, Korrosionsbeständigkeit sowie thermische und elektrische Isolierfähigkeit. Erzeugt werden sie durch die chemische Umwandlung (Synthese) von Rohstoffen wie z. B. Erdöl.

Zu 25) B. Ein besonders dünnflüssiges Öl

Dickflüssiges (viskoses) Öl bildet zwar einen vergleichsweise stabileren Schmierfilm, gelangt aber kaum an schwer zugängliche, enge Stellen. Nur ein dünnflüssiges Öl ist fließfähig (fluid) genug, um auch dorthin vorzudringen. Schnell trocknende Öle sind als Schmiermittel grundsätzlich ungeeignet.

Zu 26) C. Aus Kupfer und Zinn

Bronze ist eine Legierung, d. h. ein metallischer Werkstoff aus mehreren Elementen. Hauptbestandteile des schon seit dem 4. Jahrtausend v. Chr. bekannten Materials sind Kupfer und Zinn.

Zu 27) B. Eine aus mehreren Einzelteilen zusammengesetzte Komponente einer (elektro-)technischen Anlage

Baugruppen sind aus mehreren Komponenten zusammengesetzte Teilmodule (elektro-)technischer Anlagen. Eine einzelne Baugruppe ist für sich noch nicht einsatzreif; erst im Verbund mit weiteren Baugruppen oder Geräten entsteht ein funktionsfähiges Ganzes. Vorteile der Modularisierung im Anlagen- und Maschinenbau sind die einfache Herstellung und die leichtere Wartung – bei Defekten an der Anlage genügt es, die fehlerhafte(n) Baugruppe(n) auszutauschen.

Zu 28) B. Transistor

Zum Schalten und Verstärken elektrischer Signale eignen sich Transistoren (vom englischen „transfer resistor" – „Leitungswiderstand"). Je nach Verwendungszweck nutzt man die Bauelemente in unterschiedlichen Ausführungen, die eines gemein haben: Sie funktionieren ohne mechanische Bewegung.

Zu 29) C. mechanische in elektrische Energie umwandeln.

Ein Generator wandelt mechanische oder kinetische Energie (Bewegungsenergie) in elektrische Energie um. Erscheinungsformen sind z. B. brennstoffbetriebene Notstromaggregate, Stromerzeuger in Wasserkraftwerken oder Fahrrad-Dynamos.

Zu 30) B. PVC, Silizium, Kupfer

B ist richtig. Wie alle Metalle ist auch Kupfer sehr leitfähig. Silizium – das sich unter anderem in Solaranlagen und PC-Prozessoren findet – zählt zu den Halbleitern: Deren Leitfähigkeit schwankt temperaturabhängig, ist aber im Falle des Siliziums bei Raumtemperatur recht hoch. PVC (Polyvinylchlorid) ist ein Kunststoff, der auch als Isolator zur Ummantelung von Kabeln verwendet wird.

Zu 31) C. Legierung

Metallische Stoffe, die aus mindestens zwei Elementen bestehen, heißen Legierungen. Beispielsweise kann man Kupfer und Zinn zu Bronze legieren, und Kupfer und Zink werden zu Messing. Ein Oxid ist eine Sauerstoffverbindung, und beim elektrochemischen Prozess des Galvanisierens wird ein Gegenstand mit einem schützenden metallischen Überzug versehen. Unter „Armierung" versteht man im Bauwesen, wenn ein Baustoff mit zusätzlichen Materialien verstärkt wird.

Zu 32) C. Ein elektromagnetischer Schalter

Ein Relais ist ein strombetriebener, meist elektromagnetisch funktionierender Schalter. Er besteht aus zwei Stromkreisen: Schließt man den Steuerstromkreis, zieht ein Elektromagnet an einem Schalter, der wiederum den Laststromkreis schließt.

Zu 33) D. Last mal Lastarm.

„Kraft mal Kraftarm gleich Last mal Lastarm", so lautet die Merkformel für das Hebelgesetz. Das bedeutet: Wenn eine Kraft über den Kraftarm eines Hebels angreift, kann damit eine Last bewegt werden, die am Lastarm des Hebels mit einer bestimmten Gewichtskraft anliegt. Dabei werden nur die (Gewichts-)Kräfte berücksichtigt, die in einem 90-Grad-Winkel zum Hebel angreifen. Bei entsprechendem Verhältnis von Kraftarm und Lastarm – langer Kraftarm, kurzer Lastarm – kann man mit geringem Kraftaufwand große Kraftwirkungen erzielen.

Zu 34) B. Durch grundsätzlich geringeren Platzverbrauch

Da sich bei Riemenführungen der Treibriemen unter Belastung ausdehnt, kommt es zum Schlupf: Der Riemen rutscht leicht über die Riemenscheiben. Kettenführungen gewährleisten eine bessere Kraftübertragung und sind unempfindlicher gegen äußere Einflüsse wie etwa hohe Temperaturen. Sie müssen jedoch nicht unbedingt platzsparender sein als Riemenführungen.

Zu 35) A. Die Eisenstange glüht orange.

Die Verteilung der Wärmestrahlung im Lichtspektrum hängt ab von der Temperatur des jeweiligen Körpers. Mit zunehmender Hitze verschiebt sich das Maximum der Spektralverteilung hin zu kurzwelligen Bereichen. Eisen ist ab einer Temperatur von etwa 850 Kelvin rotglühend, erhitzt man es weiter, glüht es erst orange, dann weiß, dann blau.

Praktisches Verständnis (Aufgaben 36–50)

Zu 36) C. Ton 2 und Ton 3

Die Tonhöhe hängt von der Schwingungsfrequenz ab, die in Hertz gemessen wird: Bei einem Hertz findet eine vollkommene Schwingung in einer Sekunde statt, eine Zwei-Hertz-Schwingung schwingt pro Sekunde zweimal auf und ab usw. Das menschliche Gehör nimmt Töne von ungefähr 16 bis 20.000 Hertz wahr. Die Stärke des Ausschlags nach oben und unten nennt man „Amplitude" – sie gibt keinen Aufschluss über die Höhe des Tons, sondern nur über seine Lautstärke. Die Töne 1 und 2 sind also lediglich gleich laut, eine gleiche Tonhöhe beschreiben die Diagramme 2 und 3.

Zu 37) A. Rahmen 1

Die Stabilität der Rahmen hängt ab von ihrer jeweiligen Kräfteaufnahme und -verteilung, wobei ein guter Rahmen bei Belastungen gleich welcher Art und Richtung durch gute Kraftverteilung formstabil bleiben sollte. Die mittlere Stützstrebe von Rahmen 3 hilft jedoch nur bei zentral angreifenden, senkrecht wirkenden Kräften, die zudem schlecht verteilt werden. Rahmen 2 wiederum verteilt waagerechte und senkrechte Kräfte schlecht, diagonale Kräfte gar nicht. Nur bei Rahmen 1 werden Kräfte, egal aus welcher Richtung sie angreifen, an sämtliche Streben des Rahmens weitergegeben, die sich so gegenseitig stabilisieren können.

Zu 38) A. Mit Schraubenschlüssel 1

Um die Schraubenmutter mit möglichst wenig Mühe festzuziehen, benötigt man einen Schraubenschlüssel mit einer großen Hebelwirkung. Das heißt: Der Griff des Schraubenschlüssels sollte so lang wie möglich sein. Schraubenschlüssel 1 ist demnach der geeignetste.

Zu 39) A. Rad 1

Ein Antriebsriemen bewegt sich mit der gleichen Eigengeschwindigkeit um jedes der mit ihm verbundenen Antriebsräder. Verbindet er zwei gleich große Räder, laufen beide gleich schnell. Verbindet er jedoch Räder unterschiedlicher Größe, läuft das kleinere stets schneller um die eigene Achse als das größere: Wenn sich beispielsweise ein Rad mit einem Umfang von einem Meter einmal dreht, wird auch der Riemen um einen Meter weiterbewegt. Überträgt er nun diese Bewegung auf ein Rad mit einem Umfang von nur einem halben Meter, muss dieses Rad folgerichtig zweimal vollständig rotieren. Demnach ist die Rotationsgeschwindigkeit von Rad 2 höher als diejenige von Rad 1, während sich die Räder 2 und 3 etwa gleich schnell drehen.

Zu 40) A. Spritzflasche A

Spritzflasche A ist zweckmäßig konstruiert: Drückt man den Gummiball am Ende des einen Röhrchens zusammen, wird Luft in die Flasche gepumpt. Das erzeugt einen Überdruck, und das Wasser läuft durch das Steigröhrchen hinaus. Lässt man den Gummiball los, saugt er sich wieder mit Luft voll, und man kann den nächsten Pumpvorgang starten.

Zu 41) A. Die Glühlampen B und C erlöschen ebenfalls.

Durch einen Defekt einer der Glühlampen wird der Stromkreis unterbrochen, da es sich im skizzierten Fall um eine Reihenschaltung handelt. Die Lampen B und C erlöschen demnach ebenfalls.

Zu 42) A. In Richtung 1

Greift der Kolben wie skizziert in die Vertiefungen des Zahnkranzes, wird dieser in eine Rotation gegen den Uhrzeigersinn versetzt. Da die Zahnräder über eine Kette miteinander verbunden sind, ändert sich dieser Drehsinn im Folgenden nicht: Dementsprechend dreht sich auch das obere Zahnrad linksherum.

Zu 43) D. 1 und 3

In der Skizze wird ein einfacher Stromkreis aus Widerstand (Lampen),

Verbindungen (Kabel, Drähte) und Spannungsquelle (Batterien) dargestellt. Damit Strom fließen und eine Lampe leuchten kann, muss zunächst der entsprechende Stromkreis geschlossen werden. Dies kann z. B. durch die Verbindung von 1 und 2 geschehen – dann würden zwei Lampen, gespeist von vier Batterien, gleich hell leuchten. Durch den Kurzschluss von 1 und 3 würden sich wiederum die beiden rechten Lampen in einem funktionsfähigen Stromkreis befinden: Da die zweite Lampe von rechts zusätzlich zum Vierer-Batterieblock noch durch eine in Parallelschaltung gesetzte Batterie gespeist wird, erstrahlt diese am hellsten.

Zu 44) E. Keine Antwort ist richtig.

Wenn ein Zahnrad in ein zweites greift und seine Rotation dadurch überträgt, dann dreht sich das zweite Rad im entgegengesetzten Drehsinn. Überträgt das zweite Zahnrad seine Rotation wiederum auf ein drittes, bewegt sich dieses entgegengesetzt zum zweiten, also in der gleichen Drehrichtung wie das erste. Anders ausgedrückt: In einer Kette miteinander verbundener Zahnräder rotieren immer die jeweils übernächsten im selben Drehsinn.

Im linken Kreislauf der Skizze funktioniert dieses Prinzip jedoch nicht. Geht man von Rad 1 aus rechtsherum, müssten sich die Räder 3 und 4 in dieselbe Richtung drehen, geht man linksherum, müsste schließlich Rad 2 sich in dieselbe Richtung drehen. Die Folge: Die Zahnräder blockieren, nichts bewegt sich. Dies ist immer dann der Fall, wenn eine ungerade Anzahl von Zahnrädern zu einem Kreislauf verkettet ist.

Zu 45) D. Alle Kugeln bewegen sich gleich weit nach unten.

Wie stark eine Feder durch das Anhängen einer Last ausgelenkt („gedehnt“) wird, bestimmt sich durch die angehängte Masse und die rücktreibende Kraft der Feder, die sogenannte „Federkonstante“. Da alle Federn identisch sind und dieselbe rücktreibende Kraft besitzen, hängen Unterschiede in ihrer Auslenkung nur von der jeweils angehängten Masse ab.

Nehmen mehrere parallel gehängte Federn die Last einer angehängten Masse auf, verteilt sich die Gewichtskraft der Last und die Auslenkung der Federn ist geringer. Da im skizzierten Aufbau aber auch die Zahl der Stahlkugeln steigt – und somit in jedem System auf jede Feder stets eine Stahlkugel kommt – ist die an jeder einzelnen Feder zerrende Kraft gleich groß. Alle Federn werden gleich stark gedehnt, alle Kugeln bewegen sich gleich weit nach unten.

Zu 46) C. Würfel 1 besitzt die größte Dichte.

Um die Dichte ρ eines Körpers zu berechnen, teilt man seine Masse *m* durch sein Volumen *V*:

$$\rho = \frac{m}{V}$$

Da alle skizzierten Würfel zwar die gleiche Masse, aber offensichtlich unterschiedliche Rauminhalte haben, müssen sich ihre Dichten unterscheiden: je kleiner das Volumen bei gleichbleibender Masse, desto höher die Dichte. Die größte Dichte hat demnach der Körper mit dem geringsten Volumen, also Würfel 1.

Zu 47) A. Strahlengang 1

Nach außen gewölbte konvexe Linsen (Sammellinsen) biegen einfallende Lichtstrahlen zusammen und fokussieren sie in einer bestimmten Distanz in einem Brennpunkt. Nach innen gekrümmte konkave Linsen (Zerstreuungslinsen) biegen einfallende Lichtbündel auseinander und fächern sie auf. Bei beiden Linsentypen wird das Licht zweimal gebrochen, nämlich beim Einfall in die Linse (zum Lot hin) und beim Austritt aus der Linse (vom Lot weg). Die genannten Eigenschaften berücksichtigt nur Strahlengang 1.

Zu 48) B. Wie in Skizze 2

Die zwei Platten (Elektroden) eines Kondensators speichern unterschiedliche Ladungen: Eine Platte ist positiv, die andere negativ geladen. Der zwischenliegende Isolator – in diesem Fall das Glas – verhindert, dass es zu einem Ladungsaustausch kommt. Das Glas wird dabei polarisiert, d. h. zur Positiv-Elektrode hin negativ und zur Negativ-Elektrode hin positiv geladen.

Zu 49) A. Skizze 1

Die Spektralfarben werden beim Eintritt in das optisch dichtere gläserne Prisma zum Lot – d. h. zu einer gedachten, senkrecht auf der Prismaoberfläche stehenden Linie – hin gebrochen und beim Austritt vom Lot weg. Je kleiner die Wellenlänge der Strahlen ist, desto stärker werden sie gebrochen: Das langwellige Rot wird daher schwächer gebrochen als das kurzwellige Violett.

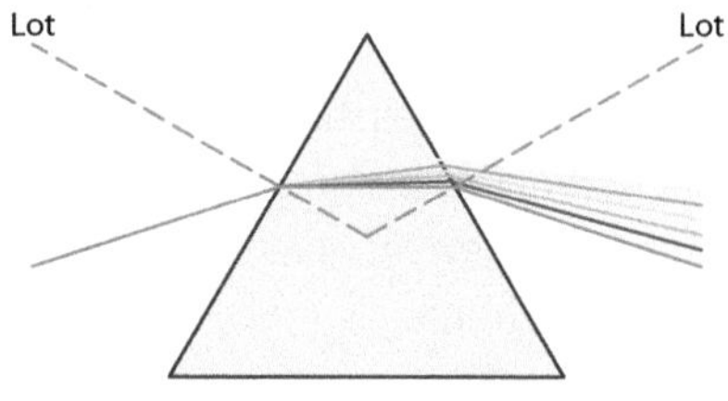

Zu 50) A. 16 Kilogramm

Wenn sich die Waage im Gleichgewicht befindet, gleichen sich die Hebelkräfte (das Drehmoment) beider Gewichte aus. Das bedeutet: Obwohl der linke Hebelarm um ein Fünftel kürzer ist als der rechte – das schwarze Gewicht ist bei vier Fünfteln des linken Waagenarms befestigt, das graue am Ende des rechten Arms –, stimmen die Produkte aus Hebelarmlänge und Gewichtskraft überein. Das graue Gewicht muss dementsprechend um ein Fünftel leichter sein und wiegt 16 Kilogramm.

Arbeitssicherheit (Aufgaben 51–60)

Zu 51) D. Explosionsgefährlicher Stoff

Dieses Piktogramm ist ein Gefahrstoffsymbol und kennzeichnet explosionsgefährliche Stoffe, die besonders vorsichtig gehandhabt werden müssen. Die Kennzeichnung von Gefahrstoffen wird in Deutschland durch die Gefahrstoffverordnung geregelt und ist mittlerweile europaweit standardisiert.

Zu 52) A. Erste Hilfe

Dieses Piktogramm ist ein Rettungszeichen und markiert den Standort eines Erste Hilfe-Kastens bzw. einer anderen Station zur Versorgung im Rahmen der Ersten Hilfe. Rettungszeichen richten sich in Deutschland nach der Unfallverhütungsvorschrift der Berufsgenossenschaften.

Zu 53) D. Laborkittel tragen

Dieses Piktogramm ist ein Gebotszeichen, das zum Tragen eines Laborkittels auffordert. Gebotszeichen dienen allgemein zur Unfallverhütung und zum Gesundheitsschutz und richten sich nach der Unfallverhütungsvorschrift der Berufsgenossenschaften.

Zu 54) C. Giftiger Stoff

Dieses Piktogramm ist ein Gefahrstoffsymbol. Mit einem Totenkopf weist es auf giftige oder sogar sehr giftige Stoffe hin, die nicht mit dem Körper in Kontakt kommen dürfen. Die Kennzeichnung von Gefahrstoffen wird in Deutschland durch die Gefahrstoffverordnung geregelt und ist mittlerweile europaweit standardisiert.

Zu 55) A. Reizender Stoff

Dieses Piktogramm ist ein Gefahrstoffsymbol. Es kennzeichnet gesundheitsschädliche, reizende Stoffe, mit denen ein Kontakt vermieden werden sollte. Die Kennzeichnung von Gefahrstoffen wird in Deutschland durch die Gefahrstoffverordnung geregelt und ist mittlerweile europaweit standardisiert.

Zu 56) A. Umweltgefährlicher Stoff

Dieses Piktogramm ist ein Gefahrstoffsymbol. Es kennzeichnet Stoffe, die gefährlich für die Umwelt sind und daher nicht freigesetzt werden dürfen. Die Kennzeichnung von Gefahrstoffen wird in Deutschland durch die Gefahrstoffverordnung geregelt und ist mittlerweile europaweit standardisiert.

Zu 57) A. Verbot von offenem Feuer

Dieses Piktogramm ist ein Verbotszeichen, das das Entfachen eines offenen Feuers verbietet. Verbotszeichen richten sich in Deutschland nach der Unfallverhütungsvorschrift der Berufsgenossenschaften.

Zu 58) B. Ätzender Stoff

Dieses Piktogramm warnt vor ätzenden Stoffen. Warnzeichen kennzeichnen Hindernisse und Gefahrstellen; ihr Aussehen und ihre Anbringung werden in Deutschland durch die Unfallverhütungsvorschrift der Berufsgenossenschaften geregelt.

Zu 59) B. Gesichtsschutz benutzen

Dieses Piktogramm ist ein Gebotszeichen, das zum Tragen eines Gesichtsschutzes auffordert. Gebotszeichen dienen allgemein zur Unfallverhütung und zum Gesundheitsschutz und richten sich nach der Unfallverhütungsvorschrift der Berufsgenossenschaften.

Zu 60) D. Biologische Gefährdung

Dieses Piktogramm warnt vor biologischer Gefährdung, d. h. einer Gefährdung durch biologische Stoffe. Warnzeichen kennzeichnen Hindernisse und Gefahrstellen; ihr Aussehen und ihre Anbringung werden in Deutschland durch die Unfallverhütungsvorschrift der Berufsgenossenschaften geregelt.

Farben und Formen von Piktogrammen

- Brandschutzzeichen: weiße Symbole auf einem rechteckigen Schild mit rotem Hintergrund und weißem Rand
- Gebotszeichen: weiße Symbole auf einem runden Schild mit blauem Hintergrund und weißem Rand
- Gefahrensymbole: schwarze Symbole auf einem rautenförmigen Schild mit weißem Hintergrund und rotem Rand (neue Version) bzw. auf einem

rechteckigen Schild mit orangem Hintergrund und schwarzem Rand (alte Version)

- Rettungszeichen: weiße Symbole auf einem rechteckigen Schild mit grünem Hintergrund und weißem Rand
- Verbotszeichen: schwarze Symbole, durchgestrichen von einem roten Querbalken, auf einem runden Schild mit weißem Hintergrund und rotem Rand
- Warnzeichen: schwarze Symbole auf einem dreieckigen Schild mit gelbem Hintergrund und schwarzem Rand

Sprachbeherrschung

Welche Schreibweise stimmt? *Bearbeitungszeit 5 Minuten*

In diesem Abschnitt werden Ihre Rechtschreibkenntnisse geprüft.

Wie wird das Wort richtig geschrieben? Beantworten Sie bitte die folgenden Aufgaben, indem Sie jeweils den Lösungsbuchstaben der richtigen Schreibweise markieren.

1)

A. Cement
B. Zement
C. Zemment
D. Zäment
E. Keine Antwort ist richtig.

2)

A. Pelet
B. Peleet
C. Pellet
D. Peellet
E. Keine Antwort ist richtig.

3)

A. Dünamo
B. Dynamo
C. Dynahmo
D. Dyhnamo
E. Keine Antwort ist richtig.

4)

A. sterril
B. steril
C. schteril
D. sterill
E. Keine Antwort ist richtig.

5)

A. numeriren
B. nummeriren
C. numerieren
D. nummerieren
E. Keine Antwort ist richtig.

6)

A. todunglücklich
B. totunglücklich
C. todunglüklich
D. todunglücklisch
E. Keine Antwort ist richtig.

7)

A. Syntetick
B. Syntetik
C. Synthetik
D. Synthetick
E. Keine Antwort ist richtig.

8)

A. Zelmembran
B. Cellmembran
C. Zellmenbran
D. Zellmembran
E. Keine Antwort ist richtig.

9)

A. Kohlendioxit
B. Kolendioxid
C. Kohlendioksit
D. Kohlendioxid
E. Keine Antwort ist richtig.

10)

A. Stalakmitten
B. Stalagmiten
C. Stalakmiten
D. Stalakmieten
E. Keine Antwort ist richtig.

11)

A. parallel
B. parallell
C. paralell
D. parrallel
E. Keine Antwort ist richtig.

12)

A. Resüme
B. Resümee
C. Resühme
D. Resümeh
E. Keine Antwort ist richtig.

13)

A. Metalerzeugungsprozes
B. Metallerzeugungsprozes
C. Metalerzeugungsprozess
D. Metallerzeugungsprozess
E. Keine Antwort ist richtig.

14)

A. Rababer
B. Rharbarber
C. Rhabarber
D. Rarbarber
E. Keine Antwort ist richtig.

15)

A. Agregat
B. Aggregat
C. Aggregatt
D. Agreggat
E. Keine Antwort ist richtig.

Rechtschreibung: Lückentext *Bearbeitungszeit 5 Minuten*

Bitte füllen Sie jede Lücke mit demjenigen Ausdruck, der den Satz sinnvoll und fehlerfrei vervollständigt.

16) das | dass

Es ist schön, _______ du kommen konntest!

17) morgen Abend | Morgen abend

Können wir uns _______ _______ treffen?

18) Quäntchen | Quentchen

Mit einem _______ Glück wird es schon klappen.

19) paar | Paar

Ich hätte gern ein _______ Brötchen.

20) schuld | Schuld

Du bist _______, dass wir nicht fertig geworden sind!

21) eislaufen | Eis laufen

Wir wollen nachher _______ gehen.

22) zuzusehen | zu zu sehen

Hilf lieber mit, anstatt nur _______!

23) dunkelrot | dunkel rot

Mein Lieblingssofa ist _______.

24) ein und alles | Ein und Alles

Der Hund ist seit Jahren ihr _______.

25) anhand | an Hand

Sie wird _______ der Statistiken entscheiden.

„s", „ss" oder „ß"?

Bearbeitungszeit 5 Minuten

Welche Schreibweise stimmt?

Bitte füllen Sie die Lücken korrekt, indem Sie jeweils „s", „ss" oder „ß" hineinschreiben. Es gelten die aktuellen Regeln der deutschen Rechtschreibung.

26) Jetzt reicht es mir aber, das Ma___ ist endgültig voll!

27) Die breite Ma___e der Bevölkerung stand hinter ihr.

28) Mehr lä___t sich dazu im Moment noch nicht sagen.

29) Die Aufgabe war kein bi___chen schwierig.

30) Er wu___te, da___ die Sache nicht gut für ihn stand.

31) Um niemanden vor den Kopf zu sto___en, ging er äu___erst behutsam vor.

32) Da___ ich da___ noch einmal erleben darf, hätte ich nicht gedacht.

33) Bi___ zu den Ferien sind es noch fa___t zwei Wochen.

34) „Wa___er marsch!", hie___ es beim Tag der offenen Tür der Feuerwehr Dü___eldorf.

35) Plötzlich fiel drau___en an der Stra___e ein Schu___.

Fehler korrigieren

Bearbeitungszeit 5 Minuten

Finden Sie heraus, welche Ausdrücke Rechtschreibfehler enthalten, und schreiben Sie die korrekte Form in das nebenstehende Feld. Richtig geschriebene Wörter müssen Sie nicht korrigieren.

36) Operazion ______________________

37) defeckt ______________________

38) Kulans ______________________

39) Maschiene ______________________

40) Schiffahrt ______________________

41) Sekreteriat ______________________

42) Atheist ______________________

43) seid Stunden ______________________

44) Sympatie ______________________

45) Rhytmus ______________________

Konjunktionen

Bearbeitungszeit 3½ Minuten

Welche Konjunktion füllt die Lücke sinnvoll?

Beantworten Sie bitte die folgenden Aufgaben, indem Sie die jeweils richtige Konjunktion eintragen.

46) wie | da | als

Fast alle Fertigprodukte enthalten Zucker, ______ Zucker vom Menschen als wohlschmeckend wahrgenommen wird.

47) Danach | Wegen | Trotzdem

Die Kinder wissen genau, dass Feuer gefährlich ist. ______ spielen sie mit den Streichhölzern.

48) dass | sofern | weil

Sie reichte die Scheidung ein, ______ ihr das Leben nicht aufregend genug erschien.

49) weil | obwohl | damit

Für gefährliche Straftäter kann nach der Haft eine Sicherungsverwahrung angeordnet werden, ______ sie niemanden gefährden können.

50) da | wenn | bis

Immer ______ ich etwas nicht weiß, schlage ich es nach.

51) Falls | Als | Doch

______ wir uns nicht mehr sehen: Gute Reise!

52) Obwohl | Nachdem | Ob

______ ich einmal angefangen hatte zu lesen, konnte ich das Buch nicht mehr aus der Hand legen.

53) Bevor | Da | Wie

______ jemand eingreifen konnte, lagen sich die beiden schon in den Haaren.

54) Als | Wenn | Bis

______ mir jemand helfen könnte, wäre ich sehr dankbar.

55) obwohl | sodass | weil

Er war wirklich blitzschnell verschwunden, ________ ich mich noch nicht einmal verabschieden konnte.

Konjugieren und deklinieren *Bearbeitungszeit 7½ Minuten*

Zu jeder Aufgabe erhalten Sie ein Wort oder eine Wortgruppe. Ihre Aufgabe lautet, die Begriffe in die richtige grammatische Form zu bringen, um den Aufgabensatz zu vervollständigen.

Hierzu ein Beispiel

Aufgabe

1) ein langer Weg

Er hat ______________________ hinter sich.

Antwort

Er hat einen langen Weg hinter sich.

Die Wortgruppe „ein langer Weg" ist in den Akkusativ zu setzen, damit sich ein grammatisch korrekter Satz ergibt.

Bitte beginnen Sie jetzt mit den Aufgaben: Schreiben Sie den vorgegebenen Ausdruck in der richtigen grammatischen Form in die Lücke.

56) ein derartiger Fehler

Ich verstehe nicht, wie ______

____

so lange unbemerkt bleiben konnte!

57) diese ganzen Vorfälle

Nach ______________________

______________ möchte er nicht

länger in der Firma arbeiten.

58) gehen | lassen

__________ in dein Zimmer und

__________ mich in Ruhe!

59) das schlechte Wetter

Aufgrund ______________________

______________ fällt heute die

Schule aus.

60) die Kollegen

Er hat sich gegenüber ______ ______ immer einwandfrei verhalten.

61) ihre beschwichtigenden Worte

Trotz ______ ______ war er zutiefst empört.

62) diese Umstände

Unter ______ sollten wir möglichst schnell handeln.

63) aufhängen

Sie hat noch schnell die frische Wäsche zum Trocknen ______.

64) gehen

Wenn du nicht so früh nach Hause ______, hättest du das Feuerwerk auch gesehen.

65) sehen

Nachdem er die Wohnung ______, unterschrieb er begeistert den Mietvertrag.

Kommasetzung

Bearbeitungszeit 7½ Minuten

Bei diesen Aufgaben geht es darum, die richtige Kommasetzung zu erkennen.

Beantworten Sie bitte die folgenden Aufgaben, indem Sie jeweils den Lösungsbuchstaben des korrekt interpunktierten Satzes markieren.

66)

A. Sicherlich kann nicht immer alles berücksichtigt werden da das Leben sehr komplex ist.
B. Sicherlich kann nicht immer alles berücksichtigt werden, da das Leben sehr komplex ist.
C. Sicherlich, kann nicht immer alles berücksichtigt werden da das Leben sehr komplex ist.
D. Sicherlich kann nicht immer, alles berücksichtigt werden, da das Leben sehr komplex ist.
E. Keine Antwort ist richtig.

67)

A. Sie ging zu ihrem Ausbildungsplatz, legte ihre Jacke ab und zog sich die Arbeitskleidung über.
B. Sie ging zu ihrem Ausbildungsplatz legte ihre Jacke ab und zog sich die Arbeitskleidung über.
C. Sie ging zu ihrem Ausbildungsplatz, legte ihre Jacke ab, und zog sich die Arbeitskleidung über.
D. Sie ging, zu ihrem Ausbildungsplatz, legte ihre Jacke ab, und zog sich die Arbeitskleidung über.
E. Keine Antwort ist richtig.

68)

A. Am Montag, den 28. Juli, habe ich einen Arzttermin.
B. Am Montag den 28. Juli habe ich einen Arzttermin.
C. Am Montag den 28. Juli, habe ich einen Arzttermin.
D. Am Montag den, 28. Juli, habe ich einen Arzttermin.
E. Keine Antwort ist richtig.

69)

A. Soziale Kompetenz meint die Fähigkeit, auf andere Menschen zuzugehen, Kontakte herzustellen und mit anderen zusammenzuarbeiten.

B. Soziale Kompetenz meint die Fähigkeit auf andere Menschen zuzugehen, Kontakte herzustellen und mit anderen zusammenzuarbeiten.

C. Soziale Kompetenz meint die Fähigkeit, auf andere Menschen zuzugehen Kontakte herzustellen und mit anderen zusammenzuarbeiten.

D. Soziale Kompetenz meint die Fähigkeit, auf andere Menschen zuzugehen, Kontakte herzustellen, und mit anderen zusammenzuarbeiten.

E. Keine Antwort ist richtig.

70)

A. Man kann davon ausgehen, dass das Bild, das man von sich selbst hat oft ein Wunschbild ist.

B. Man kann davon ausgehen, dass das Bild, das man von sich selbst hat, oft ein Wunschbild ist.

C. Man kann davon ausgehen dass das Bild, das man von sich selbst hat, oft ein Wunschbild ist.

D. Man kann davon ausgehen, dass das Bild das man von sich selbst hat, oft ein Wunschbild ist.

E. Keine Antwort ist richtig.

71)

A. Ein wichtiger Aspekt, der die Konzentration eines Menschen beeinflussen kann, ist Übung.

B. Ein wichtiger Aspekt der die Konzentration eines Menschen beeinflussen kann ist Übung.

C. Ein wichtiger Aspekt der die Konzentration eines Menschen beeinflussen kann, ist Übung.

D. Ein wichtiger Aspekt, der die Konzentration eines Menschen beeinflussen kann ist Übung.

E. Keine Antwort ist richtig.

72)

A. Sicherlich können nicht alle Bedingungen eingehalten werden weil sehr oft der Verlauf von anderen Faktoren beeinflusst wird die von uns als gegeben betrachtet werden müssen.

B. Sicherlich können nicht alle Bedingungen eingehalten werden, weil sehr oft der Verlauf von anderen Faktoren beeinflusst wird die von uns als gegeben betrachtet werden müssen.

C. Sicherlich können nicht alle Bedingungen eingehalten werden weil sehr oft der Verlauf von anderen Faktoren beeinflusst wird, die von uns als gegeben betrachtet werden müssen.

D. Sicherlich können nicht alle Bedingungen eingehalten werden, weil sehr oft der Verlauf von anderen Faktoren beeinflusst wird, die von uns als gegeben betrachtet werden müssen.

E. Keine Antwort ist richtig.

73)

A. Müllers wollen dieses Jahr über Weihnachten in die Berge fahren, weil die Kinder davon träumen, endlich mal einen riesigen Schneemann, bauen zu können.

B. Müllers wollen dieses Jahr über Weihnachten in die Berge fahren, weil die Kinder davon träumen, endlich mal einen riesigen Schneemann bauen zu können.

C. Müllers wollen dieses Jahr über Weihnachten in die Berge fahren, weil die Kinder davon träumen endlich mal einen riesigen Schneemann bauen zu können.

D. Müllers wollen dieses Jahr, über Weihnachten in die Berge, fahren weil die Kinder davon träumen, endlich mal einen riesigen Schneemann bauen zu können.

E. Keine Antwort ist richtig.

74)

A. Nachdem wir ins Schwimmbad gegangen waren, besuchten wir ein Restaurant, das uns sehr gut gefiel.

B. Nachdem, wir ins Schwimmbad gegangen waren besuchten wir ein Restaurant, das uns sehr gut gefiel.

C. Nachdem wir ins Schwimmbad, gegangen waren, besuchten wir ein Restaurant das, uns sehr gut gefiel.

D. Nachdem wir ins Schwimmbad gegangen waren, besuchten wir, ein Restaurant, das uns sehr gut gefiel.

E. Keine Antwort ist richtig.

75)

A. Durch bewusst langsames Sprechen, durch das Senken und Heben der Stimme, und durch die Veränderung der Lautstärke, wird die Aufmerksamkeit erhöht.

B. Durch bewusst langsames Sprechen, durch das Senken und Heben der Stimme, und durch die Veränderung der Lautstärke wird die Aufmerksamkeit erhöht.

C. Durch bewusst langsames Sprechen, durch das Senken und Heben der Stimme und durch die Veränderung der Lautstärke wird die Aufmerksamkeit erhöht.

D. Durch bewusst langsames Sprechen durch das Senken und Heben der Stimme und durch die Veränderung der Lautstärke wird die Aufmerksamkeit erhöht.

E. Keine Antwort ist richtig.

Ein Wort fällt aus der Reihe *Bearbeitungszeit 5 Minuten*

In diesem Abschnitt steht Ihr Sprachgefühl auf dem Prüfstand.

Pro Aufgabe erhalten Sie fünf Wörter, wovon vier sich in einer gewissen Weise entsprechen. Ein Begriff passt nicht in die Reihe – bitte markieren Sie den zugehörigen Lösungsbuchstaben.

Hierzu ein Beispiel

Aufgabe

1)

A. Motorrad
B. Personenkraftwagen
C. Lastkraftwagen
D. Traktor
E. Rose

Antwort

(E.) Rose

Bei den ersten vier Antworten handelt es sich um Kraftfahrzeuge. Bei der fünften Antwort handelt es sich um eine Pflanze. „Rose" passt nicht – Lösungsbuchstabe ist daher das E.

Bitte bearbeiten Sie nun die Aufgaben: Markieren Sie jeweils den Lösungsbuchstaben des aus der Reihe fallenden Wortes.

76)

A. bitter
B. giftig
C. süß
D. sauer
E. salzig

77)

A. bald
B. demnächst
C. danach
D. später
E. jetzt

78)

A. schwimmen
B. fliegen
C. gehen
D. fahren
E. stehen

79)

A. Anstrich
B. Vakuum
C. Belag
D. Schicht
E. Auflage

80)

A. Prüfung
B. Frage
C. Antwort
D. Lösung
E. Computer

81)

A. Kugelschreiber
B. Radiergummi
C. Papier
D. Schule
E. Tinte

82)

A. fräsen
B. schweißen
C. schneiden
D. schmieden
E. sprechen

83)

A. zierlich
B. fein
C. grazil
D. starr
E. zart

84)

A. Volleyball
B. Badminton
C. Golf
D. Fußball
E. Handball

85)

A. Nachricht
B. Kommentar
C. Erklärung
D. Stellungnahme
E. Glosse

Fremdwörter

Bearbeitungszeit 3½ Minuten

Ordnen Sie jedem Fremdwort die richtige Bedeutung zu, indem Sie den richtigen Lösungsbuchstaben in das Kästchen schreiben.

Fremdwort	A–J	Bedeutung
86) viril	___	A. gleichförmig
87) objektiv	___	B. männlich
88) konsequent	___	C. übertrieben genau
89) investigativ	___	D. verpflichtend
90) homogen	___	E. rechtmäßig
91) frontal	___	F. fortschrittlich
92) pedantisch	___	G. folgerichtig
93) obligatorisch	___	H. nachforschend
94) progressiv	___	I. von vorn
95) legitim	___	J. sachlich

Sprichwörter

Bearbeitungszeit 5 Minuten

Bei diesen Aufgaben geht es darum, Sprichwörter zu vervollständigen.

Beantworten Sie bitte die folgenden Aufgaben, indem Sie jeweils den Lösungsbuchstaben des einzusetzenden Wortes markieren.

96) Es wird nichts so heiß _____, wie es gekocht wird.

A. genascht
B. verzehrt
C. gegessen
D. verspeist
E. Keine Antwort ist richtig.

97) Der _____ ist das Ziel.

A. Erfolg
B. Wille
C. Weg
D. Rekord
E. Keine Antwort ist richtig.

98) Die Kuh vom _____ holen.

A. Gras
B. Acker
C. Eis
D. Feld
E. Keine Antwort ist richtig.

99) Der _____ macht die Musik.

A. Sänger
B. Produzent
C. Pianist
D. Ton
E. Keine Antwort ist richtig.

100) Der Fisch stinkt vom _____ her.

A. Schwanz
B. Kopf
C. Bauch
D. Brust
E. Keine Antwort ist richtig.

101) Träume sind _____.

A. Schäume
B. unbewusst
C. unlogisch
D. Fantasien
E. Keine Antwort ist richtig.

102) Bei _____ Wasser kann jeder leicht Steuermann sein.

A. flachem
B. warmem
C. salzigem
D. ruhigem
E. Keine Antwort ist richtig.

103) _____ guten Dinge sind drei.

A. Mancher
B. Vieler
C. Aller
D. Dreier
E. Keine Antwort ist richtig.

104) Jede _____ hat zwei Seiten.

A. Wand
B. Fläche
C. Münze
D. Wurst
E. Keine Antwort ist richtig.

105) Wasser hat keine _____.

A. Seife
B. Balken
C. Energie
D. Ecken
E. Keine Antwort ist richtig.

Textverständnis

Bearbeitungszeit 10 Minuten

Ihnen liegt ein Auszug der Studie „Umweltbewusstsein in Deutschland 2020“ des Bundesministeriums für Umwelt, Naturschutz, nukleare Sicherheit und Verbraucherschutz vor. Darin werden die Ergebnisse einer Bevölkerungsbefragung zum Thema Umweltschutz vorgestellt.

Bitte lesen Sie sich den Text zunächst aufmerksam durch.

Umwelt- und Klimaschutz zählt weiterhin zu den wichtigsten Anliegen

Die Zeit vor und während der aktuellen Erhebung war stark von der Corona-Pandemie bestimmt. Trotzdem verliert das Thema Umwelt- und Klimaschutz nicht an Bedeutung. Wie in den Jahren zuvor stufen zwei Drittel der Befragten dieses Thema als „sehr wichtig“ ein. Eine etwas höhere Bedeutung wird aktuell nur dem „Zustand des Bildungswesens“ und dem „Zustand des Gesundheitswesens“ eingeräumt. [...]

Diese beiden Themen erachten jeweils etwa drei Viertel der Befragten als sehr wichtig. Mit etwa zehn Prozentpunkten Abstand folgen neben „Umwelt- und Klimaschutz“ die Themen „soziale Gerechtigkeit“ und „Verlauf und Folgen der Corona-Pandemie“ (nur 2020), die für jeweils etwa zwei Drittel der Befragten sehr wichtig sind. Ebenso rücken im Vergleich zu 2019 die „wirtschaftliche Entwicklung“ (44 Prozent) und die „Arbeitslosigkeit“ (43 Prozent) stärker in den Vordergrund. Angesichts der wirtschaftlichen Folgen der Corona-Krise ist das wenig überraschend. [...] Dagegen verliert das Thema „Zuwanderung und Integration“ (35 Prozent) für die Befragten weiter an Bedeutung. Im Jahr 2016 lag es mit zwei Dritteln Zustimmung deutlich weiter vorne. [...]

Rund 80 Prozent der Befragten sehen die Lebensgrundlage in Deutschland durch den Klimawandel bedroht. Entsprechend sind nur etwa 20 Prozent der Ansicht, vieles werde sehr übertrieben, wenn es um die Folgen des Klimawandels geht. Eine Verharmlosung oder gar Leugnung findet also lediglich in relativ geringem Umfang statt.

Quelle: Bundesministerium für Umwelt, Naturschutz, nukleare Sicherheit und Verbraucherschutz

Bitte prüfen Sie die folgenden Aussagen auf ihre Richtigkeit. Kreuzen Sie **„stimmt"** an, wenn sich eine Aussage durch den Text belegen lässt. Andernfalls markieren Sie **„stimmt nicht"**. Sie haben dafür **5 Minuten** Zeit.

106) Rund ein Drittel der deutschen Bevölkerung ist mit der Umweltqualität in Deutschland zufrieden.

☐ stimmt ☐ stimmt nicht

107) Umweltschutz ist für rund drei Viertel der Befragten wichtiger als die Themen Zustand des Bildungswesens sowie Zustand des Gesundheitswesens.

☐ stimmt ☐ stimmt nicht

108) 2016 wurde das Thema Zuwanderung und Integration als ungefähr gleich wichtig eingeschätzt wie 2020 das Thema Umwelt- und Klimaschutz.

☐ stimmt ☐ stimmt nicht

109) Die größte Bedrohung der Umwelt geht hierzulande für 80 Prozent der Befragten vom Klimawandel und seinen Folgen aus.

☐ stimmt ☐ stimmt nicht

110) Durch die ökonomischen Folgen der Corona-Pandemie gewinnen Themen wie wirtschaftliche Entwicklung und Arbeitslosigkeit an Bedeutung.

☐ stimmt ☐ stimmt nicht

Lösungen: Sprachbeherrschung

1) B	31) ß | ß	59) des schlechten Wetters
2) C	32) ss | s	60) den Kollegen
3) B	33) s | s	61) ihrer beschwichtigenden Worte
4) B	34) ss | ß | ss	62) diesen Umständen
5) D	35) ß | ß | ss	63) aufgehängt
6) A	36) Operation	64) gegangen wärst
7) C	37) defekt	65) gesehen hatte
8) D	38) Kulanz	66) B
9) D	39) Maschine	67) A
10) B	40) Schifffahrt	68) A
11) A	41) Sekretariat	69) A
12) B	42) –	70) B
13) D	43) seit Stunden	71) A
14) C	44) Sympathie	72) D
15) B	45) Rhythmus	73) B
16) dass	46) da	74) A
17) morgen Abend	47) Trotzdem	75) C
18) Quäntchen	48) weil	76) B
19) paar	49) damit	77) E
20) schuld	50) wenn	78) E
21) eislaufen	51) Falls	79) B
22) zuzusehen	52) Nachdem	80) E
23) dunkelrot	53) Bevor	81) D
24) Ein und Alles	54) Wenn	82) E
25) anhand	55) sodass	83) D
26) ß	56) ein derartiger Fehler	84) B
27) ss	57) diesen ganzen Vorfällen	85) A
28) ss	58) Geh | lass	86) B
29) ss		
30) ss | ss		

87) J	95) E	103) C
88) G	96) C	104) C
89) H	97) C	105) B
90) A	98) C	106) stimmt nicht
91) I	99) D	107) stimmt nicht
92) C	100) B	108) stimmt
93) D	101) A	109) stimmt nicht
94) F	102) D	110) stimmt

Welche Schreibweise stimmt? (Aufgaben 1–15)

Zu 1) **B.** Zement

Zu 2) **C.** Pellet

Zu 3) **B.** Dynamo

Zu 4) **B.** steril

Zu 5) **D.** nummerieren

Zu 6) **A.** todunglücklich

Zu 7) **C.** Synthetik

Zu 8) **D.** Zellmembran

Zu 9) **D.** Kohlendioxid

Zu 10) **B.** Stalagmiten

Zu 11) **A.** parallel

Zu 12) **B.** Resümee

Zu 13) **D.** Metallerzeugungsprozess

Zu 14) **C.** Rhabarber

Zu 15) **B.** Aggregat

Rechtschreibung: Lückentext (Aufgaben 16–25)

Zu 16) Es ist schön, ***dass*** du kommen konntest!

Zu 17) Können wir uns ***morgen Abend*** treffen?

Zu 18) Mit einem ***Quäntchen*** Glück wird es schon klappen.

Zu 19) Ich hätte gern ein ***paar*** Brötchen.

Zu 20) Du bist ***schuld***, dass wir nicht fertig geworden sind!

Zu 21) Wir wollen nachher ***eislaufen*** gehen.

Zu 22) Hilf lieber mit, anstatt nur ***zuzusehen***!

Zu 23) Mein Lieblingssofa ist ***dunkelrot***.

Zu 24) Der Hund ist seit Jahren ihr <u>*Ein und Alles*</u>.

Zu 25) Sie wird <u>*anhand*</u> der Statistiken entscheiden.

„s", „ss" oder „ß"? (Aufgaben 26–35)

Hinweis für Schweizer Bewerber:

In der Schweiz schreibt man immer „ss" statt „ß" – dieses Zeichen existiert im eidgenössischen Schriftdeutsch nicht.

Zu 26) Jetzt reicht es mir aber, das Ma<u>*ß*</u> ist endgültig voll!

Nach einem lang ausgesprochenen Vokal wie dem „a" in „Maß" schreibt man den stimmlosen s-Laut als „ß".

Zu 27) Die breite Ma<u>*ss*</u>e der Bevölkerung stand hinter ihr.

Nach einem kurz ausgesprochenen Vokal wie dem „a" in „Masse" schreibt man den stimmlosen s-Laut in der Regel als „ss".

Zu 28) Mehr lä<u>*ss*</u>t sich dazu im Moment noch nicht sagen.

Nach einem kurz ausgesprochenen Umlaut wie dem „ä" in „lässt" schreibt man den stimmlosen s-Laut in der Regel als „ss".

Zu 29) Die Aufgabe war kein bi<u>*ss*</u>chen schwierig.

Nach einem kurz ausgesprochenen Vokal wie dem „i" in „bisschen" schreibt man den stimmlosen s-Laut in der Regel als „ss".

Zu 30) Er wu<u>*ss*</u>te, da<u>*ss*</u> die Sache nicht gut für ihn stand.

Nach einem kurz ausgesprochenen Vokal wie dem „u" in „wusste" schreibt man den stimmlosen s-Laut in der Regel als „ss". Bei „dass" handelt es sich um eine Konjunktion, die mit „ss" geschrieben wird.

Zu 31) Um niemanden vor den Kopf zu sto<u>*ß*</u>en, ging er äu<u>*ß*</u>erst behutsam vor.

Nach einem lang ausgesprochenen Vokal wie dem „o" in „stoßen" schreibt man den stimmlosen s-Laut als „ß" – genauso wie nach einem Doppellaut (Diphthong) wie dem „äu" in „äußerst".

Zu 32) Da<u>*ss*</u> ich da<u>*s*</u> noch einmal erleben darf, hätte ich nicht gedacht.

Am Satzanfang steht hier die Konjunktion „dass", die man mit „ss" schreibt. Bei der zweiten Lücke handelt es sich um das Demonstrativpronomen „das", welches mit einem „s" geschrieben wird.

Zu 33) Bi_s_ zu den Ferien sind es noch fa_s_t zwei Wochen.

In beiden Fällen geht es um den stimmlosen s-Laut, den man nach kurz ausgesprochenen Vokalen normalerweise als „ss" schreibt – bei „bis" und „fast" bestätigt jedoch die Ausnahme die Regel.

Zu 34) „Wa_ss_er marsch!", hie_ß_ es beim Tag der offenen Tür der Feuerwehr Dü_ss_eldorf.

Nach einem kurz ausgesprochenen Vokal wie dem „a" in „Wasser" schreibt man den stimmlosen s-Laut in der Regel als „ss". Nach einem Doppellaut (Diphthong) wie dem „ie" in „hieß" schreibt man den stimmlosen s-Laut als „ß". Der Ortsname „Düsseldorf" wird mit „ss" geschrieben.

Zu 35) Plötzlich fiel drau_ß_en an der Stra_ß_e ein Schu_ss_.

In allen drei Fällen geht es um den stimmlosen s-Laut: Nach einem Doppellaut (Diphthong) wie dem „au" in „draußen" schreibt man ihn als „ß", ebenso wie nach einem lang ausgesprochenen Vokal wie dem „a" in „Straße". Nach einem kurz ausgesprochenen Vokal wie dem „u" in „Schuss" schreibt man ihn in der Regel als „ss".

Fehler korrigieren (Aufgaben 36–45)

Zu 36) Operation

Zu 37) defekt

Zu 38) Kulanz

Zu 39) Maschine

Zu 40) Schifffahrt

Zu 41) Sekretariat

Zu 42) „Atheist" stimmt.

Zu 43) seit Stunden

Zu 44) Sympathie

Zu 45) Rhythmus

Konjunktionen (Aufgaben 46–55)

Zu 46) Fast alle Fertigprodukte enthalten Zucker, ***da*** Zucker vom Menschen als wohlschmeckend wahrgenommen wird.

„Wie" drückt ein Verhältnis aus, „als" einen Zeitpunkt. Da im Folgenden ein Grund genannt wird, muss die richtige Lösung „da" lauten.

Zu 47) Die Kinder wissen genau, dass Feuer gefährlich ist. ***Trotzdem*** spielen sie mit den Streichhölzern.

Die Konjunktion „danach" passt hier nicht, da keine zeitliche Reihenfolge ausgedrückt wird. „Wegen" passt aus grammatischen Gründen nicht, die richtige Lösung lautet also „trotzdem".

Zu 48) Sie reichte die Scheidung ein, ***weil*** ihr das Leben nicht aufregend genug erschien.

Offensichtlich enthält der Nebensatz den Grund für die im Hauptsatz genannte Tatsache, also ist hier die begründende Konjunktion „weil" zu wählen. „Sofern" und „dass" können keine Begründung ausdrücken und passen daher inhaltlich nicht.

Zu 49) Für gefährliche Straftäter kann nach der Haft eine Sicherungsverwahrung angeordnet werden, ***damit*** sie niemanden gefährden können.

„Weil" (Grund) und „obwohl" (Gegengrund) passen nicht zum Sinn des Satzes, einzig „damit" (Zweck) kann Hauptsatz und Nebensatz logisch verbinden.

Zu 50) Immer ***wenn*** ich etwas nicht weiß, schlage ich es nach.

Hier wird eine Bedingung genannt. „Da" drückt einen Zeitpunkt aus, „bis" einen Zeitraum.

Zu 51) ***Falls*** wir uns nicht mehr sehen: Gute Reise!

Hier wird eine Bedingung ausgedrückt, darum kommt nur „falls" infrage. „Doch" passt grammatisch nicht, „als" ergibt inhaltlich keinen Sinn.

Zu 52) ***Nachdem*** ich einmal angefangen hatte zu lesen, konnte ich das Buch nicht mehr aus der Hand legen.

Hier handelt es sich um einen Aussagesatz, die Fragekonjunktion „ob" scheidet also aus. Auch „obwohl" passt hier nicht, da der Satz damit keinen Sinn ergeben würde. Die richtige Lösung ist also „nachdem", diese Konjunktion drückt eine zeitliche Abfolge aus.

Zu 53) *Bevor* jemand eingreifen konnte, lagen sich die beiden schon in den Haaren.

Hier wird eine temporale Konjunktion benötigt, wofür nur „bevor" infrage kommt.

Zu 54) *Wenn* mir jemand helfen könnte, wäre ich sehr dankbar.

Die Konjunktive „könnte" und „wäre" deuten auf einen Bedingungssatz hin, in den die Konjunktion „wenn" hineinpasst. Die übrigen Konjunktionen drücken zeitliche Relationen aus.

Zu 55) Er war wirklich blitzschnell verschwunden, *sodass* ich mich noch nicht einmal verabschieden konnte.

Hier wird eine Konsequenz beschrieben – dies funktioniert mit „sodass". „Weil" (Grund) und „obwohl" (Gegengrund) können den Satz nicht sinnvoll ergänzen.

Erläuterung

Konjunktionen – zu Deutsch: Bindewörter – verknüpfen Wörter, Wortgruppen oder ganze Sätze, wobei man in neben- und unterordnende Konjunktionen unterscheidet: Nebenordnende Konjunktionen verbinden Hauptsätze sowie gleichrangige Satzglieder, Wortgruppen oder Nebensätze („Er kam zu spät, denn er hatte verschlafen"). Unterordnende Konjunktionen verbinden Hauptsätze mit Nebensätzen oder Nebensätze mit weiteren, untergeordneten Nebensätzen („Er kam zu spät, weil er verschlafen hatte, da der Wecker defekt war"). Aus dem Satzbau können Sie also darauf schließen, ob eine neben- oder unterordnende Konjunktion gesucht wird.

Darüber hinaus geben Konjunktionen Auskunft über die logische Beziehung zwischen den verknüpften Sätzen oder Satzteilen. Bindewörter können Gegensätze ausdrücken (adversativ: „aber", „wohingegen"), Möglichkeiten aus einer Auswahl ausschließen (disjunktiv: „oder", „entweder … oder"), Zwecke bzw. Absichten wiedergeben (final: „um … zu", „damit"), Ursachen angeben (kausal: „denn", „weil"), Bedingungen einleiten (konditional: „falls", „wenn"), die Folgen des Vorangegangenen ausführen (konsekutiv: „dass", „sodass"), Hinderungsgründe nennen (konzessiv: „obwohl", „wenn auch"), mehrere Elemente zu einer Aufzählung verbinden (kopulativ: „und", „nicht nur … sondern auch"), die Umstände einer Handlung beschreiben (modal: „indem", „ohne … zu") oder zeitliche Reihenfolgen wiedergeben (temporal: „als“, „nachdem“). Manche Konjunktionen („ob“, „dass“) leiten bisweilen auch nur Nebensätze ein, ohne eine Bedeutung mitzuteilen.

Konjugieren und deklinieren (Aufgaben 56–65)

Zu 56) Ich verstehe nicht, wie ***ein derartiger Fehler*** so lange unbemerkt bleiben konnte.

„Ein derartiger Fehler“ muss als Subjekt des Nebensatzes im Nominativ stehen und bleibt folglich unverändert.

Zu 57) Nach ***diesen ganzen Vorfällen*** möchte er nicht länger in der Firma arbeiten.

Die Präposition „nach“ erfordert, dass die folgende Substantivgruppe im Dativ steht.

Zu 58) ***Geh*** in dein Zimmer und ***lass*** mich in Ruhe!

Hier handelt es sich offensichtlich um eine Aufforderung, also ist die gesuchte Verbform der Imperativ Singular.

Zu 59) Aufgrund ***des schlechten Wetters*** fällt heute die Schule aus.

Die Präposition „aufgrund“ erfordert immer eine Substantivgruppe im Genitiv.

Zu 60) Er hat sich gegenüber ***den Kollegen*** immer einwandfrei verhalten.

Die Präposition „gegenüber“ erfordert, dass das folgende Substantiv im Dativ steht.

Zu 61) Trotz ***ihrer beschwichtigenden Worte*** war er zutiefst empört.

Die Präposition „trotz“ zieht eine Substantivgruppe im Genitiv nach sich.

Zu 62) Unter ***diesen Umständen*** sollten wir möglichst schnell handeln.

Die Präposition „unter“ wird hier modal gebraucht, das heißt, sie bezeichnet die Art und Weise bzw. die Rahmenbedingungen eines Vorgangs. In dieser Verwendung zieht „unter“ einen Dativ nach sich.

Zu 63) Sie hat noch schnell die frische Wäsche zum Trocknen ***aufgehängt***.

Die Lücke in diesem Satz muss mit einem Partizip II gefüllt werden. Die vollständige Verbform lautet „hat aufgehängt“ (Perfekt).

Zu 64) Wenn du nicht so früh nach Hause ***gegangen wärst***, hättest du das Feuerwerk auch gesehen.

Hier gilt: Beide Teilsätze müssen die gleiche Zeitform aufweisen, nämlich Konjunktiv II Perfekt.

Zu 65) Nachdem er die Wohnung ***gesehen hatte***, unterschrieb er begeistert den Mietvertrag.

Die Ereignisse des Temporalnebensatzes liegen zeitlich vor denen des Hauptsatzes. Da das Hauptsatz-Verb im Präteritum steht (in der Vergangenheit), muss das Nebensatz-Verb im Plusquamperfekt stehen (in der Vorvergangenheit).

Lösungshinweis

Um die richtige grammatische Form zu finden, ist es hilfreich, sich die einzelnen Sätze leise vorzulesen. Achten Sie dabei auf Person, Zahl und Zeitform.

Kommasetzung (Aufgaben 66–75)

Zu 66) B. Sicherlich kann nicht immer alles berücksichtigt werden, da das Leben sehr komplex ist.

Am Anfang steht der Hauptsatz, der durch das Komma vom Kausalnebensatz getrennt wird.

Zu 67) A. Sie ging zu ihrem Ausbildungsplatz, legte ihre Jacke ab und zog sich die Arbeitskleidung über.

Das Komma ist durch eine Aufzählung bedingt.

Zu 68) A. Am Montag, den 28. Juli, habe ich einen Arzttermin.

Die beiden Kommas trennen eine Apposition vom Hauptsatz, die „Montag" genauer definiert.

Zu 69) A. Soziale Kompetenz meint die Fähigkeit, auf andere Menschen zuzugehen, Kontakte herzustellen und mit anderen zusammenzuarbeiten.

Das erste Komma kennzeichnet den folgenden Infinitivsatz. Das zweite Komma ist durch die Aufzählung begründet.

Zu 70) B. Man kann davon ausgehen, dass das Bild, das man von sich selbst hat, oft ein Wunschbild ist.

Das erste Komma leitet einen Nebensatz ein, in den ein Relativnebensatz eingeschoben ist, der durch das zweite und dritte Komma eingerahmt wird.

Zu 71) A. Ein wichtiger Aspekt, der die Konzentration eines Menschen beeinflussen kann, ist Übung.

Die beiden Kommas grenzen einen eingeschobenen Relativsatz vom Hauptsatz ab.

Zu 72) D. Sicherlich können nicht alle Bedingungen eingehalten werden, weil sehr oft der Verlauf von anderen Faktoren beeinflusst wird, die von uns als gegeben betrachtet werden müssen.

Am Anfang steht der Hauptsatz, der durch das erste Komma vom Kausalnebensatz getrennt wird. Das zweite Komma beendet den Kausalnebensatz und trennt ihn vom folgenden Relativnebensatz, der durch das Relativpronomen „die“ eingeleitet wird.

Zu 73) B. Müllers wollen dieses Jahr über Weihnachten in die Berge fahren, weil die Kinder davon träumen, endlich mal einen riesigen Schneemann bauen zu können.

Das erste Komma trennt den Hauptsatz vom nachfolgenden Kausalnebensatz. Das zweite Komma leitet einen Infinitivsatz ein.

Zu 74) A. Nachdem wir ins Schwimmbad gegangen waren, besuchten wir ein Restaurant, das uns sehr gut gefiel.

Das erste Komma trennt den Temporalsatz vom folgenden Hauptsatz, das zweite Komma zeigt das Ende des Hauptsatzes an und leitet einen Relativsatz ein.

Zu 75) C. Durch bewusst langsames Sprechen, durch das Senken und Heben der Stimme und durch die Veränderung der Lautstärke wird die Aufmerksamkeit erhöht.

Der durchgehende Hauptsatz enthält nur ein Komma, das durch die Aufzählung begründet ist.

Ein Wort fällt aus der Reihe (Aufgaben 76–85)

Zu 76) B. giftig

Alle Begriffe außer „giftig“ geben Geschmacksrichtungen wieder.

Zu 77) E. jetzt

Alle Begriffe außer „jetzt“ betreffen die Zukunft.

Zu 78) **E.** stehen

Alle Verben außer „stehen" beschreiben bewegte Aktivitäten.

Zu 79) **B.** Vakuum

Alle genannten Begriffe außer „Vakuum" sind Synonyme für „Überzug". „Vakuum" bedeutet „luftleerer Raum".

Zu 80) **E.** Computer

Alle Begriffe außer „Computer" stehen für verschiedene Elemente eines Testschemas.

Zu 81) **D.** Schule

Alle Begriffe außer „Schule" stehen für ein Schreibutensil oder -zubehör.

Zu 82) **E.** sprechen

Alle Verben außer „sprechen" stehen für handwerkliche Tätigkeiten.

Zu 83) **D.** starr

„Starr" passt nicht in diese Reihe, da alle anderen Begriffe etwas Kleines und Feines bezeichnen.

Zu 84) **B.** Badminton

Alle Sportarten außer Badminton werden mit einem Ball gespielt.

Zu 85) **A.** Nachricht

Eine Nachricht ist eine möglichst objektive Mitteilung, während die anderen Begriffe für subjektiv gefärbte Einlassungen stehen.

Fremdwörter (Aufgaben 86–95)

Zu 86) viril – **B.** männlich

Zu 87) objektiv – **J.** sachlich

Zu 88) konsequent – **G.** folgerichtig

Zu 89) investigativ – **H.** nachforschend

Zu 90) homogen – **A.** gleichförmig

Zu 91) frontal – **I.** von vorn

Zu 92) pedantisch – **C.** übertrieben genau

Zu 93) obligatorisch – **D.** verpflichtend

Zu 94) progressiv – **F.** fortschrittlich

Zu 95) legitim – **E.** rechtmäßig

Lösungshinweis

Gehen Sie bei dieser Aufgabe sehr konzentriert vor, da ein Fehler eine Reihe weiterer Fehler nach sich ziehen kann.

Arbeiten Sie systematisch: Beginnen Sie mit dem ersten Begriff in der linken Spalte und überprüfen Sie die rechte Spalte Wort für Wort, bis Sie die richtige Bedeutung gefunden haben. Tragen Sie dann den zugehörigen Buchstaben in das Kästchen ein. Falls Sie sich nicht ganz sicher sind, dann verschieben Sie Ihre Entscheidung – vielleicht löst sich das Problem am Ende von selbst, da nur noch eine Möglichkeit übrig bleibt.

Wenn nach dem ersten Durchgang noch Lücken offen sind, hilft eventuell die umgekehrte Verfahrensweise: Man nehme sich ein Wort aus der rechten Spalte vor und suche dazu in der linken Spalte das entsprechende Fremdwort.

Prüfen Sie zum Schluss, ob Sie alle Buchstaben einmal eingetragen haben.

Sprichwörter (Aufgaben 96–105)

Zu 96) C. gegessen

„Es wird nichts so heiß gegessen, wie es gekocht wird" bedeutet, dass die Dinge in der Regel nicht so schlimm sind, wie sie anfangs scheinen.

Zu 97) C. Weg

„Der Weg ist das Ziel" geht zurück auf den chinesischen Philosophen Konfuzius. Demnach geht es nicht darum, um jeden Preis Ziele zu erreichen; die Hauptsache ist, man macht sich auf den Weg – denn dabei macht man die wirklich wichtigen Erfahrungen.

Zu 98) C. Eis

Nachdem die Kuh vom Eis geholt wurde, kann sie darauf nicht mehr ausrutschen. Demgemäß weist die Redensart auf einen Vorgang hin, bei dem eine schwierige Lage entschärft, eine unangenehme Situation gelöst oder etwas in Sicherheit gebracht wird.

Zu 99) D. Ton

„Der Ton macht die Musik" bedeutet, dass nicht nur der Inhalt darüber entscheidet, wie eine Aussage aufgenommen wird. Der Tonfall und die Ausdrucksweise beeinflussen das Urteil des „Publikums" maßgeblich mit.

Zu 100) B. Kopf

„Der Fisch stinkt vom Kopf her" bedeutet, dass die Ursache eventueller Missstände letztlich am oberen Ende der jeweiligen Hierarchieleiter zu suchen ist. Mit „Kopf" kann z. B. der

Manager eines kriselnden Unternehmens gemeint sein.

Zu 101) A. Schäume

„Träume sind Schäume" spielt darauf an, dass Träume ebenso wie Schäume flüchtig sind, leicht zerstört werden können und daher nicht allzu verlässlich sind.

Zu 102) D. ruhigem

„Bei ruhigem Wasser kann jeder leicht Steuermann sein." Unter einfachen Bedingungen kann jeder die Leitung einer Gruppe übernehmen. Die tatsächlichen Führungsqualitäten zeigen sich jedoch erst, wenn es Probleme zu meistern gibt.

Zu 103) C. Aller

„Aller guten Dinge sind drei." Diese Redewendung hat ihren Ursprung wahrscheinlich in der mittelalterlichen Rechtsprechung. Heute ermuntert die Devise dazu, sich einer Herausforderung nach anfänglichem Scheitern noch einmal zu stellen.

Zu 104) C. Münze

„Jede Münze hat zwei Seiten" bedeutet, dass alles seine Vor- und Nachteile hat.

Zu 105) B. Balken

„Wasser hat keine Balken." Dieses Sprichwort erinnert daran, dass Wasser sehr gefährlich sein kann, da man darin versinken und ertrinken kann.

Textverständnis (Aufgaben 106–110)

Zu 106) stimmt nicht

Wie zufrieden die Bevölkerung mit der Umweltqualität in Deutschland ist, darauf geht der vorliegende Text nicht ein. Es findet sich auch keine Prozentangabe dazu.

Zu 107) stimmt nicht

Rund drei Viertel der Befragten halten die Themen Zustand des Bildungswesens sowie Zustand des Gesundheitswesens für die drängendsten Herausforderungen. Der Umwelt- und Klimaschutz ist hingegen nur für zwei Drittel gleichermaßen wichtig.

Zu 108) stimmt

Der Umwelt- und Klimaschutz zählte im Jahr 2020 für zwei Drittel der Befragten zu den drängendsten Themen. 2016 war wiederum das Thema Zuwanderung und Integration von zwei Dritteln als sehr wichtig eingestuft worden. Es lässt sich also feststellen, dass letzteres Thema 2016 für die Befragten von gleicher Bedeutung war wie vier Jahre später der Umwelt- und Klimaschutz.

Zu 109) stimmt nicht

Zwar halten 80 Prozent der Befragten den Klimawandel für eine Bedrohung der Lebensgrundlage in Deutschland – eine Rangliste der Umweltgefahren lässt sich daraus aber nicht ableiten.

Zu 110) stimmt

44 Prozent stufen das Thema wirtschaftliche Entwicklung als sehr wichtig ein. Dem Thema Arbeitslosigkeit messen 43 Prozent der Befragten große Bedeutung bei. Im Vorjahr fielen die Werte geringer aus. Der Text stellt einen Zusammenhang mit den wirtschaftlichen Auswirkungen der Pandemie her.

Fremdsprachenkenntnisse

Englisch: Wortbedeutungen *Bearbeitungszeit 3½ Minuten*

Geben Sie die korrekte Bedeutung des englischen Wortes wieder, indem Sie den richtigen Lösungsbuchstaben markieren.

1) to brake

A. stören
B. beugen
C. biegen
D. bremsen
E. brechen

2) to hide

A. verzögern
B. aufsteigen
C. abschwächen
D. verbergen
E. bemängeln

3) to earn

A. verdienen
B. bemerken
C. beschließen
D. verhören
E. vertreiben

4) deal

A. Schwarzmarkt
B. Versicherung
C. Wahl
D. Verbrechen
E. Abkommen

5) intention

A. Beachtung
B. Absicherung
C. Klarheit
D. Verhandlung
E. Absicht

6) eventually

A. möglicherweise
B. schließlich
C. festlich
D. gelegentlich
E. unabhängig

7) conscience

A. Gewissen
B. Bewusstsein
C. Übereinstimmung
D. Selbstsicherheit
E. Wachsamkeit

8) ridiculous

A. ritterlich
B. extrem
C. lächerlich
D. herausragend
E. unsicher

9) incident

A. Entscheidung
B. Entzündung
C. Unentschlossenheit
D. Vorfall
E. Auffälligkeit

10) obvious

A. verdächtig
B. abwegig
C. offensichtlich
D. unentschlossen
E. absurd

Englisch: Grammatik Lückentext *Bearbeitungszeit 5 Minuten*

Finden Sie heraus, welche Wörter in die Leerstellen eingesetzt werden müssen, damit sich ein sinnvoller Satz ergibt.

Hierzu ein Beispiel

Aufgabe

1) His _____ car is new. How much _____ it cost?

A. fathers | is
B. father's | did
C. feather's | have
D. furthers | has been
E. father's | had been

Antwort

(**B.**) father's | did

His father's car is new. How much did it cost?

Da Genitiven im Englischen ein „s" mit Apostroph angehängt wird, kommen nur die Möglichkeiten B, C und E in Frage. „Feather" bedeutet jedoch „Feder" und nicht etwa „Vater": Somit scheidet Satz C aus. Für die zweite Leerstelle gibt es überhaupt nur einen korrekten Vorschlag, nämlich „did": „How much is it cost?" (Antwort A) ist keine korrekte Frage, und auch „have" (Antwort C) liegt grammatikalisch falsch, da es nicht zum Subjekt „it" in der 3. Person passt. Setzt man „has been" oder „had been" ein, ist zum einen der Satzbau falsch („How much has/have been it cost?"), zum anderen stimmen die Zeitformen – present perfect progressive und past perfect progressive, beides Verlaufsformen – nicht mit „cost" überein, das nicht in einer Verlaufsform steht.

Bitte bearbeiten Sie nun die Aufgaben: Markieren Sie den Lösungsbuchstaben des einzusetzenden Ausdrucks. Sie haben dafür **5 Minuten** Zeit.

11) He can read very ______.

A. good
B. well
C. goodly
D. goodfully
E. fine

12) While I ______ outside I saw a bird.

A. looking
B. watched
C. was looking
D. were watching
E. am seeing

13) Mark says it's ______ to find a new apartment.

A. easy enough
B. enough easy
C. enough as easy
D. easy as enough
E. as easy as enough

14) The boys failed ______ the test at the first try.

A. passing
B. pass
C. will pass
D. to pass
E. passed

15) David said the concert was very ______.

A. of excitement
B. exercised
C. excited
D. exciting
E. Keine Antwort ist richtig.

16) ______ this book cost? Is it ______?

A. What | cheap
B. How expensive | sheep
C. How many does | cheap
D. How much does | cheap
E. How cheap does | much

17) ______ rain, we'll go inside.

A. If it
B. When it is
C. In case of
D. On appear by
E. At this

18) We have a ______, you can ______ 90 % off.

A. sell | get
B. sale | get
C. sale | become
D. cell | become
E. for sale | act

19) He lives in France, but we ______.

A. aren't
B. don't
C. didn't
D. doesn't
E. Keine Antwort ist richtig.

20) Sara told her mother that she didn't have ______ today.

A. many homeworks
B. much homeworks
C. much homework
D. many homework
E. Keine Antwort ist richtig.

Englisch: Sätze übersetzen *Bearbeitungszeit 5 Minuten*

Wie lautet der vorgegebene deutsche Satz auf Englisch?

Beantworten Sie bitte die folgenden Aufgaben, indem Sie den Lösungsbuchstaben der korrekten Übersetzung markieren.

21) Entschuldigen Sie bitte, wie viel Uhr ist es?

A. I'm sorry, what is the watch?
B. Excuse me, please, what time is it?
C. Excuse me, please, how much time is it?
D. Execute me, please, how many watches are there?
E. Excuse me, please, what is your name?

22) Du solltest einen Regenschirm mitnehmen, weil es regnen wird.

A. You should take an umbrella, because it is going to rain.
B. You must take an umbrella, while it is going to rain.
C. Because you take an umbrella, it will rain.
D. You must not take an umbrella, because it will rain.
E. We took the umbrella, not to get wet, if it rains.

23) Es tut mir leid, aber die Ware ist bereits ausverkauft.

A. It makes me sorry, but the ware is ready out selled.
B. I'm sorry, but the goods were sold.
C. I'm sorry, but the goods are already sold out.
D. Are you sorry, you have sold out the goods?
E. I'm glad, you haven't sold out the goods.

24) Fahren Sie bitte an der nächsten Kreuzung rechts.

A. Please turn right at the next crossway.
B. The next turn crossways at right please.
C. Next crossways please right at the turn.
D. At the turn please crossways right next.
E. Next crossways right please turn at the.

25) Wo ist die nächste Bushaltestelle für den Bus zum Flughafen?

A. Who is the next bus station for the bus to the fly harbour?

B. How I get the bus stand for the airport?

C. Which line bus guides to the airport?

D. Where is the next bus stop for the bus line to the airport?

E. What bus goes to the central station?

26) Bei gutem Wetter sind der Himmel und das Meer blau.

A. Blue are the sky and the lake in good weather.

B. The sea and the sky are blue in weather good.

C. The blue and the sea sky are weather in good.

D. And blue the sea sky are in weather the good.

E. In good weather, the sky and the sea are blue.

27) Nehmen Sie Platz!

A. Take a place!

B. Take a seat!

C. Get a seed!

D. Accept a seat!

E. Keine Antwort ist richtig.

28) Ich bekomme eine gute Note.

A. I become a good note.

B. I get a good note.

C. I get a good grade.

D. I become a good grade.

E. Keine Antwort ist richtig.

29) Wie kommst du denn auf so etwas?

A. How you get this idea?

B. Whatever gave you that idea?

C. How you come on this idea?

D. Where do you find that idea?

E. Do you have a big fantasy?

30) Hatten Sie eine gute Reise?

A. A journey good have had you?

B. Have you had a good journey?

C. Have had you a journey good?

D. You had have a good journey?

E. Had have a journey good you?

Lösungen: Fremdsprachenkenntnisse

1) D	11) B	21) B
2) D	12) C	22) A
3) A	13) A	23) C
4) E	14) D	24) A
5) E	15) D	25) D
6) B	16) D	26) E
7) A	17) C	27) B
8) C	18) B	28) C
9) D	19) B	29) B
10) C	20) C	30) B

Englisch: Wortbedeutungen (Aufgaben 1–10)

Zu 1) D. bremsen

Zu 2) D. verbergen

Zu 3) A. verdienen

Zu 4) E. Abkommen

Zu 5) E. Absicht

Zu 6) B. schließlich

Zu 7) A. Gewissen

Zu 8) C. lächerlich

Zu 9) D. Vorfall

Zu 10) C. offensichtlich

Englisch: Grammatik Lückentext (Aufgaben 11–20)

Zu 11) B. well

He can read very well.

Übersetzt: „Er kann sehr gut lesen." Die englische Übersetzung für „gut" scheint zunächst sehr naheliegend, nämlich „good". Doch als Adverb – wenn etwas „gut gemacht" wird, wenn jemand „gut lesen" kann, wenn sich das „gut" also auf ein Tätigkeitswort bezieht – verwendet man nicht „good", sondern „well". Antwort C ist der unmögliche Versuch, aus „good" durch ein angefügtes „-ly" ein Adverb zu erstellen und ebenso falsch konstruiert wie „goodfully". „Fine" ist kein Adverb, bedeutet in manchen Wendungen aber auch „gut": „How are you?" – „Fine, thank you".

Zu 12) C. was looking

While I was looking outside I saw a bird.

Übersetzt: „Während ich nach draußen schaute, sah ich einen Vogel.“ Hier geht es um die korrekte Zeitform des richtigen Verbs: Das Signalwort „while“ weist darauf hin, dass etwas passiert ist („I saw a bird“), während eine zweite Aktion im Gange war. Das Verb, das diese zweite Aktion benennt, muss daher im past progressive stehen, das nur in Antwort C korrekt gebildet wird. Darüber hinaus verwenden die Antworten B, D und E unpassende Verben: „watch“ drückt eher aus, dass man etwas Bestimmtes bewusst beobachtet, das sich verändert oder bewegt, aber nicht ein allgemeines „nach draußen schauen“; „to see“ wird eher dann verwendet, wenn etwas ohne besondere Absicht wahrgenommen wird („I saw a bird“: Ich habe den Vogel nicht bewusst beobachtet, er kam plötzlich in mein Sichtfeld). Die adäquate Übersetzung für „sehen“ lautet hier „look“.

Zu 13) A. easy enough

Mark says it's easy enough to find a new apartment.

Übersetzt: „Mark sagt, es ist ziemlich einfach, ein Apartment zu finden.“ Die gesuchte Formel „ziemlich einfach“ heißt im Englischen „easy enough“ – Antwort A ist also korrekt. Lösung B scheidet aufgrund der falschen Wortstellung aus; die Vorschläge C und D mit eingefügtem „as“ („als“, „wie“) sind ebenso unsinnig wie der Ausdruck „as easy as enough“ (dt. „so einfach wie genug“).

Zu 14) D. to pass

The boys failed to pass the test at the first try.

Übersetzt: „Die Jungs haben es nicht geschafft, den Test im ersten Anlauf zu bestehen.“ Antwort D stimmt: Der Ausdruck „etwas nicht schaffen“ wird mit „fail to“ korrekt wiedergegeben, dahinter steht das nicht konjugierte Verb.

Zu 15) D. exciting

David said the concert was very exciting.

Übersetzt: „David sagte, das Konzert war sehr aufregend.“ Antwort C ist falsch, da sich durch „excited“ der Sinn des Satzes verschieben würde; nicht mehr das Erlebnis des Konzertbesuches wäre dann aufregend, sondern das Konzert selbst wäre aufgeregt. Antwort B mit „exercised“ („angewendet“) kann als sinnfreie Variante direkt ausgeschlossen werden. Antwort A („of excitement“ – „vor Aufregung“) fällt aus, da sie formal nicht in die Satzstruktur passt. Antwort D stimmt.

Zu 16) D. How much does | cheap

How much does this book cost? Is it cheap?

Übersetzt: „Wie viel kostet dieses Buch? Ist es billig?" Antwort A ist mit „what" für „was" zu wörtlich übersetzt. Vorschlag B verwendet statt der richtigen Übersetzung für „billig" („cheap") das ähnlich klingende „sheep", das allerdings „Schaf" bedeutet. Antwort C setzt mit „many" („viele") mengenmäßig auf das falsche Pferd, und Vorschlag E zieht das „cheap" unsinnigerweise in den ersten Fragesatz. Als richtige Lösung kommt somit nur Möglichkeit D infrage.

Zu 17) C. In case of

In case of rain, we'll go inside.

Übersetzt: „Falls es regnet, werden wir hineingehen." Nach „if it" (Satz A) wäre ein Verb in der dritten Person zu erwarten („rains"), das jedoch nicht im Aufgabensatz steht. Ähnliches gilt für „when it is" (Satz B), auf das die Verlaufsform „raining" folgen müsste. „On appear by" (Satz D) ist eine im Englischen unbekannte Wendung, „at this rain" (Satz E) schließlich ist eine inadäquate Übersetzung des deutschen „bei diesem Regen". „Im Fall, dass es regnet", wird im Englischen kurz und elegant mit „in case of rain" übersetzt.

Zu 18) B. sale | get

We have a sale, you can get 90 % off.

Übersetzt: „Wir haben einen Ausverkauf, Sie können 90 % Rabatt bekommen." Antwort A nutzt mit „to sell" („verkaufen") ein Verb, gebraucht wird jedoch ein Substantiv. Auch die Vorschläge C und D fallen weg, da „become" auf Deutsch nicht „bekommen", sondern „werden" bedeutet. Möglichkeit E geht mit „to act" („handeln", „darstellen") völlig fehl. Richtigerweise müsste es „get" heißen, wie in der korrekten Lösung B.

Zu 19) B. don't

He lives in France, but we don't.

Übersetzt: „Er lebt in Frankreich, aber wir nicht." Die Antwort D ist falsch, da die falsche Form des Verbs „to do" verwendet wird („he, she, it doesn't", aber „we don't"). Ähnliches gilt für die Antwort C, hier steht das Verb in der falschen Zeitform (Vergangenheit). Antwort A kann ausgeschlossen werden, da „aren't"hier nur mit einer Verlaufsform funktionieren würde.

Zu 20) C. much homework

Sara told her mother that she didn't have much homework today.

Übersetzt: „Sara sagte ihrer Mutter, dass sie heute nicht viele Hausaufgaben habe." Da „homework" bereits im Plural steht – das Wort ist überhaupt nur in der Mehrzahl gebräuchlich – stimmen die Pluralkonstruktionen der Antworten A und B mit angehängtem „s" nicht. Ob nun „much" oder „many" zu verwenden ist, richtet sich nach der Zählbarkeit des Bezugsworts: Zählbare Substantive können eine Mehrzahl bilden („friend" – „friends") und werden mit „many" verwendet; nicht zählbare Substantive wie „homework" verlangen nach „much".

Englisch: Sätze übersetzen (Aufgaben 21–30)

Zu 21) B. Excuse me, please, what time is it?

Antwort A ist auszuschließen – es geht hier nicht um die Uhr an sich („watch"), sondern um die Zeit („time"). Antwort D macht denselben Fehler und verwendet darüber hinaus anstelle der Höflichkeitsformel „excuse me" („Entschuldigen Sie") die unangebrachte Aufforderung „execute me" („Richten Sie mich bitte hin"). Vorschlag E erkundigt sich fälschlicherweise nach dem Namen („name"), und Antwort C ist zu plump ans Deutsche angelehnt: Im Englischen fragt man nicht „How much time is it?", sondern „What time is it?". Vorschlag B stimmt.

Zu 22) A. You should take an umbrella, because it is going to rain.

Antwort E verwendet ein unangemessenes Personalpronomen („we" – „wir") und ist als Aussagesatz formuliert, nicht als Aufforderung. Antwort C geht unsinnigerweise davon aus, dass der Regen durch die Mitnahme des Schirms hervorgerufen wird. In Antwort B verfehlt der durch „while" („während") eingeleitete Temporalsatz die Absicht des Aufgabensatzes, der eine kausale Verknüpfung herstellt. Möglichkeit D verkehrt die Aussage sogar komplett ins Gegenteil, indem das Tragen eines Regenschirms mit Verweis auf den Regen verboten wird („you must not" – „du darfst nicht"). Somit kommt nur Vorschlag A infrage.

Zu 23) C. I'm sorry, but the goods are already sold out.

Als Fragesatz scheidet Antwort D aus, und auch Vorschlag B kommt nicht infrage: „were sold" bedeutet „wurden verkauft" und nicht „ist ausverkauft". Antwort A disqualifiziert sich zum einen durch den veralteten Ausdruck „ware" – gebräuchlicher sind „goods", „merchandise" oder „product" – zum anderen durch die falsche Wortbildung: Bei „out selled" (statt „sold out") stimmt weder die Vergangenheitsform noch die Wortreihenfolge. Da Antwort E inhaltlich vollkommen falsch liegt („Ich bin froh, dass Du die Waren nicht ausverkauft hast"), kann nur Vorschlag C korrekt sein.

Zu 24) A. Please turn right at the next crossway.

Die richtige Lösung lautet A: „Please" wird üblicherweise an den Satzanfang oder das Satzende gestellt. Zwar berücksichtigt dies auch Antwort B – doch hier ist die Satzstruktur ansonsten genauso verwirrend und fehlerhaft wie in den Vorschlägen C, D und E.

Zu 25) D. Where is the next bus stop for the bus line to the airport?

Antwort A nennt das falsche Fragewort („who" – „wer") und ebenso wie B die falschen Vokabeln: „Bushaltestelle" heißt „bus stop", nicht „bus station" („Busbahnhof") oder „bus stand", und statt des wörtlich übersetzten „fly harbour" für „Flughafen" müsste es „airport" heißen. Auch einen „line bus" wie in Satz C gibt es im Englischen nicht. Vorschlag E bezieht sich auf einen Zentralbahnhof („central station"). Als richtige Lösung kommt somit nur D infrage.

Zu 26) E. In good weather, the sky and the sea are blue.

Die Formulierung „bei gutem Wetter" übersetzt man mit „in good weather", sodass die Antworten B, C und D von vornherein ausscheiden. Der Himmel („sky") und das Meer („sea") finden sich zusammen nur in Antwort E – von dem in Antwort A genannten See („lake") ist im vorgegebenen Satz nicht die Rede.

Zu 27) B. Take a seat!

Die korrekte Antwort lautet B, „take a seat". „Nehmen Sie Platz" fordert dazu auf, sich auf einen Stuhl oder eine Couch zu setzen, nicht etwa, einen bestimmten Raum einzunehmen, wie es Antwort A mit „place" suggeriert. „Seed" (Antwort C) bedeutet nicht „Sitz", sondern „Keim" oder „Samen" und „accept" (Antwort D) steht für „entgegennehmen" oder „annehmen" (einen Ratschlag, eine Kreditkarte, eine Herausforderung ...).

Zu 28) C. I get a good grade.

Die korrekte Antwort ist C. „Become" (Vorschläge A und D) bedeutet „werden", mit „note" (Sätze A und B) bezeichnet man Musiknoten oder kurze Textnotizen.

Zu 29) B. Whatever gave you that idea?

Antwort E erscheint nicht als englischer Satz, sondern als mangelhafte Übersetzung der Frage „Hast du eine große Fantasie?". Antwort D verwendet mit „find" („finden") ein unangemessenes Verb. Antwort C ist zu nahe am Deutschen: „How you come on this idea?" ist eine wörtliche (und falsche) Anlehnung an „Wie bist du denn auf die Idee gekommen?". Antwort A kommt dem vorgegebenen Satz zwar recht nahe, doch zur Vollständigkeit fehlt das Hilfsverb „did". Nach dem Ausschlussprinzip kommt nur Antwort B infrage.

Zu 30) B. Have you had a good journey?

Als richtige Antwort kommt nur Vorschlag B in Betracht. Bei allen anderen Antworten stimmt der Satzbau nicht, da „have", „had" und „you" – wenn überhaupt vorhanden – an falschen Positionen stehen.

Mathematik

Grundrechenarten

Bearbeitungszeit 10 Minuten

Die Aufgaben sind **ohne Taschenrechner** zu lösen, **unter Berücksichtigung der Punkt-vor-Strich-Regel**. Als Hilfsmittel sind Papier und Stift für Nebenrechnungen zugelassen.

Bearbeiten Sie bitte die folgenden Aufgaben, indem Sie jeweils den richtigen Lösungsbuchstaben markieren.

1) $21 + 12 \times 3 = ?$

A. 99
B. 36
C. 57
D. 56
E. Keine Antwort ist richtig.

2) $6 - (3 + 2) \times 3 = ?$

A. 3
B. 15
C. –9
D. –15
E. Keine Antwort ist richtig.

3) $392.865 + 878.515 = ?$

A. 1.261.380
B. 1.271.480
C. 1.271.380
D. 1.371.380
E. Keine Antwort ist richtig.

4) $827.614 - 794.852 = ?$

A. 31.762
B. 32.262
C. 32.762
D. 32.862
E. Keine Antwort ist richtig.

5) $9.648 \times 7.487 = ?$

A. 71.234.576
B. 72.234.576
C. 73.334.576
D. 74.344.576
E. Keine Antwort ist richtig.

6) $12.082 + 2.376 + 156 = ?$

A. 14.304
B. 14.614
C. 15.202
D. 16.614
E. Keine Antwort ist richtig.

7) $12.156 \times 5.234 = ?$

A. 62.624.504
B. 63.614.504
C. 63.624.504
D. 63.623.502
E. Keine Antwort ist richtig.

8) $94.584 \div 563 = ?$

A. 142
B. 168
C. 172
D. 186
E. Keine Antwort ist richtig.

9) $4.943 \times 9.282 = ?$

A. 45.880.926
B. 45.880.936
C. 46.880.926
D. 46.882.926
E. Keine Antwort ist richtig.

10) $(-6) \times 3 + 4 \times (-4) - 3 = ?$

A. –59
B. –53
C. +37
D. –37
E. Keine Antwort ist richtig.

Kopfrechnen

Bearbeitungszeit 15 Minuten

Nun müssen Sie einfache Rechnungen im Kopf lösen.

Bitte benutzen Sie **keinen Taschenrechner** und machen Sie **keine schriftlichen Nebenrechnungen!**

Beantworten Sie bitte die folgenden Aufgaben, indem Sie jeweils das richtige Ergebnis eintragen.

11) $3 \times 6 \div 9 + 3 \times 9 \div 3 \times 2 - 3 \times 2 \div 9 =$ ________

12) $9 \times 4 \div 6 \times 3 + 4 - 3 \times 2 + 4 \div 6 \times 5 + 2 =$ ________

13) $8 \times 8 - 8 \div 8 + 7 + 11 \div 5 \times 6 + 4 \div 2 + 1 \div 3 =$ ________

14) $30 \div 6 + 23 + 46 - 2 \div 8 \times 9 + 9 + 909 \div 3 =$ ________

15) $1 \times 2 + 3 \times 4 - 5 \times 2 + 15 \div 9 \times 10 - 11 \div 3 =$ ________

16) $9 \times 8 \div 6 - 5 \times 7 + 6 \div 5 + 9 \times 3 \div 2 - 1 =$ ________

17) $14 \times 3 \div 6 \times 7 + 7 \div 8 + 9 \div 8 \times 7 + 9 \times 2 + 5 \div 3 =$ ________

18) $27 \div 3 + 18 \div 3 \times 2 + 118 - 30 \div 2 + 3 \div 7 \div 2 + 16 =$ ________

19) $1.550 - 26 + 12 \div 3 \times 2 \div 4 - 156 - 20 \div 16 =$ ________

20) $57 - 12 \div 9 + 12 - 3 \div 2 - 3 \times 5 + 6 \div 2 \times 3 - 3 \div 6 =$ ________

21) $4 + 8 \times 6 + 5 \div 7 + 6 \times 4 - 16 \div 4 + 12 \div 5 \times 4 + 3 - 7 \times 3 =$ ________

22) $5 \times 5 + 3 \div 4 + 2 \times 2 - 3 \times 3 \div 9 + 9 \times 6 - 6 - 8 \div 7 =$ ________

23) $9 \times 2 + 9 \div 3 \times 9 - 3 \div 6 + 15 \div 4 \times 5 + 11 \div 2 - 5 \div 6 + 78 \div 9 =$ ________

24) $18 + 4 \div 2 + 9 - 3 \times 4 - 2 \div 2 + 2 - 5 \div 5 \times 3 \div 2 =$ ________

25) $4 + 8 \times 3 \div 6 + 9 \div 5 + 6 - 5 \times 4 + 4 \div 5 \times 6 =$ ________

Bruchrechnen

Bearbeitungszeit 10 Minuten

Dieser Abschnitt prüft die wesentlichen Zusammenhänge der Bruchrechnung. Dabei stellt der Bruchstrich nichts anderes dar als ein Teilungszeichen.

Beantworten Sie bitte die folgenden Aufgaben, indem Sie jeweils den richtigen Lösungsbuchstaben markieren.

26) $\frac{4}{9} \div \frac{7}{9} = ?$

A. $\frac{28}{9}$

B. $\frac{7}{4}$

C. $\frac{4}{7}$

D. $\frac{9}{7}$

E. Keine Antwort ist richtig.

27) $\frac{3}{5} + \frac{2}{3} = ?$

A. $\frac{5}{8}$

B. $\frac{19}{15}$

C. $\frac{5}{5}$

D. $\frac{5}{3}$

E. Keine Antwort ist richtig.

28) $\frac{2}{4} - \frac{4}{6} = ?$

A. $-\frac{1}{6}$

B. $-\frac{2}{6}$

C. $-\frac{2}{2}$

D. $\frac{1}{6}$

E. Keine Antwort ist richtig.

29) $\frac{6}{7} \div \frac{3}{4} = ?$

A. $\frac{2}{4}$

B. $\frac{2}{7}$

C. $\frac{8}{7}$

D. $\frac{2}{21}$

E. Keine Antwort ist richtig.

30) $\frac{6}{7} - \frac{1}{5} = ?$

A. $\frac{5}{2}$

B. $\frac{5}{5}$

C. $\frac{7}{2}$

D. $\frac{23}{35}$

E. Keine Antwort ist richtig.

31) $\frac{4}{5} + \frac{7}{3} = ?$

A. $\frac{11}{3}$

B. $\frac{11}{5}$

C. $\frac{11}{8}$

D. $\frac{47}{15}$

E. Keine Antwort ist richtig.

32) $\frac{10}{4} \times \frac{4}{2} = ?$

A. 2

B. 3

C. 4

D. 5

E. Keine Antwort ist richtig.

33) $3\frac{4}{5} + 4{,}5 = ?$

A. $8\frac{3}{10}$

B. $5\frac{4}{5}$

C. 8,25

D. $7\frac{4}{9}$

E. Keine Antwort ist richtig.

34) $4\frac{1}{3} \times \frac{1}{4} = ?$

A. $4\frac{1}{4}$

B. $4\frac{1}{3}$

C. $1\frac{1}{12}$

D. $4\frac{1}{12}$

E. Keine Antwort ist richtig.

35) $3\frac{6}{8} \div 2\frac{2}{4} = ?$

A. $\frac{3}{2}$

B. 0,5

C. $\frac{1}{4}$

D. $\frac{116}{32}$

E. Keine Antwort ist richtig.

Maßeinheiten umrechnen *Bearbeitungszeit 7½ Minuten*

Beantworten Sie bitte die folgenden Aufgaben, indem Sie jeweils den richtigen Lösungsbuchstaben markieren.

36) Wie viele Millimeter sind 38,4 Zentimeter?

A. 3,84
B. 384
C. 76,8
D. 3.840
E. Keine Antwort ist richtig.

37) Wie viele Milligramm sind 0,078 Gramm?

A. 78
B. 7,8
C. 780
D. 0,78
E. Keine Antwort ist richtig.

38) Wie viele Kilogramm sind 0,69 Tonnen?

A. 6,9
B. 690
C. 6.900
D. 69.000
E. Keine Antwort ist richtig.

39) Wie viele Gramm sind 79,8 Kilogramm?

A. 798
B. 7.980
C. 15.960
D. 79.800
E. Keine Antwort ist richtig.

40) Wie viele Deziliter sind 0,25 Liter?

A. 250
B. 25
C. 2,5
D. 5
E. Keine Antwort ist richtig.

41) Wie viele Gramm sind 5 Pfund und 75 Gramm?

A. 1.150
B. 5.075
C. 575
D. 2.575
E. Keine Antwort ist richtig.

42) Wie viele Quadratdezimeter sind 48 Quadratmillimeter?

A. 0,48
B. 4,8
C. 0,00048
D. 0,0048
E. Keine Antwort ist richtig.

43) Wie viele Tonnen sind 82 Zentner?

A. 0,82
B. 41
C. 4,1
D. 8,2
E. Keine Antwort ist richtig.

44) Wie viele Stunden sind 32 Minuten und 240 Sekunden?

A. 0,75
B. 0,66
C. 0,6
D. 0,8
E. Keine Antwort ist richtig.

45) Wie viele Sekunden haben vier Tage?

A. 345.600 Sekunden
B. 347.600 Sekunden
C. 349.600 Sekunden
D. 350.600 Sekunden
E. Keine Antwort ist richtig.

Dreisatz

Bearbeitungszeit 10 Minuten

Beantworten Sie bitte die folgenden Aufgaben, indem Sie jeweils den richtigen Lösungsbuchstaben markieren.

46) Für einen Kundenauftrag benötigt Herr Mayer 40 Stunden mit vier Mitarbeitern. Wie lange würde ein Mitarbeiter benötigen?

A. 120 Stunden
B. 140 Stunden
C. 160 Stunden
D. 180 Stunden
E. Keine Antwort ist richtig.

47) In einer Goldmine werden aus einer Tonne Erz sechs Gramm Gold gewonnen. Wie viel Tonnen Erz werden für drei kg Gold benötigt?

A. 500 t
B. 550 t
C. 600 t
D. 625 t
E. Keine Antwort ist richtig.

48) Für ein Gespräch von 4 Minuten werden 3,60 € bezahlt. Wie teuer wäre ein Gespräch von 9 Minuten?

A. 6,00 €
B. 6,40 €
C. 7,60 €
D. 8,10 €
E. Keine Antwort ist richtig.

49) Drei Maler brauchen 1,5 Stunden, um eine Fläche von 63 Quadratmetern zu streichen. Wie lange brauchen fünf Maler dafür?

A. 60 Minuten
B. 54 Minuten
C. 48 Minuten
D. 36 Minuten
E. Keine Antwort ist richtig.

50) Herr Mayer verkauft eine 0,75-Liter-Weinflasche für 3 €. In Zukunft möchte er auf 1-Liter-Flaschen umsteigen. Wie teuer müsste eine solche Flasche sein, um den gleichen Umsatz zu erzielen?

A. 3,60 €
B. 4 €
C. 4,20 €
D. 5 €
E. Keine Antwort ist richtig.

51) Herrn Mayers Lieferwagen verbraucht im Durchschnitt 10 l Benzin auf 100 km. Wie viel Benzin verbraucht Herr Mayer pro Monat, wenn er monatlich an 22 Werktagen jeweils 60 km unterwegs ist?

A. 85 l
B. 128 l
C. 132 l
D. 156 l
E. Keine Antwort ist richtig.

52) In einer Kantine wird von 120 Mitarbeitern in 5 Tagen 216 kg Obst verzehrt. Wie viel Kilogramm Obst würden im gleichen Zeitraum verbraucht, wenn die Belegschaft um 10 Personen größer wäre?

A. 222 kg
B. 230 kg
C. 234 kg
D. 242 kg
E. Keine Antwort ist richtig.

53) Für einen Kundenauftrag benötigen sechs Mitarbeiter 50 Stunden. Wie viele Mitarbeiter müssten eingesetzt werden, um nach 20 Stunden fertig zu werden?

A. 12 Mitarbeiter
B. 13 Mitarbeiter
C. 14 Mitarbeiter
D. 15 Mitarbeiter
E. Keine Antwort ist richtig.

54) Für die Produktion von 40 Stahlträgern setzt Herr Mayer acht Mitarbeiter für acht Arbeitstage jeweils 8 Stunden ein. Nun muss Herr Mayer einen dringenden Auftrag über 55 Stahlträger in vier Tagen bewältigen. Wie viel Arbeiter müsste er für diesen Auftrag einsetzen?

A. 16 Mitarbeiter
B. 18 Mitarbeiter
C. 20 Mitarbeiter
D. 22 Mitarbeiter
E. Keine Antwort ist richtig.

55) Der Laserprinter des Versicherungsunternehmens „Live" druckt 24.000 Zeilen pro Stunde. Wie lange benötigt er für 200 Seiten mit je 50 Zeilen?

A. 0,25 h
B. 25 min
C. 35 min
D. 45 min
E. Keine Antwort ist richtig.

Schätzaufgaben

Bearbeitungszeit 10 Minuten

Versuchen Sie nicht, die folgenden Aufgaben vollständig auszurechnen: Sie sollen die Ergebnisse geschickt schätzen! Einen **Taschenrechner dürfen Sie dazu nicht benutzen**, auch **schriftliche Nebenrechnungen sind unzulässig.**

Bearbeitungstipps

Konzentrieren Sie sich auf die Endziffern der Operanden, um die letzte Stelle des Ergebnisses zu ermitteln.

Ergebnisbereiche lassen sich durch eine Überschlagsrechnung mit gerundeten Werten abschätzen. Aber Vorsicht: Kleine Abweichungen bei Faktoren, Dividenden und Divisoren können das Ergebnis stark verändern.

Beantworten Sie bitte die folgenden Aufgaben, indem Sie jeweils den richtigen Lösungsbuchstaben markieren.

56) 21 × 21 = ?

A. 438
B. 441
C. 432
D. 444
E. 447

57) 621.212 – 521.214 = ?

A. 100.226
B. 106.222
C. 99.998
D. 99.999
E. 99.992

58) 8.348 – 6.405,66 + 1.671 = ?

A. 3.613,34
B. 3.505,33
C. 2.958,45
D. 3.905,34
E. Keine Antwort ist richtig.

59) 86,6 % von 2.954 = ?

A. 2.864,93
B. 2.558,164
C. 2.798,34
D. 2.277,64
E. Keine Antwort ist richtig.

60) $7{,}872 \times 3{,}988 = ?$

A. 22,86
B. 32,125616
C. 31,393536
D. 23,1745345
E. Keine Antwort ist richtig.

61) In welchem Bereich liegt das Ergebnis von: $4{,}1 \times 3{,}7$?

A. Zwischen 12,5 und 13
B. Zwischen 13 und 13,8
C. Zwischen 13,9 und 14,6
D. Zwischen 14,6 und 15,5
E. Zwischen 15,5 und 15,9

62) In welchem Bereich liegt das Ergebnis von: $125 \div 35$?

A. Zwischen 2,8 und 3,1
B. Zwischen 3,1 und 3,4
C. Zwischen 3,4 und 3,7
D. Zwischen 3,7 und 4,0
E. Zwischen 4,0 und 4,3

63) $\sqrt{48.400} = ?$

A. 120
B. 200
C. 220
D. 320
E. 400

64) $5/14 + 4/27 = ?$

A. 0,992
B. 1,202
C. 0,848
D. 0,505
E. Keine Antwort ist richtig.

65) $(243 \div 2{,}105) \times 3/4 = ?$

A. 54,63
B. 86,579
C. 99,754
D. 112,867
E. Keine Antwort ist richtig.

Prozentrechnen

Bearbeitungszeit 10 Minuten

Bei der Prozentrechnung sind drei Größen zu beachten: der Prozentsatz, der Prozentwert und der Grundwert. Zwei dieser Größen müssen gegeben sein, um die dritte Größe berechnen zu können.

Beantworten Sie bitte die folgenden Aufgaben, indem Sie jeweils den richtigen Lösungsbuchstaben markieren.

66) Ein kleiner Betrieb hat insgesamt 80 Mitarbeiter. Zwei Fünftel der Mitarbeiter arbeiten in der Produktion, drei Zehntel im Büro. Wie viel Prozent der Mitarbeiter arbeiten weder im Büro noch in der Produktion?

A. 20 %
B. 28 %
C. 30 %
D. 40 %
E. Keine Antwort ist richtig.

67) Nach einer Abschreibung von 15 Prozent beträgt der Restbuchwert eines Firmenwagens noch 25.500 €. Wie hoch war der Anschaffungswert?

A. 28.500 €
B. 29.000 €
C. 30.000 €
D. 35.000 €
E. Keine Antwort ist richtig.

68) Herr Mayer möchte den Einkauf von 20 Waschmaschinen über die Bank finanzieren. Nach einem Jahr hätte er bei einem Zinssatz von zwölf Prozent inklusive Zinsen 5.824 € zu zahlen. Was kosten die 20 Maschinen ohne Zinsen?

A. 5.000 €
B. 5.100 €
C. 5.200 €
D. 5.300 €
E. Keine Antwort ist richtig.

69) Herr Mayer erhält Winterreifen mit 20 Prozent Rabatt für einen Preis von 768 €. Wie viel hätte Herr Mayer ohne Rabatt zahlen müssen?

A. 680 €
B. 860 €
C. 960 €
D. 1.000 €
E. Keine Antwort ist richtig.

70) Herr Mayer ermittelt in der Artikelstammliste den Einkaufs- und Verkaufspreis einer Waschmaschine. Der EK-Preis beträgt 240 € und der VK-Preis 336 €. Wie viel Prozent Gewinnspanne wurden auf den EK-Preis aufgeschlagen?

A. 20 %
B. 30 %
C. 40 %
D. 50 %
E. Keine Antwort ist richtig.

71) Herr Mayer möchte ein Fahrzeug an einen Kunden verkaufen. Da Herr Mayer weiß, dass der Kunde ein Schnäppchenjäger ist, bietet Herr Mayer dem Kunden das Fahrzeug zu einem um 10 % erhöhten Preis von 26.400 € an. Welchen Preis möchte Herr Mayer erzielen, wenn er weiß, dass der Kunde das Angebot um 10 % drücken wird?

A. 22.000 €
B. 20.000 €
C. 24.000 €
D. 26.400 €
E. Keine Antwort ist richtig.

72) Herr Mayer hat für eine 52.000 € teure Werbekampagne 25 Prozent des Jahres-Werbebudgets seiner Firma ausgegeben. Wie hoch ist dieses Budget?

A. 200.000 €
B. 212.000 €
C. 208.000 €
D. 214.000 €
E. Keine Antwort ist richtig.

73) Für eine Warenlieferung werden inklusive 19 Prozent Mehrwertsteuer 28.560 € gezahlt. Wie hoch ist der Anteil der Mehrwertsteuer?

A. 4.318 €
B. 4.497 €
C. 4.518 €
D. 4.560 €
E. Keine Antwort ist richtig.

74) Wie viel Benzin spart Herr Mayer, wenn sein Auto statt 9 l nur 6,6 l pro 100 km verbraucht?

A. Rund 25,3 %
B. Rund 26,7 %
C. Rund 27,6 %
D. Rund 27,8 %
E. Keine Antwort ist richtig.

75) Herr Mayer verkauft in einer Aktion drei Paar Socken zum Preis von zwei. Wie viel Prozent Preisnachlass gewährt er dadurch?

A. 20 %

B. 30 %

C. 33,33 %

D. 66,66 %

E. Keine Antwort ist richtig.

Zinsrechnen

Bearbeitungszeit 10 Minuten

Bei der kaufmännischen Zinsrechnung werden dem Monat 30 Tage und dem Jahr 360 Tage zugrunde gelegt. Der Zinseszins kann unberücksichtigt bleiben, sofern die Aufgabenstellung nicht ausdrücklich etwas anderes verlangt.

Beantworten Sie bitte die folgenden Aufgaben, indem Sie jeweils den richtigen Lösungsbuchstaben markieren.

76) Wie viel Zinsen erhält Herr Mayer nach einem Jahr von der Bank, wenn er 30.000 € zu sechs Prozent fest anlegt?

A. 1.200 €
B. 1.400 €
C. 1.600 €
D. 1.800 €
E. Keine Antwort ist richtig.

77) Herr Mayer muss für einen 30.000-€-Kredit vierteljährlich Zinsen zahlen. Der Kreditzins beträgt sieben Prozent. Wie viel Zinsen muss Herr Mayer nach drei Monaten zahlen?

A. 525 €
B. 540 €
C. 565 €
D. 580 €
E. Keine Antwort ist richtig.

78) Herr Mayer möchte wissen, wie viel ihm eine Festgeldanlage von 24.000 € bei einem Zinssatz von fünf Prozent nach 90 Tagen bringt.

A. 240 €
B. 280 €
C. 300 €
D. 340 €
E. Keine Antwort ist richtig.

79) Herr Mayer hat für eine Anlage von 24.000 € in sechs Monaten 600 € Zinsen erhalten. Wie hoch ist der Zinssatz, den Herr Mayer von der Bank erhalten hat?

A. 3,50 %
B. 4,00 %
C. 5,00 %
D. 6,00 %
E. Keine Antwort ist richtig.

80) Herr Mayer hat auf eine Festgeldanlage von 48.000 € in fünf Monaten 1.200 € Zinsen erhalten. Welchen Zinssatz hat ihm seine Bank gewährt?

A. 4 %
B. 5 %
C. 6 %
D. 7 %
E. Keine Antwort ist richtig.

81) Für eine Festgeldanlage erhält Herr Mayer nach einem Jahr 1.800 € Zinsen bei einer Verzinsung von fünf Prozent. Welchen Betrag hat Herr Mayer vor einem Jahr angelegt?

A. 28.000 €
B. 36.000 €
C. 44.000 €
D. 50.000 €
E. Keine Antwort ist richtig.

82) Herr Mayer möchte einen Betrag von 15.000 € zu sechs Prozent fest anlegen. Wie viel Zinsen erhält er nach 8 Monaten?

A. 800 €
B. 900 €
C. 1.000 €
D. 1.100 €
E. Keine Antwort ist richtig.

83) Für eine Festgeldanlage erhält Herr Mayer nach einem Jahr 1.200 € bei einer Verzinsung von sechs Prozent. Welches Kapital würde in einem halben Jahr den gleichen Zinsbetrag abwerfen?

A. 20.000 €
B. 30.000 €
C. 40.000 €
D. 50.000 €
E. Keine Antwort ist richtig.

84) Wie lange muss ein Kapitalbetrag von 24.000 € zu sechs Prozent angelegt werden, um einen Zinsertrag von 800 € zu erzielen?

A. 180 Tage
B. 200 Tage
C. 220 Tage
D. 240 Tage
E. Keine Antwort ist richtig.

85) Herr Mayer möchte sich ein Auto für 45.000 € kaufen. Wenn er den Wagen über einen Kredit finanziert, müsste er nach drei Jahren 54.450 € zurückzahlen. Wie hoch ist der durchschnittliche Jahreszins, wenn man von Zinseszinsen absieht?

A. 6 %

B. 7 %

C. 8 %

D. 9 %

E. Keine Antwort ist richtig.

Gemischte Textaufgaben *Bearbeitungszeit 15 Minuten*

Beantworten Sie bitte die folgenden Aufgaben, indem Sie jeweils den richtigen Lösungsbuchstaben markieren.

86) Herr Mayer möchte den durchschnittlichen Zeitbedarf für das Auszeichnen einer Standardlieferung ermitteln. Dazu ermittelt er während einer Woche folgende Zeiten:

Mo	Di	Mi	Do	Fr
4 h	5 h	4 h	6 h	8 h

Wie hoch ist der durchschnittliche Zeitbedarf zum Auszeichnen einer Standardlieferung?

A. 4,00 h
B. 4,50 h
C. 5,40 h
D. 6,00 h
E. Keine Antwort ist richtig.

87) Herr Mayer hat für das Volltanken mit 80 Litern genau 112 € bezahlt. Wie viel hat der Liter Benzin gekostet?

A. 1,40 €
B. 1,30 €
C. 1,20 €
D. 1,10 €
E. Keine Antwort ist richtig.

88) Durch einen verspäteten ICE hat Herr Mayer in einer Besprechung nur noch drei Viertel seiner Redezeit zu Verfügung. Ursprünglich wollte er einen Vortrag von 100 Minuten halten. Wie viel Minuten kann Herr Mayer jetzt noch vortragen?

A. 60 min
B. 80 min
C. 75 min
D. 70 min
E. Keine Antwort ist richtig.

89) Der Reingewinn der Mayer Industriegesellschaft beträgt 162.000 € und soll wie folgt verteilt werden: Vom Gewinn erhält Gesellschafter A für die Geschäftsführung vorab 42.000 €. Der Restgewinn soll im Verhältnis 4 : 3 : 1 an die Gesellschafter A, B und C verteilt werden. Wie viel Geld erhält der Gesellschafter A insgesamt?

A. 60.000 €
B. 80.000 €
C. 92.000 €
D. 102.000 €
E. Keine Antwort ist richtig.

90) Wie lange braucht Herr Mayer für eine Strecke von 200 km, wenn er im Durchschnitt 160 km/h fährt?

A. 1,25 Stunden
B. 80 Minuten
C. 1,5 Stunden
D. 70 Minuten
E. Keine Antwort ist richtig.

91) Herr Mayer kauft 20 kg Verpackungsmaterialien für 20 €. Wie viel muss Herr Mayer für 40 kg der gleichen Ware zahlen, wenn der Grundpreis gleich ist?

A. 38 €
B. 39 €
C. 40 €
D. 41 €
E. Keine Antwort ist richtig.

92) Herr Mayer möchte in einem Teil der Produktionshalle einen neuen Boden verlegen. Der Teil der Halle ist 25 Meter breit und 30 Meter lang. Für die Fläche werden 750 Platten benötigt. Welche Fläche hat eine Bodenplatte?

A. ½ m^2
B. ⅔ m^2
C. 3/3 m^2
D. 4/3 m^2
E. Keine Antwort ist richtig.

93) Max Mayer kauft 900 Liter Wein zum Preis von 1.080 €. Wie viele 0,75-Liter-Flaschen kann er damit abfüllen?

A. 900 Flaschen
B. 960 Flaschen
C. 1.100 Flaschen
D. 1.200 Flaschen
E. Keine Antwort ist richtig.

94) Herr Mayer muss ⅖ seines Gehaltes an Steuern zahlen. Dies sind genau 2.000 €. Wie hoch ist das Bruttogehalt von Herrn Mayer?

A. 3.000 €
B. 3.500 €
C. 4.000 €
D. 5.000 €
E. Keine Antwort ist richtig

95) Die Max Mayer Handels GmbH bekommt eine Lieferung von 104 Blechteilen. ⅛ der Lieferung ist durch den Transport beschädigt worden und bei ¼ der Ware stimmen die Maße nicht. Wie viele Blechteile können nicht verwendet werden?

A. 30
B. 39
C. 42
D. 44
E. Keine Antwort ist richtig.

96) Die alte Produktionshalle soll einen neuen Industrieboden bekommen. Die Halle ist 8 m breit und 12 m lang. Der ausgewählte Spezialboden kostet insgesamt 11.520 €. Was kostet der Boden pro Quadratmeter?

A. 80 €
B. 90 €
C. 110 €
D. 120 €
E. Keine Antwort ist richtig.

97) Zur Isolierung von vier Leitungen benötigt Herr Mayer ein spezielles Material. Dreieinhalb Meter davon kosten 70 €. Herr Mayer benötigt 3,5 m, 4,5 m, 5,0 m und 5,5 m. Wie teuer wird die Isolierung der Leitungen?

A. 240 €
B. 260 €
C. 340 €
D. 370 €
E. Keine Antwort ist richtig.

98) Nach seinem Urlaub möchte Herr Mayer den Rest von 240 $ in Euro zurücktauschen. Er erhält dafür von der Bank 144 €. Wie lautet der Rückkaufkurs?

A. 1 $ = 0,40 €
B. 1 $ = 0,50 €
C. 1 $ = 0,60 €
D. 1 $ = 0,70 €
E. Keine Antwort ist richtig.

99) Müller Junior möchte einen neuen Computer für 1.280 € kaufen. Hierfür hat er bereits einen Teil des Kaufpreises gespart. Die Eltern steuern das Doppelte von dem, was Müller Junior bisher gespart hat, dazu. Nun fehlen Müller Junior nur noch 80 €. Welchen Betrag hat Müller Junior bereits gespart?

A. 450 €
B. 400 €
C. 600 €
D. 480 €
E. Keine Antwort ist richtig.

100) Zwei alkoholhaltige Getränke werden zu gleichen Teilen zu einem Cocktail vermengt. Der Alkoholgehalt des einen Getränks liegt bei 17,5 %, der des anderen Getränks bei 30 %. Wie viel Prozent Alkohol enthalten 100 ml des Cocktails?

A. 25 %
B. 47,5 %
C. 23,75 %
D. 21,25 %
E. Keine Antwort ist richtig.

Mengenkalkulation

Bearbeitungszeit 10 Minuten

Zur Herstellung eines Fertigerzeugnisses braucht man verschiedene Elemente und Materialien.

Folgendes Schaubild gibt Aufschluss über die Einzelteile, die zur Herstellung des Fertigerzeugnisses C benötigt werden:

Material A

$e_1 = 2$ Stk.

$e_3 = 1$ Stk.

$e_6 = 3$ Stk.

Material B

$e_2 = 2$ Stk.

$e_4 = 4$ Stk.

$e_5 = 3$ Stk.

$e_7 = 3$ Stk.

Fertigerzeugnis C

Material A = 3 Stk.

Material B = 4 Stk.

$e_1 = 2$ Stk.

$e_4 = 1$ Stk.

$e_8 = 3$ Stk.

Hinweis: Angegeben ist der Einzelbedarf in (Stk.) von Elementen (e_n) bzw. Materialien (A, B) je (Stk.) eines Fertigerzeugnisses (C).

Bitte beantworten Sie die folgenden Aufgaben, indem Sie jeweils den richtigen Lösungsbuchstaben markieren. Sie haben dafür **10 Minuten** Zeit.

101) Wie viele Teile „e_n" werden für die Herstellung des Materials A insgesamt benötigt?

A. 4
B. 6
C. 10
D. 18
E. Keine Antwort ist richtig.

102) Wie viele Teile „e_n" werden für die Herstellung der Materialien A und B insgesamt benötigt?

A. 5
B. 10
C. 12
D. 18
E. Keine Antwort ist richtig.

103) Wie viele Elemente „e_2" sind im Fertigerzeugnis C insgesamt enthalten?

A. 2
B. 4
C. 8
D. 16
E. Keine Antwort ist richtig.

104) Wie viele Elemente „e_4" sind im Fertigerzeugnis C insgesamt enthalten?

A. 4
B. 16
C. 17
D. 18
E. Keine Antwort ist richtig.

105) Wie viele Elemente „e_5" sind in 5 Fertigerzeugnissen C insgesamt enthalten?

A. 4
B. 8
C. 12
D. 60
E. Keine Antwort ist richtig.

106) Wie viele Elemente „e_n" sind insgesamt in einem Fertigerzeugnis C enthalten?

A. 6
B. 12
C. 24
D. 72
E. Keine Antwort ist richtig.

107) Wie viele Elemente „e_1" sind in 3 Fertigerzeugnissen C enthalten?

A. 8
B. 16
C. 24
D. 30
E. Keine Antwort ist richtig.

108) Für einen Kunden müssen 5 Fertigerzeugnisse C hergestellt werden. Wie viele Elemente „e_n" werden zur Herstellung insgesamt benötigt?

A. 24
B. 90
C. 240
D. 360
E. Keine Antwort ist richtig.

109) Welches Element „e_n" hat den größten Anteil am Fertigerzeugnis C?

A. e_4 mit 16 Teilen
B. e_2 mit 19 Teilen
C. e_2 mit 18 Teilen
D. e_4 mit 17 Teilen
E. Keine Antwort ist richtig.

110) Wie viel Prozent der Einzelteile eines Fertigerzeugnisses C machen die Elemente „e_4" und „e_5" zusammen aus?

A. Ca. 20 %
B. Ca. 30 %
C. Ca. 40 %
D. Ca. die Hälfte
E. Keine Antwort ist richtig.

Tabellen auswerten *Bearbeitungszeit 5 Minuten*

Welche Informationen liefert die Tabelle?

Bitte analysieren Sie die Angaben und beantworten Sie die nachfolgenden Aufgaben, indem Sie jeweils den richtigen Buchstaben markieren.

Konsumausgaben privater Haushalte

Durchschnitt je Haushalt und Monat (Stand 2020)

Konsumzweck	Ausgaben
Lebensmittel und Tabakwaren	387 €
Bekleidung	93 €
Wohnen	923 €
Möbel und Haushaltsgeräte	160 €
Gesundheit	107 €
Verkehr	325 €
Telekommunikation	67 €
Freizeit und Kultur	239 €
Bildung	15 €
Ausgehen	102 €
Sonstiges	89 €

Quelle: Statistisches Bundesamt

111) Wie hoch sind die durchschnittlichen monatlichen Konsumausgaben eines privaten Haushalts?

A. 2.296 €
B. 2.350 €
C. 2.507 €
D. 2.512 €
E. Keine Antwort ist richtig.

112) Wofür wird das meiste Geld ausgegeben?

A. Freizeit und Kultur
B. Lebensmittel und Tabakwaren
C. Verkehr
D. Wohnen
E. Keine Antwort ist richtig.

113) Wie viel könnte ein Privathaushalt monatlich sparen, wenn die Ausgaben für Verkehr sowie für Freizeit und Kultur um 25 % gesenkt werden könnten?

A. 140,50 €
B. 145,25 €
C. 141 €
D. 160 €
E. Keine Antwort ist richtig.

114) Für Möbel und Haushaltsgeräte werden durchschnittlich 160 € inklusive 19 % Mehrwertsteuer ausgegeben. Wie hoch ist der Nettobetrag ohne die Steuer?

A. 133,10 €
B. 134,45 €
C. 135,25 €
D. 136,12 €
E. Keine Antwort ist richtig.

115) Angenommen, die Kfz-Steuer macht 10 % der Verkehrsausgaben aus: Um welchen Betrag würden diese Ausgaben wachsen, wenn die Kfz-Steuer um 20 % stiege?

A. 4,89 €
B. 5,17 €
C. 6,50 €
D. 17,23 €
E. Keine Antwort ist richtig.

Diagramm-Aufgaben

Bearbeitungszeit 5 Minuten

Welche Informationen liefert das Diagramm?

Bitte analysieren Sie das Schaubild und beantworten Sie die nachfolgenden Aufgaben, indem Sie jeweils den richtigen Buchstaben markieren.

Trinkwasserverwendung im Haushalt

Durchschnittswerte in Deutschland pro Einwohner und Tag, Angaben in Liter (Stand 2021)

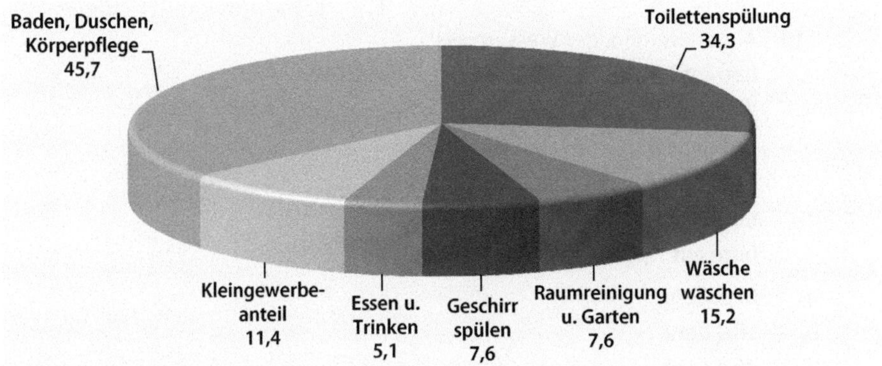

Quelle: Bundesverband der Energie- und Wasserwirtschaft e. V.

116) Wie viele Liter Wasser werden pro Kopf und Tag durchschnittlich verbraucht?

A. 126,9 l
B. 95,9 l
C. 143,8 l
D. 105,2 l
E. Keine Antwort ist richtig.

117) Wie groß ist der Prozentanteil der Toilettenspülung am durchschnittlichen Wasserverbrauch? Runden Sie das Ergebnis bitte auf zwei Nachkommastellen.

A. 30,25 %
B. 19,75 %
C. 23,54 %
D. 27,03 %
E. Keine Antwort ist richtig.

118) Wie viele Liter Wasser verbraucht eine vierköpfige Familie im Monat (30 Tage) allein zum Essen und Trinken?

A. 477 l
B. 612 l
C. 533 l
D. 718 l
E. Keine Antwort ist richtig.

119) Angenommen, der Wasserpreis beträgt 2,90 € pro Kubikmeter: Wie viel gibt eine vierköpfige Familie durchschnittlich am Tag für Baden, Duschen und Körperpflege aus? Runden Sie bitte auf $\frac{1}{10}$ Cent.

A. 67,5 Cent
B. 58,4 Cent
C. 46,4 Cent
D. 53,0 Cent
E. Keine Antwort ist richtig.

120) Wie hoch sind die Ausgaben der Familie für den jährlichen Wasserverbrauch (365 Tage)? Runden Sie bitte auf zwei Nachkommastellen.

A. 553,60 €
B. 537,28 €
C. 470,36 €
D. 580,67 €
E. Keine Antwort ist richtig.

Geometrie

Bearbeitungszeit 10 Minuten

Beantworten Sie bitte die folgenden Aufgaben, indem Sie jeweils den richtigen Lösungsbuchstaben markieren.

121) Welchen Umfang hat das abgebildete Parallelogramm?

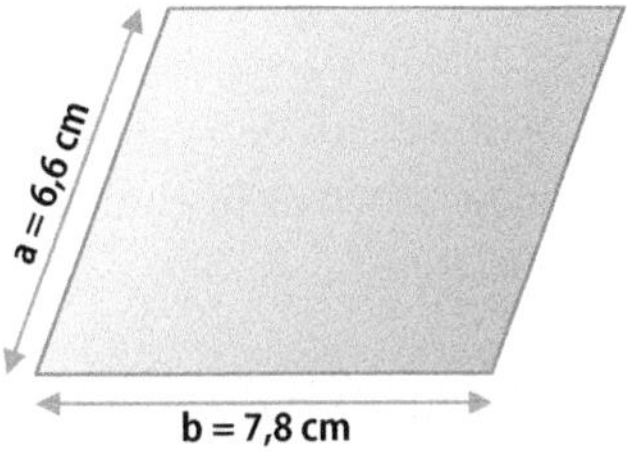

A. Rund 30,4 cm
B. 28,8 cm
C. Rund 29,6 cm
D. 24,5 cm
E. 14,4 cm

122) Ein Kreis hat einen Durchmesser von 20 Metern. Wie groß ist sein Flächeninhalt? Der Flächeninhalt eines Kreises berechnet sich nach der Formel: $A = \pi \times r^2$

A. $400\ m^2$
B. $314\ m^2$
C. $3.256\ m^2$
D. $3.640\ m^2$
E. $269\ m^2$

123) Wie groß ist das Volumen (V) des abgebildeten Quaders?

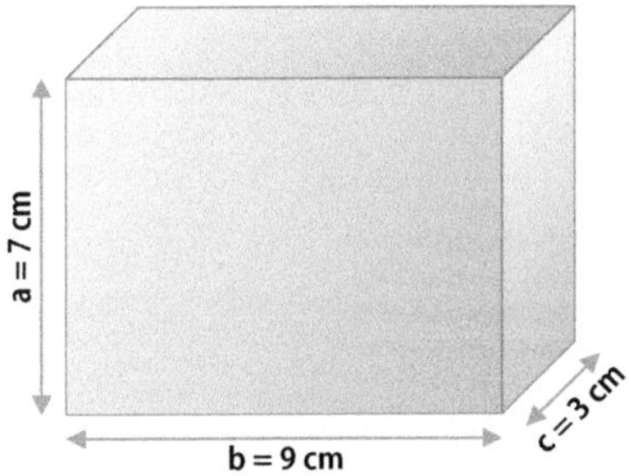

A. $127\ cm^3$
B. $198\ cm^3$
C. $256\ cm^3$
D. $156\ cm^3$
E. $189\ cm^3$

124) Eine Kugel hat einen Durchmesser (d) von 12 Zentimetern. Wie groß ist ihr Volumen? Das Kugelvolumen berechnet sich nach der Formel:

$$V = \frac{4}{3}\pi \times r^3$$

A. Rund $1.609,02\ cm^2$
B. Rund $1.309,18\ cm^3$
C. Rund $210,34\ cm^2$
D. Rund $486,46\ cm^3$
E. Rund $904,32\ cm^3$

125) Wie groß ist die Oberfläche des abgebildeten Quaders?

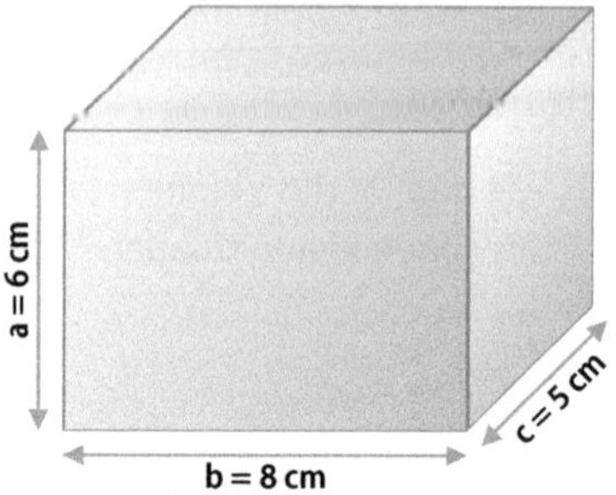

A. 48 cm^2
B. 88 cm^2
C. 118 cm^2
D. 236 cm^2
E. Keine Antwort ist richtig.

126) Das Volumen (V) eines Würfels beträgt 512 cm^3. Welchen Flächeninhalt (A) haben seine Seitenflächen?

A. 32 cm^2
B. 206 cm^2
C. Rund 171 cm^2
D. Rund 164,3 cm^2
E. 64 cm^2

127) In einem Dreieck beträgt ein Innenwinkel 32°, ein zweiter 46°. Wie groß ist der dritte Winkel?

A. 56°
B. 45°
C. 90°
D. 102°
E. Das lässt sich aus den vorhandenen Angaben nicht eindeutig schließen.

128) Welche Länge hat die Seite c im abgebildeten Dreieck?

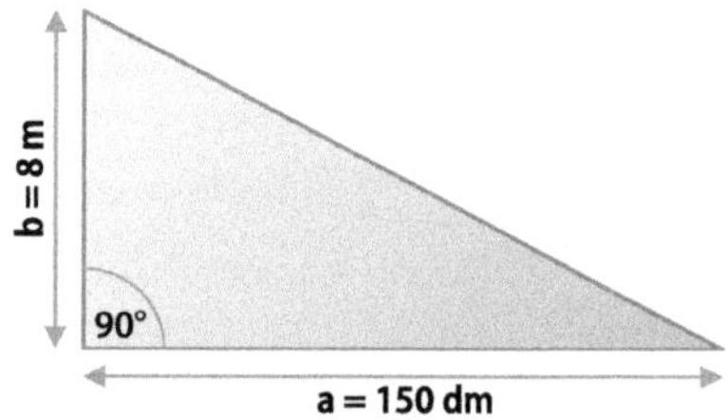

A. 166 dm
B. Rund 18 m
C. 195 dm
D. 17 m
E. Rund 184 dm

129) Frau Fleischer möchte ihren Swimmingpool auffüllen. Das quaderförmige Becken ist 3,3 Meter breit, 6,5 Meter lang, 2 Meter hoch und bereits zu einem Wasserstand von 20 Zentimetern Höhe gefüllt. Wie viele Liter Wasser muss Frau Fleischer einfüllen, damit das Becken komplett gefüllt ist?

A. 38.610 Liter
B. 3.630 Liter
C. 43,420 Liter
D. 43.800 Liter
E. 390.000 Liter

130) Welches Volumen hat der abgebildete Zylinder?

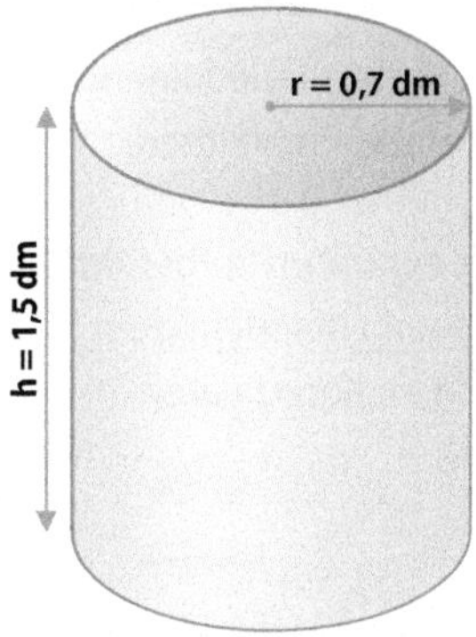

A. Rund 2,58 dm^3
B. Rund 2,50 dm^3
C. Rund 2,31 dm^3
D. Rund 1,94 dm^3
E. Rund 3,63 dm^3

Funktionen und Gleichungen *Bearbeitungszeit 5 Minuten*

Nun müssen Sie mathematische Zusammenhänge untersuchen.

Beantworten Sie bitte die folgenden Aufgaben, indem Sie jeweils den richtigen Lösungsbuchstaben markieren.

131) Welche der unten aufgeführten Funktionen entspricht dem Graphen im Koordinatensystem?

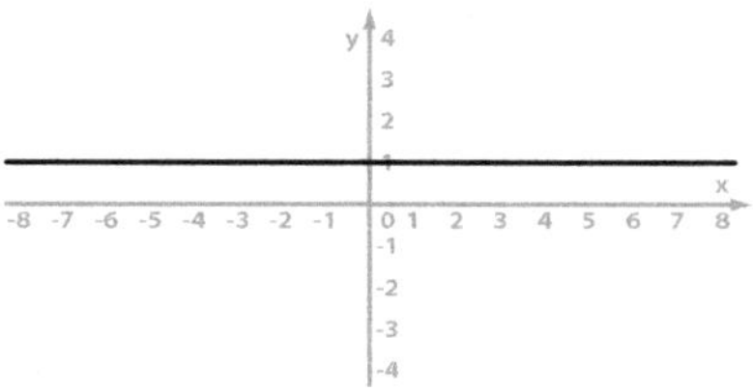

A. $y = -2x$

B. $y = x$

C. $y = -x$

D. $y = 1$

E. Keine Antwort ist richtig.

132) Berechnen Sie bitte die Variable x, indem Sie die Gleichung nach x auflösen.

$$\frac{6x}{4} = 6$$

A. 2

B. 3

C. 4

D. 5

E. Keine Antwort ist richtig.

133) Welche Formel liefert das gleiche Ergebnis wie $[A + (B \times C)]$?

A. $(A + B) \times (A + C)$

B. $(A + B) + (A \times C)$

C. $(A + B) - (A - C)$

D. $(B \times C) + A$

E. Keine Antwort ist richtig.

134) Welches Ergebnis erhalten Sie, wenn Sie die Gleichung nach x auflösen?

$$3x - 9 = 11 - 2x$$

A. 1

B. 2

C. 3

D. 4

E. Keine Antwort ist richtig.

135) Berechnen Sie bitte die Variable x, indem Sie die Gleichung nach x auflösen.

$$6x - 12 = 8 + 2x$$

A. 2

B. 3

C. 4

D. 5

E. Keine Antwort ist richtig.

136) Welche der Funktionen entspricht dem Graphen im Koordinatensystem?

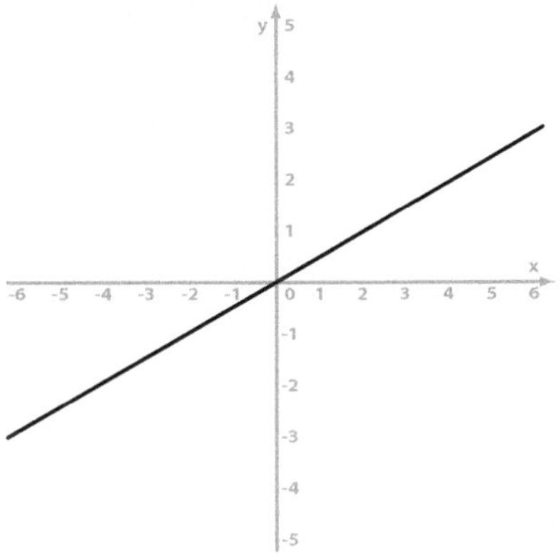

A. $y = 0{,}5x$
B. $y = -x$
C. $y = -2x$
D. $y = 2$
E. Keine Antwort ist richtig.

137) Gegeben sind zwei Gleichungen. Wie lautet das Ergebnis für Variable y, wenn für Variable a der Wert 4 und Variable b der Wert 2 gilt?

$$\frac{x}{b} = a \text{ und } \frac{y}{b} = x$$

A. 4
B. 8
C. 12
D. 16
E. Keine Antwort ist richtig.

138) Die folgende Tabelle enthält Punkte eines Koordinatensystems, durch die der Graph einer Funktion läuft. Um welche Funktion handelt es sich?

x	2	3	4	5
y	2	–3	–12	–25

A. $y = 3x^2 + 2x - 14$
B. $y = x^2 - x \times (x \div 2)$
C. $y = -2x^2 + 5x$
D. $y = -3x^2 + 4x + 2$
E. Keine Antwort ist richtig.

139) Gegeben sind zwei Gleichungen.

Gleichung 1: $a = \frac{y}{b}$

Gleichung 2: $x = a \times y$

Wie muss eine Gleichung lauten, bei der man x durch die Größen a und b berechnen kann, ohne y zu kennen?

A. $x = a^2 \times b$
B. $x = a \times b^2$
C. $x = a^2 \times b^2$
D. $x = a \times b$
E. Keine Antwort ist richtig.

140) In welchem Punkt P eines Koordinatensystems schneiden sich die beiden Geraden, die durch folgende Funktionsgleichungen beschrieben werden?
Gerade I: $y = 3x - 3$
Gerade II: $y = -4x + 25$

A. P (4 | 9)
B. P (3 | 8)
C. P (7 | 2)
D. P (2 | 7)
E. Keine Antwort ist richtig.

Lösungen: Mathematik

1) C	31) D	61) D
2) C	32) D	62) C
3) C	33) A	63) C
4) C	34) C	64) D
5) B	35) A	65) B
6) B	36) B	66) C
7) C	37) A	67) C
8) B	38) B	68) C
9) A	39) D	69) C
10) D	40) C	70) C
11) 6	41) D	71) C
12) 37	42) D	72) C
13) 6	43) C	73) D
14) 333	44) C	74) B
15) 13	45) A	75) C
16) 29	46) C	76) D
17) 17	47) A	77) A
18) 20	48) D	78) C
19) 5	49) B	79) C
20) 6	50) B	80) C
21) 48	51) C	81) B
22) 10	52) C	82) E
23) 9	53) D	83) C
24) 9	54) D	84) B
25) 24	55) B	85) B
26) C	56) B	86) C
27) B	57) C	87) A
28) A	58) A	88) C
29) C	59) B	89) D
30) D	60) C	90) A

91) C	**108)** D	**125)** D
92) C	**109)** D	**126)** E
93) D	**110)** C	**127)** D
94) D	**111)** C	**128)** D
95) B	**112)** D	**129)** A
96) D	**113)** C	**130)** C
97) D	**114)** B	**131)** D
98) C	**115)** C	**132)** C
99) B	**116)** A	**133)** D
100) C	**117)** D	**134)** D
101) B	**118)** B	**135)** D
102) D	**119)** D	**136)** A
103) C	**120)** B	**137)** D
104) C	**121)** B	**138)** C
105) D	**122)** B	**139)** A
106) D	**123)** E	**140)** A
107) C	**124)** E	

Grundrechenarten (Aufgaben 1–10)

Zu 1) C. 57

$12 \times 3 = 36 + 21 = 57$

Zu 2) C. –9

Beachten Sie die Punkt-vor-Strich-Regel.

$6 - (3 + 2) \times 3 = 6 - 5 \times 3 = 6 - 15$
$= -9$

Zu 3) C. 1.271.380

```
  392.865
+ 878.515
+ 1 111  1
= 1.271.380
```

Zu 4) C. 32.762

```
  827.614
- 794.852
-  1 1 1
=  32.762
```

Zu 5) B. 72.234.576

```
   9648 × 7487
     67536000
+     3859200
+      771840
+       67536
+    1 2 2 2 1
=    72234576
```

Zu 6) **B.** 14.614

$$\begin{array}{lr} & 12.082 \\ + & 2.376 \\ + & 156 \\ + & {\scriptstyle 2\,1} \\ \hline = & 14.614 \end{array}$$

Zu 7) **C.** 63.624.504

$$\begin{array}{lr} & 12156 \times 5234 \\ \hline & 60780000 \\ + & 2431200 \\ + & 364680 \\ + & 48624 \\ + & {\scriptstyle 1\,2\,1\,1\,1} \\ \hline = & 63624504 \end{array}$$

Zu 8) **B.** 168

$$94584 \div 563 = 168$$

$$\begin{array}{l} 563 \\ {\scriptstyle 1} \\ \hline 3828 \\ 3378 \\ \;{\scriptstyle 1} \\ \hline \;4504 \\ \;\underline{4504} \\ \quad\;\; 0 \end{array}$$

Zu 9) **A.** 45.880.926

$$\begin{array}{lr} & 4943 \times 9282 \\ \hline & 44487000 \\ + & 988600 \\ + & 395440 \\ + & 9886 \\ + & {\scriptstyle 1\,2\,3\,1\,1} \\ \hline = & 45880926 \end{array}$$

Zu 10) **D.** –37

Das Ergebnis lautet –37. Beachten Sie die Punkt-vor-Strich-Regel.

$-6 \times 3 = -18$

$4 \times (-4) = -16$

$-18 + (-16 - 3) = -18 - 19 = -37$

Kopfrechnen (Aufgaben 11–25)

Zu 11) $3 \times 6 \div 9 + 3 \times 9 \div 3 \times 2 - 3 \times 2 \div 9 = \boldsymbol{6}$

Zu 12) $9 \times 4 \div 6 \times 3 + 4 - 3 \times 2 + 4 \div 6 \times 5 + 2 = \boldsymbol{37}$

Zu 13) $8 \times 8 - 8 \div 8 + 7 + 11 \div 5 \times 6 + 4 \div 2 + 1 \div 3 = \boldsymbol{6}$

Zu 14) $30 \div 6 + 23 + 46 - 2 \div 8 \times 9 + 9 + 909 \div 3 = \boldsymbol{333}$

Zu 15) $1 \times 2 + 3 \times 4 - 5 \times 2 + 15 \div 9 \times 10 - 11 \div 3 = \boldsymbol{13}$

Zu 16) $9 \times 8 \div 6 - 5 \times 7 + 6 \div 5 + 9 \times 3 \div 2 - 1 = \boldsymbol{29}$

Zu 17) $14 \times 3 \div 6 \times 7 + 7 \div 8 + 9 \div 8 \times 7 + 9 \times 2 + 5 \div 3 = \mathbf{17}$

Zu 18) $27 \div 3 + 18 \div 3 \times 2 + 118 - 30 \div 2 + 3 \div 7 \div 2 + 16 = \mathbf{20}$

Zu 19) $1.550 - 26 + 12 \div 3 \times 2 \div 4 - 156 - 20 \div 16 = \mathbf{5}$

Zu 20) $57 - 12 \div 9 + 12 - 3 \div 2 - 3 \times 5 + 6 \div 2 \times 3 - 3 \div 6 = \mathbf{6}$

Zu 21) $4 + 8 \times 6 + 5 \div 7 + 6 \times 4 - 16 \div 4 + 12 \div 5 \times 4 + 3 - 7 \times 3 = \mathbf{48}$

Zu 22) $5 \times 5 + 3 \div 4 + 2 \times 2 - 3 \times 3 \div 9 + 9 \times 6 - 6 - 8 \div 7 = \mathbf{10}$

Zu 23) $9 \times 2 + 9 \div 3 \times 9 - 3 \div 6 + 15 \div 4 \times 5 + 11 \div 2 - 5 \div 6 + 78 \div 9 = \mathbf{9}$

Zu 24) $18 + 4 \div 2 + 9 - 3 \times 4 - 2 \div 2 + 2 - 5 \div 5 \times 3 \div 2 = \mathbf{9}$

Zu 25) $4 + 8 \times 3 \div 6 + 9 \div 5 + 6 - 5 \times 4 + 4 \div 5 \times 6 = \mathbf{24}$

Bruchrechnen (Aufgaben 26–35)

Zu 26) C. $\frac{4}{7}$

Brüche werden dividiert, indem man mit dem Kehrwert multipliziert. Das Ergebnis ist so weit wie möglich zu kürzen:

$$\frac{4}{9} \div \frac{7}{9} = \frac{4}{9} \times \frac{9}{7} = \frac{36}{63} = \frac{4}{7}$$

Zu 27) B. $\frac{19}{15}$

Brüche werden addiert, indem man den gemeinsamen Nenner findet, diesen beibehält und die Zähler miteinander addiert. Das Ergebnis ist so weit wie möglich zu kürzen:

$$\frac{3}{5} + \frac{2}{3} = \frac{9}{15} + \frac{10}{15} = \frac{19}{15}$$

Zu 28) A. $-\frac{1}{6}$

Brüche werden subtrahiert, indem man den gemeinsamen Nenner findet, diesen beibehält und die Zähler voneinander subtrahiert. Das Ergebnis ist so weit wie möglich zu kürzen:

$$\frac{2}{4} - \frac{4}{6} = \frac{6}{12} - \frac{8}{12} = -\frac{2}{12} = -\frac{1}{6}$$

Zu 29) C. $\frac{8}{7}$

Brüche werden dividiert, indem man mit dem Kehrwert multipliziert. Das Ergebnis ist so weit wie möglich zu kürzen:

$$\frac{6}{7} \div \frac{3}{4} = \frac{6}{7} \times \frac{4}{3} = \frac{24}{21} = \frac{8}{7} = 1\frac{1}{7}$$

Zu 30) D. $\frac{23}{35}$

Brüche werden subtrahiert, indem man den gemeinsamen Nenner findet, diesen beibehält und die Zähler voneinander subtrahiert:

$$\frac{6}{7}-\frac{1}{5}=\frac{30}{35}-\frac{7}{35}=\frac{23}{35}$$

Zu 31) D. $\frac{47}{15}$

Brüche werden addiert, indem man den gemeinsamen Nenner findet, die Zähler addiert und den Nenner beibehält. Das Ergebnis ist so weit wie möglich zu kürzen:

$$\frac{4}{5}+\frac{7}{3}=\frac{12}{15}+\frac{35}{15}=\frac{47}{15}$$

Zu 32) D. 5

Brüche werden multipliziert, indem man Zähler mit Zähler und Nenner mit Nenner multipliziert. Das Ergebnis ist so weit wie möglich zu kürzen:

$$\frac{10}{4}\times\frac{4}{2}=\frac{40}{8}=\frac{5}{1}=5$$

Zu 33) A. $8\frac{3}{10}$

Gemischte Zahlen sollten zunächst in reine Brüche umgewandelt werden. Brüche werden addiert, indem man sie auf einen gemeinsamen Nenner bringt, ihre Zähler addiert und den Nenner beibehält. Anschließend ist das Ergebnis hier so weit wie möglich zu kürzen und als gemischte Zahl zu schreiben:

$$3\frac{4}{5}+4{,}5=\frac{19}{5}+\frac{9}{2}=\frac{38}{10}+\frac{45}{10}=\frac{83}{10}$$
$$=8\frac{3}{10}$$

Zu 34) C. $1\frac{1}{12}$

Gemischte Zahlen sollten zunächst in reine Brüche umgewandelt werden. Brüche werden multipliziert, indem man jeweils ihre Zähler und Nenner miteinander malnimmt. Anschließend ist das Ergebnis hier als gemischte Zahl zu schreiben.

$$4\frac{1}{3}\times\frac{1}{4}=\frac{13}{3}\times\frac{1}{4}=\frac{13}{12}=1\frac{1}{12}$$

Zu 35) A. $\frac{3}{2}$

Gemischte Zahlen sollten in Brüche umgewandelt werden. Danach werden die Brüche dividiert, indem man mit dem Kehrwert multipliziert. Das Ergebnis ist so weit wie möglich zu kürzen:

$$3\frac{6}{8}\div 2\frac{2}{4}=\frac{30}{8}\div\frac{10}{4}=\frac{30}{8}\times\frac{4}{10}=\frac{120}{80}=\frac{3}{2}$$

Maßeinheiten umrechnen (Aufgaben 36–45)

Zu 36) B. 384

Ein Zentimeter entspricht zehn Millimetern, also ergeben 38,4 Zentimeter 384 Millimeter:

$38{,}4 \times 10\ \text{mm} = 384\ \text{mm}$

Zu 37) A. 78

Ein Gramm entspricht 1.000 Milligramm, also ergeben 0,078 Gramm 78 Milligramm:

$0{,}078 \times 1.000\ \text{mg} = 78\ \text{mg}$

Zu 38) B. 690

Eine Tonne entspricht 1.000 Kilogramm, also entsprechen 0,69 Tonnen 690 Kilogramm:

$0{,}69 \times 1.000\ \text{kg} = 690\ \text{kg}$

Zu 39) D. 79.800

Ein Kilogramm entspricht 1.000 Gramm, also ergeben 79,8 Kilogramm 79.800 Gramm:

$79{,}8 \times 1.000\ \text{g} = 79.800\ \text{g}$

Zu 40) C. 2,5

Ein Liter entspricht 10 Dezilitern, also ergeben 0,25 Liter 2,5 Deziliter:

$0{,}25 \times 10\ \text{dl} = 2{,}5\ \text{dl}$

Zu 41) D. 2.575

Ein Pfund entspricht 0,5 Kilogramm bzw. 500 Gramm, also entsprechen 5 Pfund 2.500 Gramm:

$5 \times 500\ \text{g} = 2.500\ \text{g}$

Nimmt man die weiteren 75 Gramm hinzu, ergibt sich ein Gesamtgewicht von 2.575 Gramm.

Zu 42) D. 0,0048

Ein Quadratmillimeter umfasst 0,0001 Quadratdezimeter, also ergeben 48 Quadratmillimeter 0,0048 Quadratdezimeter:

$48 \times 0{,}0001\ \text{dm}^2 = 0{,}0048\ \text{dm}^2$

Zu 43) C. 4,1

Ein Zentner entspricht 50 Kilogramm bzw. 0,05 Tonnen, also ergeben 82 Zentner 4,1 Tonnen:

$82 \times 0{,}05\ \text{t} = 4{,}1\ \text{t}$

Zu 44) C. 0,6

240 Sekunden entsprechen 4 Minuten, also beträgt die Zeitspanne insgesamt 32 Minuten + 4 Minuten = 36 Minuten. Da eine Stunde aus 60 Minuten besteht, lässt sich der Anteil von 36 Minuten wie folgt berechnen:

$$\frac{36\ \text{min}}{60\ \text{min}} = \frac{3}{5} = 0{,}6$$

Ausgedrückt in Dezimalen, sind 32 Minuten und 240 Sekunden zusammengenommen 0,6 Stunden.

Zu 45) A. 345.600 Sekunden

Vier Tage haben 345.600 Sekunden:

4×24 h = 96 h

96×60 min = 5.760 min

5.760×60 s = 345.600 s

Dreisatz (Aufgaben 46–55)

Zu 46) C. 160 Stunden

Ein Mitarbeiter würde 160 Stunden für den Auftrag benötigen.

4×40 h = 160 h

Zu 47) A. 500 t

Zur Gewinnung von drei kg Gold benötigt man 500 t Erz.

3.000 g ÷ 6 g × 1 t = 500 t

Zu 48) D. 8,10 €

Das Gespräch würde 8,10 € kosten.

3,60 € ÷ 4 min = 0,90 € pro Minute

0,90 €/min × 9 min = 8,10 €

Zu 49) B. 54 Minuten

Ein einziger Maler benötigt zum Anstreichen derselben Fläche das Dreifache der Zeit:

$3 \times 1{,}5$ h = 4,5 h

Fünf Maler benötigen wiederum ein Fünftel dieser Zeit:

4,5 h ÷ 5 = 0,9 h

Fünf Maler brauchen 0,9 Stunden – oder 54 Minuten – um eine Fläche von 63 Quadratmetern zu streichen.

Zu 50) B. 4 €

Um den gleichen Umsatz zu erzielen, müsste die 1-Liter-Flasche 4 € kosten.

3 € ÷ 0,75 × 1 = 4 €

Zu 51) C. 132 l

Herr Mayer verbraucht unter den genannten Bedingungen 132 Liter Benzin.

22×60 km = 1.320 km pro Monat

1.320 km ÷ 100 km × 10 l = 132 l

Zu 52) C. 234 kg

Es werden 234 kg Obst benötigt.

120 + 10 = 130 Personen

(216 kg ÷ 120) × 130 = 234 kg Obst

Zu 53) D. 15 Mitarbeiter

Es müssten 15 Mitarbeiter eingesetzt werden, um den Auftrag in 20 Stunden zu bewältigen.

6×50 h = 300 h Gesamtzeit

300 h ÷ 20 h = 15 Mitarbeiter

Zu 54) D. 22 Mitarbeiter

Herr Mayer müsste für den zweiten Auftrag 22 Mitarbeiter einsetzen.

8 Mitarbeiter × 8 d × 8 h = 512 h

512 h ÷ 40 Stahlträger = 12,8 h pro Stahlträger

12,8 × 55 Stahlträger = 704 h

704 h ÷ 4 d ÷ 8 h = 22 Mitarbeiter

Zu 55) B. 25 min

Für 200 Seiten würde der Drucker 25 Minuten benötigen.

24.000 ÷ 60 = 400 Zeilen pro min

200 × 50 = 10.000 Zeilen

10.000 ÷ 400 = 25 min

Schätzaufgaben (Aufgaben 56–65)

Zu 56) B. 441

Hier erhält man die Lösung am schnellsten, indem man nur die letzten Ziffern betrachtet: 1 × 1 = 1 – die Endziffer des Ergebnisses lautet 1.

Zu 57) C. 99.998

Die letzte Zahl muss 8 lauten (12 – 4 = 8), daher kommt nur Vorschlag C infrage.

Zu 58) A. 3.613,34

Dem angegebenen Rechenweg zu folgen, wäre umständlich. Fassen Sie die Werte stattdessen geschickt zusammen und schätzen Sie nach folgendem Schema:

8.348 + 1.671 ≈ 10.000

10.000 – 6.405,66 ≈ 3.600

Zu 59) B. 2.558,164

Für die Schätzung empfiehlt es sich, zunächst grob zu bestimmen, wie hoch der Anteil von 10 % ist:

2.954 ÷ 10 = 295,4 ≈ 300

Die Lösung liegt nun zwischen 80 % und 90 %, ungefähr auf halbem Weg zwischen 2.400 (8 × 300) und 2.700 (9 × 300).

Zu 60) C. 31,393536

Die letzte Ziffer der Lösung lässt sich berechnen, indem man nur die Endziffern der einzelnen Werte betrachtet:

2 × 8 = 16

Die letzte Ziffer des Endergebnisses lautet also 6. Per Überschlag erkennt man außerdem, dass der gesuchte Wert etwas kleiner als 32 (8 × 4) sein muss. Beide dieser Bedingungen erfüllt nur Antwort C.

Zu 61) D. Zwischen 14,6 und 15,5

Runden Sie zunächst den Faktor, der am nächsten an einer ganzen Zahl liegt, und multiplizieren Sie ihn mit dem anderen Faktor: 4 × 3,7 = 14,8. Somit kommen Sie dem tatsächlichen Ergebnis ausreichend nahe, da die vernachlässigte Nachkommastelle 0,1 nur zu einer geringen Erhöhung führen kann (0,1 × 3,7 = 0,37).

Zu 62) C. Zwischen 3,4 und 3,7

Die erste Stelle des Ergebnisses muss 3 lauten, da der Divisor dreimal vollständig in den Dividenden hineinpasst: 3 × 35 = 105. Es verbleibt ein Rest von 20 (125 – 105). Die erste Nachkommastelle des Ergebnisses berechnen Sie, indem Sie den Rest mit 10 multiplizieren und prüfen, wie oft der Divisor in den erhaltenen Wert hineinpasst: 200 ÷ 35 = 5, Rest 25. Das Ergebnis beginnt also mit 3,5 und liegt demnach zwischen 3,4 und 3,7; Antwort C stimmt.

Zu 63) C. 220

Da 200 × 200 = 40.000 ergibt und 300 × 300 = 90.000 ergibt, muss das Ergebnis zwischen 200 und 300 liegen. Als richtige Lösung kommt somit nur Antwort C infrage.

Zu 64) D. 0,505

Für die Schätzung kann statt $\frac{4}{27}$ der Wert $\frac{4}{28}$ – oder $\frac{2}{14}$ – verwendet werden. Als Annäherung erhält man so:

$\frac{5}{14} + \frac{2}{14} = \frac{7}{14} = 0{,}5$

Zu 65) B. 86,579

Die Klammer ist in dieser Aufgabe eigentlich überflüssig – lassen Sie sich daher von ihr nicht irritieren. Die Lösung lässt sich einfacher schätzen, wenn man statt von 243 vom handlicheren Wert 240 ausgeht und ihn durch 2 teilt. Demnach ist zu berechnen:

$240 \div 2 \times \frac{3}{4} = 120 \times \frac{3}{4} = \frac{360}{4} = 90$

Dieser Wert ist eine ausreichende Annäherung an das genaue Endergebnis.

Prozentrechnen (Aufgaben 66–75)

Zu 66) C. 30 %

30 % der Mitarbeiter arbeiten weder im Büro noch in der Produktion.

Anteil Mitarbeiter Büro und Produktion:

$$\frac{2}{5} + \frac{3}{10} = \frac{4}{10} + \frac{3}{10} = \frac{7}{10}$$

Weder Büro noch Produktion:

$$80 - (80 \times \frac{7}{10}) = 80 - 56$$

= 24 Mitarbeiter

$$\text{Prozentsatz} = \frac{\text{Prozentwert} \times 100}{\text{Grundwert}}$$

$$\text{Prozentsatz} = \frac{24 \times 100}{80} = 30\,\%$$

Zu 67) C. 30.000 €

Der Anschaffungswert betrug 30.000 €.

$$\text{Grundwert} = \frac{\text{Prozentwert} \times 100}{\text{Prozentsatz}}$$

$$\text{Grundwert} = \frac{25.500\ € \times 100}{85} = 30.000\ €$$

Zu 68) C. 5.200 €

Die Maschinen haben ohne Zinsen 5.200 € gekostet.

$$\text{Grundwert} = \frac{\text{Prozentwert} \times 100}{\text{Prozentsatz}}$$

$$\text{Grundwert} = \frac{5.824\ € \times 100}{112\ \%} = 5.200\ €$$

Zu 69) C. 960 €

Ohne Rabatt hätten die Winterreifen 960 € gekostet.

$$\text{Grundwert} = \frac{\text{Prozentwert} \times 100}{\text{Prozentsatz}}$$

$$\text{Grundwert} = \frac{768\ € \times 100}{80\ \%} = 960\ €$$

Zu 70) C. 40 %

Es wurden 40 % auf den EK-Preis aufgeschlagen.

$$\text{Prozentsatz} = \frac{\text{Prozentwert} \times 100}{\text{Grundwert}}$$

$$\text{Prozentsatz} = \frac{(336\ € - 240\ €) \times 100}{240}$$

$$= 40\ \%$$

Zu 71) C. 24.000 €

Herr Mayer möchte einen Preis von 24.000 € erzielen.

$$\text{Grundwert} = \frac{\text{Prozentwert} \times 100}{\text{Prozentsatz}}$$

$$\text{Grundwert} = \frac{26.400\ € \times 100}{110} = 24.000\ €$$

Zu 72) C. 208.000 €

Das jährliche Werbebudget der Max Mayer Handels GmbH beträgt 208.000 €.

$$\text{Grundwert} = \frac{\text{Prozentwert} \times 100}{\text{Prozentsatz}}$$

$$\text{Grundwert} = \frac{52.000\ € \times 100}{25}$$

$$= 208.000\ €$$

Zu 73) D. 4.560 €

Die Mehrwertsteuer beträgt 4.560 €.

$$\text{Grundwert} = \frac{\text{Prozentwert} \times 100}{\text{Prozentsatz}}$$

$$\text{Grundwert} = \frac{28.560\ € \times 100}{119\ \%} = 24.000\ €$$

Mehrwertsteuer = 28.560 € – 24.000 € = 4.560 €

Zu 74) B. Rund 26,7 %

Herr Mayer verbraucht rund 26,7 % weniger Benzin.

$$\text{Prozentsatz} = \frac{\text{Prozentwert} \times 100}{\text{Grundwert}}$$

$$\text{Prozentsatz} = \frac{(9\,l - 6{,}6\,l) \times 100}{9\,l}$$

$$= \frac{2{,}4\,l \times 100}{9\,l} \approx 26{,}7\,\%$$

Zu 75) **C.** 33,33 %

Grundwert = 3 Paar Socken

Prozentwert (Preisnachlass) = 1 Paar Socken

$$\text{Prozentsatz} = \frac{\text{Prozentwert} \times 100}{\text{Grundwert}}$$

$$\text{Prozentsatz} = \frac{1 \times 100}{3} = 33{,}33\,\%$$

Zinsrechnen (Aufgaben 76–85)

Zu 76) **D.** 1.800 €

Herr Mayer erhält für die Anlage 1.800 € Zinsen.

$$\text{Zinsen} = \frac{\text{Kapital} \times \text{Zinssatz} \times \text{Tage}}{100 \times 360\,d}$$

$$\text{Zinsen} = \frac{30.000\,€ \times 6\,\% \times 360\,d}{100 \times 360\,d}$$

$$= 1.800\,€$$

Zu 77) **A.** 525 €

Herr Mayer muss nach einem Vierteljahr 525 € Zinsen zahlen.

$$\text{Zinsen} = \frac{\text{Kapital} \times \text{Zinssatz} \times \text{Tage}}{100 \times 360\,d}$$

$$\text{Zinsen} = \frac{30.000 \times 7\,\% \times 90\,d}{100 \times 360\,d} = 525\,€$$

Zu 78) **C.** 300 €

Herr Mayer würde nach 90 Tagen Zinsen in Höhe von 300 € erhalten.

$$\text{Zinsen} = \frac{\text{Kapital} \times \text{Zinssatz} \times \text{Tage}}{100 \times 360\,d}$$

$$\text{Zinsen} = \frac{24.000 \times 5\,\% \times 90\,d}{100 \times 360\,d} = 300\,€$$

Zu 79) **C.** 5,00 %

Herr Mayer hat einen Jahreszins von fünf Prozent erhalten.

$$\text{Zinssatz} = \frac{\text{Zinsen} \times 100 \times 360\,d}{\text{Kapital} \times \text{Tage}}$$

$$\text{Zinssatz} = \frac{600\,€ \times 100 \times 360\,d}{24.000\,€ \times 180\,d} = 5\,\%$$

Zu 80) **C.** 6 %

Der Zinssatz betrug sechs Prozent.

$$\text{Zinssatz} = \frac{\text{Zinsen} \times 100 \times 360\,d}{\text{Kapital} \times \text{Tage}}$$

$$\text{Zinssatz} = \frac{1.200\,€ \times 100 \times 360\,d}{48.000\,€ \times 150\,d} = 6\,\%$$

Zu 81) **B.** 36.000 €

Herr Mayer hat 36.000 € angelegt.

$$\text{Kapital} = \frac{\text{Zinsen} \times 100 \times 360\,d}{\text{Zinssatz} \times \text{Tage}}$$

$$\text{Kapital} = \frac{1.800\,€ \times 100 \times 360\,d}{5\,\% \times 360\,d}$$

$= 36.000\,€$

Zu 82) E. Keine Antwort ist richtig.

Herr Mayer würde Zinsen in Höhe von 600 € erhalten.

$$\text{Zinsen} = \frac{\text{Kapital} \times \text{Zinssatz} \times \text{Tage}}{100 \times 360\,d}$$

$$\text{Zinsen} = \frac{15.000\,€ \times 6 \times 240\,d}{100 \times 360\,d} = 600\,€$$

Zu 83) C. 40.000 €

Ein Anlagebetrag von 40.000 € würde in einem halben Jahr den gleichen Zinsbetrag abwerfen.

$$\text{Kapital} = \frac{\text{Zinsen} \times 100 \times 360\,d}{\text{Zinssatz} \times \text{Tage}}$$

$$\text{Kapital} = \frac{1.200\,€ \times 100 \times 360\,d}{6 \times 180\,d}$$

$= 40.000\,€$

Zu 84) B. 200 Tage

Der Kapitalbetrag muss 200 Tage angelegt werden.

$$\text{Tage} = \frac{\text{Zinsen} \times 100 \times 360\,d}{\text{Kapital} \times \text{Zinssatz}}$$

$$\text{Tage} = \frac{800\,€ \times 100 \times 360\,d}{24.000\,€ \times 6} = 200\,d$$

Zu 85) B. 7 %

Der durchschnittliche Jahreszins beträgt sieben Prozent.

Zinsen = 54.450 € – 45.000 €
= 9.450 €

$$\text{Zinssatz} = \frac{\text{Zinsen} \times 100 \times 360\,d}{\text{Kapital} \times \text{Tage}}$$

$$\text{Zinssatz} = \frac{9.450\,€ \times 100 \times 360\,d}{45.000\,€ \times 1080\,d} = 7\,\%$$

Gemischte Textaufgaben (Aufgaben 86–100)

Zu 86) C. 5,40 h

Für die Auszeichnung werden im Durchschnitt 5,4 Stunden benötigt.

$4\,h + 5\,h + 4\,h + 6\,h + 8\,h = 27\,h$

$27\,h \div 5 = 5{,}4\,h$

Zu 87) A. 1,40 €

Der Liter Benzin hat 1,40 € gekostet.

$112\,€ \div 80\,l = 1{,}40\,€$ pro Liter

Zu 88) C. 75 min

Herr Mayer hat 75 min zu Verfügung.

$100\,min \times 3 \div 4 = 75\,min$

Zu 89) D. 102.000 €

Gesellschafter A erhält insgesamt 102.000 € vom Gewinn.

162.000 € – 42.000 € = 120.000 €

120.000 € ÷ 8 Teile = 15.000 €

Gesellschafter A:

15.000 € × 4 Teile = 60.000 €

60.000 € + 42.000 € = 102.000 €

Zu 90) **A.** 1,25 Stunden

Herr Mayer würde 75 Minuten benötigen.

200 km ÷ 160 km/h = 1,25 h
= 75 Minuten

Zu 91) **C.** 40 €

Herr Mayer muss 40 € für 40 kg der gleichen Ware zahlen.

20 € ÷ 20 kg × 40 kg = 40 €

Zu 92) **C.** $\frac{3}{3}$ m²

Eine Bodenplatte hat eine Fläche von einem Quadratmeter.

25 m × 30 m = 750 m^2

750 m^2 ÷ 750 Platten = 1 m^2 = $\frac{3}{3}$ m^2

Zu 93) **D.** 1.200 Flaschen

Herr Mayer kann 1.200 Flaschen abfüllen.

900 l ÷ 0,75 l = 1.200

Zu 94) **D.** 5.000 €

Herrn Mayers Bruttogehalt beträgt 5.000 €.

$\frac{2}{5}$ = 2.000 €

2.000 € ÷ 2 × 5 = 5.000 €

Zu 95) **B.** 39

39 Blechteile können nicht verwendet werden und müssen zurückgegeben werden.

104 × $\frac{1}{8}$ = 13

104 × $\frac{1}{4}$ = 26

13 + 26 = 39 Bleche

Zu 96) **D.** 120 €

Der Quadratmeterpreis des Spezialbodens beträgt 120 €.

8 m × 12 m = 96 m^2

11.520 € ÷ 96 m^2 = 120 €

Zu 97) **D.** 370 €

Die Isolierung der Leitungen würde 370 € kosten.

70 € ÷ 3,5 m = 20 € pro Meter

3,5 m + 4,5 m + 5,0 m + 5,5 m
= 18,50 m

18,50 m × 20 €/m = 370 €

Zu 98) **C.** 1 $ = 0,60 €

Der Rückkaufkurs beträgt 1 $
= 0,60 €.

144 € ÷ 240 $ = 0,60 €/$

Zu 99) **B.** 400 €

Müller Junior hat bereits 400 € angespart.

1.280 € – 80 € = 1.200 €

1.200 € ÷ 3 Anteile = 400 € pro Anteil

Eltern: 400 €/Anteil × 2 Anteile = 800 €

Müller junior: 400 €/Anteil × 1 Anteil = 400 €

Zu 100) C. 23,75 %

Da die Getränke zu gleichen Teilen vermengt werden, enthält das Endprodukt einen Alkoholanteil, der genau in der Mitte beider Werte liegt:

(30 + 17,5) ÷ 2 = 47,5 ÷ 2 = 23,75

Der Cocktail enthält 23,75 % Alkohol. Der Prozentanteil ist unabhängig von der Menge.

Mengenkalkulation (Aufgaben 101–110)

Zu 101) B. 6

Es werden 6 Teile der Elemente „e_n" zur Herstellung des Materials A benötigt.

2 + 1 + 3 = 6

Zu 102) D. 18

Es werden 18 Teile der Elemente „e_n" zur Herstellung der Materialien A und B benötigt.

2 + 1 + 3 + 2 + 4 + 3 + 3 = 18

Zu 103) C. 8

Im Fertigerzeugnis C sind 8 Teile des Elements „e_2" enthalten.

2 × 4 = 8

Zu 104) C. 17

Im Fertigerzeugnis C sind 17 Teile des Elements „e_4" enthalten.

4 × 4 + 1= 17

Zu 105) D. 60

Es werden 60 Teile des Elements „e_5" zur Herstellung von 5 Fertigerzeugnissen C benötigt.

3 × 4 × 5 = 60

Zu 106) D. 72

Es werden insgesamt 72 Teile der Elemente „e_n" zur Herstellung von einem Fertigerzeugnis C benötigt.

Material A: 2 + 1 + 3 = 6

Material B: 2 + 4 + 3 + 3 = 12

Fertigerzeugnis C = (3 × Material A) + (4 × Material B) + (2 + 1 + 3)

Fertigerzeugnis C = (3 × 6) + (4 × 12) + 6 = 72

Zu 107) C. 24

Es sind 24 Elemente „e_1" in 3 Fertigerzeugnissen C enthalten.

(2 × 3) × 3 + (2 × 3) = 24

Zu 108) D. 360

Es werden 360 Teile der Elemente „e_n" zur Herstellung von 5 Fertigerzeugnissen C benötigt.

$((6 \times 3) + (12 \times 4) + (6)) \times 5 = 360$

Zu 109) D. e_4 mit 17 Teilen

Das Element „e_4" hat mit 17 Teilen den größten Teileanteil am Fertigerzeugnis C.

$4 \times 4 + 1 = 17$

Zu 110) C. Ca. 40 %

Die Elemente „e_4" und „e_5" machen zusammen ca. 40 Prozent der Einzelteile am Fertigerzeugnis C aus.

e_1: $(2 \times 3) + 2 = 8$ Teile

e_2: $2 \times 4 = 8$ Teile

e_3: $1 \times 3 = 3$ Teile

e_4: $(4 \times 4) + 1 = 17$ Teile

e_5: $3 \times 4 = 12$ Teile

e_6: $3 \times 3 = 9$ Teile

e_7: $3 \times 4 = 12$ Teile

e_8: 3 Teile

Summe: $8 + 8 + 3 + 17 + 12 + 9 + 12 + 3 = 72$ Teile

Anteil e_4 und e_5: $= 17 + 12 = 29$ Teile

$$\text{Prozentsatz} = \frac{\text{Prozentwert} \times 100}{\text{Grundwert}}$$

$$\text{Prozentsatz} = \frac{29\,\text{T} \times 100}{72\,\text{T}} = 40{,}28\,\%$$

Tabellen auswerten (Aufgaben 111–115)

Zu 111) C. 2.507 €

Ein Privathaushalt wendet im Schnitt 2.507 € pro Monat für den Konsum auf.

387 € + 93 € + 923 € + 160 € + 107 € + 325 € + 67 € + 239 € + 15 € + 102 € + 89 € = 2.507 €

Zu 112) D. Wohnen

Der größte Posten sind mit 923 € monatlich die Wohnkosten. Dazu gehören Ausgaben für die Wohnung selbst sowie für Wasser und Energie.

Zu 113) C. 141 €

Die privaten Haushalte könnten im Schnitt 141 € pro Monat einsparen.

Die monatlichen Ausgaben für Verkehr sowie für Freizeit und Kultur betragen zusammen 325 € + 239 € = 564 €. Ein 25-%-Anteil davon entspricht 141 €:

$$\text{Prozentwert} = \frac{\text{Grundwert} \times \text{Prozentsatz}}{100}$$

$$\text{Prozentwert} = \frac{564\,€ \times 25\,\%}{100} = 141\,€$$

Zu 114) B. 134,45 €

Der Nettobetrag für Möbel und Haushaltsgeräte beläuft sich auf 134,45 €.

$$\text{Grundwert} = \frac{\text{Prozentwert} \times 100}{\text{Prozentsatz}}$$

$$\text{Grundwert} = \frac{160\,€ \times 100}{119\,\%} = 134{,}45\,€$$

Zu 115) C. 6,50 €

Die monatlichen Konsumausgaben für Verkehr würden um 6,50 € steigen.

10 % von 325 € Verkehrsausgaben sind 32,50 €:

$$\text{Prozentwert} = \frac{\text{Grundwert} \times \text{Prozentsatz}}{100}$$

$$\text{Prozentwert} = \frac{325\,€ \times 10\,\%}{100} = 32{,}50\,€$$

20 Prozent von 32,50 € sind 6,50 €:

$$\text{Prozentwert} = \frac{32{,}50\,€ \times 20\,\%}{100} = 6{,}50\,€$$

Diagramm-Aufgaben (Aufgaben 116–120)

Zu 116) A. 126,9 l

Der Gesamtverbrauch berechnet sich durch die Addition der Einzelposten:

45,7 l + 11,4 l + 5,1 l + 7,6 l + 7,6 l
+ 15,2 l + 34,3 l = 126,9 l

Im Durchschnitt werden pro Kopf und Tag 126,9 Liter Wasser verbraucht.

Zu 117) D. 27,03 %

Der Gesamtverbrauch liegt bei 126,9 Litern täglich, die Toilettenspülung allein verbraucht im Schnitt 34,3 Liter. Der Prozentanteil berechnet sich wie folgt:

$$\text{Prozentsatz} = \frac{\text{Prozentwert} \times 100}{\text{Grundwert}}$$

$$\text{Prozentsatz} = \frac{34{,}3 \times 100}{126{,}9} = 27{,}03\,\%$$

Die Toilettenspülung verbraucht im Schnitt 27,03 % des insgesamt pro Kopf und Tag verbrauchten Wassers.

Zu 118) B. 612 l

Der Durchschnittswert des Verbrauchs für Essen und Trinken pro Kopf und Tag wird mit der Anzahl der Köpfe (4) und Tage (30) multipliziert:

$5{,}1\ \text{l} \times 4 \times 30 = 612\ \text{l}$

In einem Monat verbraucht die Familie im Schnitt 612 Liter Wasser zum Essen und Trinken.

Zu 119) D. 53,0 Cent

Eine vierköpfige Familie verbraucht im Schnitt 4 × 45,7 Liter = 182,8 Liter pro Tag für Baden, Duschen und Körperpflege. Ein Kubikmeter entspricht

1.000 Litern; die Ausgaben berechnen sich wie folgt:

$182{,}8 \div 1.000 \times 2{,}90\ € = 0{,}53012\ €$

Die Familie hat pro Tag rund 53,0 Cent Wasserkosten für Baden, Duschen und Körperpflege.

Zu 120) B. 537,28 €

Pro Jahr verbraucht die Familie 185.274 Liter bzw. 185,27 Kubikmeter Wasser.

$126{,}9\ l \times 4 \times 365 = 185.274\ l$
$= 185{,}27\ m^3$

$185{,}27 \times 2{,}90\ € = 537{,}28\ €$

Die Familie zahlt 537,28 € für ihren Jahreswasserverbrauch.

Geometrie (Aufgaben 121–130)

Zu 121) B. 28,8 cm

Ein Parallelogramm ist ein Viereck, dessen gegenüberliegende Seiten parallel verlaufen und gleich lang sind. Da man die Längen der unterschiedlichen Seiten des skizzierten Parallelogramms kennt, lässt sich sein Umfang (U) schnell berechnen:

$U = 2 \times (a + b) = 2 \times (6{,}6\ cm$
$+ 7{,}8\ cm) = 2 \times 14{,}4\ cm = 28{,}8\ cm$

Der Umfang des Parallelogramms beträgt 28,8 Zentimeter.

Zu 122) B. 314 m^2

Die angegebene Formel bezieht sich auf den Radius (r) des Kreises. In der Aufgabenstellung wird jedoch der Durchmesser (d) genannt, der die doppelte Länge des Radius besitzt:

$$r = \frac{d}{2} = \frac{20\ m}{2} = 10\ m$$

Nun lässt sich die Fläche durch Einsetzen berechnen:

$A = \pi \times r^2 \approx 3{,}14 \times (10\ m)^2 \approx 3{,}14$
$\times 100\ m^2 \approx 314\ m^2$

Der Kreis hat einen Flächeninhalt von rund 314 Quadratmetern.

Zu 123) E. 189 cm^3

Das Volumen eines Quaders ergibt sich durch die Multiplikation seiner Länge, Breite und Höhe:

$V = l \times b \times h$

Durch Einsetzen ergibt sich:

$V = 7\ cm \times 9\ cm \times 3\ cm = 189\ cm^3$

Das Volumen des abgebildeten Quaders beträgt 189 Kubikzentimeter.

Zu 124) E. Rund 904,32 cm^3

Die angegebene Formel bezieht sich auf den Radius (r) des Kreises. In der Aufgabenstellung wird jedoch der

Durchmesser genannt, der die doppelte Länge des Radius besitzt:

$$r = \frac{d}{2} = 6\,\text{cm}$$

Nun lässt sich das Volumen der Kugel durch Einsetzen berechnen:

$$V = \frac{4}{3}\pi \times r^3 = \frac{4}{3}\pi \times (6\,\text{cm})^3$$

$$\approx 4{,}19 \times 216\,\text{cm}^3 \approx 904{,}32\,\text{cm}^3$$

Das Volumen der Kugel beträgt rund 904,32 Kubikzentimeter.

Zu 125) D. 236 cm²

Der Quader ist ein Körper, der aus 12 Kanten und 8 Ecken besteht, wobei die Kanten unterschiedlich lang sein können. Die Gesamt-Oberfläche eines Quaders setzt sich aus 6 rechteckigen Seitenflächen zusammen; die jeweils gegenüberliegenden Seitenflächen sind identisch. Um die Oberfläche eines Quaders zu berechnen, genügt es also, die drei unterschiedlichen Seitenflächen zu berechnen und mit 2 zu multiplizieren:

$$O = 2\,(a \times b) + 2\,(b \times c) + 2\,(c \times a)$$

$$O = 2\,(6\,\text{cm} \times 8\,\text{cm}) + 2\,(8\,\text{cm} \times 5\,\text{cm}) + 2\,(5\,\text{cm} \times 6\,\text{cm}) = 2 \times 48\,\text{cm}^2 + 2 \times 40\,\text{cm}^2 + 2 \times 30\,\text{cm}^2 = 96\,\text{cm}^2 + 80\,\text{cm}^2 + 60\,\text{cm}^2 = 236\,\text{cm}^2$$

Die Oberfläche des abgebildeten Quaders beträgt 236 cm².

Zu 126) E. 64 cm²

Das Volumen eines Würfels ergibt sich aus der Multiplikation seiner Länge, Breite und Höhe – Größen, die bei einem Würfel identisch sind. Kennt man sein Volumen, kann man daraus also mühelos auf seine Kantenlänge (a) schließen:

$$V = l \times b \times h = a \times a \times a = a^3$$

$$a = \sqrt[3]{V} = \sqrt[3]{512\,\text{cm}^3} = 8\,\text{cm}$$

Da die Seitenflächen eines Würfels Quadrate sind, ergibt sich ihr Flächeninhalt aus dem Quadrat der Seiten- bzw. Kantenlänge a:

$$A = a \times a = 8\,\text{cm} \times 8\,\text{cm} = 64\,\text{cm}^2$$

Die Seitenflächen des Würfels haben einen Flächeninhalt von 64 cm².

Zu 127) D. 102°

Die Summe der Innenwinkel eines Dreiecks beträgt immer 180°. Der dritte Winkel lässt sich daher durch einfaches Subtrahieren berechnen:

$$180° - 32° - 46° = 180° - 78° = 102°$$

Der dritte Winkel beträgt 102°.

Zu 128) D. 17 m

Da es sich hier um ein rechtwinkliges Dreieck handelt, gilt der Satz des Pythagoras: $a^2 + b^2 = c^2$. Nachdem man die in Dezimetern angegebene Seitenlänge in Meter umgeformt hat, lässt sich der gesuchte Wert wie folgt berechnen:

$c^2 = a^2 + b^2 = (15\ m)^2 + (8\ m)^2$
$= 225\ m^2 + 64\ m^2 = 289\ m^2$

$c = \sqrt{289\ m^2} = 17\ m$

Die Seite c – die Hypotenuse des rechtwinkligen Dreiecks – ist 17 Meter lang.

Zu 129) A. 38.610 Liter

Das Becken ist ein Quader, dessen Rauminhalt sich durch die Multiplikation seiner Länge, Breite und Höhe ergibt – diese reduziert sich jedoch um 20 Zentimeter, da das Becken ja schon bis zu dieser Höhe gefüllt ist. Das noch aufzufüllende Volumen des Beckens beträgt demnach:

$\text{Volumen} = l \times b \times (h - 0{,}2\ m) = 6{,}5\ m \times 3{,}3\ m \times 1{,}8\ m = 38{,}61\ m^3$

Frau Fleischer muss noch 38,61 Kubikmeter Wasser in das Becken einfüllen. Dies entspricht einer Menge von 38.610 Litern Wasser (1 Kubikmeter = 1.000 Liter).

Zu 130) C. Rund 2,31 dm³

Das Zylindervolumen (V) berechnet sich nach der Formel $V = \pi \times r^2 \times h$. Durch Einsetzen ergibt sich:

$V = \pi \times r^2 \times h = \pi \times (0{,}7\ dm)^2 \times 1{,}5\ dm = \pi \times 0{,}49\ dm^2 \times 1{,}5\ dm$
$= \pi \times 0{,}735\ dm^3 \approx 2{,}31\ dm^3$

Das Volumen des abgebildeten Zylinders beträgt rund 2,31 Kubikdezimeter.

Funktionen und Gleichungen (Aufgaben 131–140)

Zu 131) D. $y = 1$

Für jeden x-Wert erhalten Sie die Zahl 1 als y-Wert.

z. B. $x = 3$ entspricht $y = 1$

z. B. $x = 5$ entspricht $y = 1$

Zu 132) C. 4

Das Ergebnis für x lautet 4.

$\frac{6x}{4} = 6 \quad | \times 4$

$6x = 24 \quad | \div 6$

$x = 4$

Zu 133) D. $(B \times C) + A$

Nach dem Kommutativgesetz können bei einer Addition die einzelnen Summanden (hier A und (B × C)) beliebig umgestellt werden.

Zu 134) D. 4

Das Ergebnis für x lautet 4.

$3x - 9 = 11 - 2x \quad | + 2x$

$5x - 9 = 11 \quad | + 9$

$5x = 20 \quad | \div 5$

$x = 4$

Zu 135) D. 5

Das Ergebnis für x lautet 5.

$6x - 12 = 8 + 2x \quad | -2x \mid +12$

$4x - 20 \quad | \div 4$

$x = 5$

Zu 136) A. $y = 0{,}5x$

Setzt man in der Gleichung $y = 0{,}5x$ für x probeweise die Werte 1, 2 und 3 ein, dann erhält man für y die Werte 0,5, 1 und 1,5. Dies entspricht dem Graphen im Koordinatensystem.

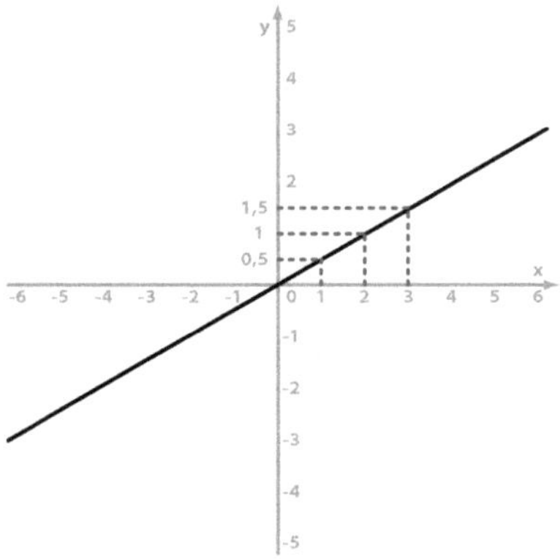

Zu 137) D. 16

Das Ergebnis für Variable y lautet 16.

a) Gleichung 1 nach x auflösen und Werte einsetzen:

$\frac{x}{b} = a \quad | \times b$

$x = a \times b = 4 \times 2 = 8$

b) Gleichung 2 nach y auflösen und Werte einsetzen:

$\frac{y}{b} = x \quad | \times b$

$y = x \times b = 8 \times 2 = 16$

Zu 138) C. $y = -2x^2 + 5x$

Es handelt sich um die Funktionsgleichung $y = -2x^2 + 5x$. Nur diese Gleichung liefert zu jedem x-Wert der Tabelle das richtige Ergebnis für y.

Zu 139) A. $x = a^2 \times b$

Die Gleichung lautet: $x = a^2 \times b$

a) Gleichung 1 nach y auflösen:

$y = a \times b$

b) In Gleichung 2 das y durch den erhaltenen Rechenausdruck $a \times b$ ersetzen:

$x = a \times a \times b = a^2 \times b$

Zu 140) A. P (4 | 9)

Die x-Koordinate des Schnittpunktes P erhalten Sie, indem Sie beide Funktionen gleichsetzen und dann nach x auflösen:

$3x - 3 = -4x + 25 \quad | +4x$

$7x - 3 = 25 \quad | +3$

$7x = 28 \quad | \div 7$

$x = 4$

Die y-Koordinate des Schnittpunktes P erhalten Sie, indem Sie den soeben berechneten x-Wert in eine der beiden Ausgangsgleichungen einsetzen:

$y = 3x - 3$

$y = 3 \times 4 - 3$

$y = 12 - 3 = 9$

Die Geraden schneiden sich im Punkt P (4 | 9).

Logisches Denkvermögen

Zahlenreihen

Bearbeitungszeit 10 Minuten

Jede Zahlenreihe ist sinnvoll nach einer bestimmten Bildungsregel aufgebaut. Welche Zahl setzt die Reihe logisch fort?

Hierzu ein Beispiel

Aufgabe

1)

1	2	3	4	5	?

A. 6
B. 7
C. 8
D. 9
E. Keine Antwort ist richtig.

Antwort

(A.) 6

Gesucht ist die 6: Jede Zahl ist um 1 größer als ihre Vorgängerin.

Bitte bearbeiten Sie nun die Aufgaben: Setzen Sie die Zahlenreihen sinnvoll fort, indem Sie jeweils den richtigen Lösungsbuchstaben markieren.

1)

16	22	27	31	34	?

A. 17
B. 36
C. 32
D. 13
E. Keine Antwort ist richtig.

2)

8	6	18	16	48	?

A. 46
B. 138
C. 148
D. 32
E. Keine Antwort ist richtig.

3)

8	24	12	36	18	?

A. 36
B. 38
C. 46
D. 54
E. Keine Antwort ist richtig.

4)

2	6	4	6	8	6	16	6	?

A. 8
B. 16
C. 32
D. 64
E. Keine Antwort ist richtig.

5)

4	16	18	72	74	?

A. 236
B. 278
C. 246
D. 296
E. Keine Antwort ist richtig.

6)

1	4	12	6	24	72	36	?

A. 18
B. 24
C. 16
D. 144
E. Keine Antwort ist richtig.

7)

12	9	27	30	27	?

A. 87
B. 54
C. 162
D. 81
E. Keine Antwort ist richtig.

8)

4	8	24	96	?

A. 28
B. 240
C. 30
D. 480
E. Keine Antwort ist richtig.

9)

1	2	6	15	31	?

A. 36
B. 44
C. 58
D. 56
E. Keine Antwort ist richtig.

10)

30	10	7	21	24	8	5	?

A. 8
B. 15
C. 21
D. 19
E. Keine Antwort ist richtig.

Buchstabenreihen

Bearbeitungszeit 10 Minuten

Jede Buchstabenreihe in diesem Abschnitt folgt einer bestimmten logischen Bildungsregel. Ihre Aufgabe besteht darin, die Regel herauszufinden und die Reihe korrekt fortzusetzen.

Hierzu ein Beispiel

Aufgabe

1)

A	B	C	D	E	F	?

A. G
B. H
C. I
D. J
E. K

Antwort

(A.) G

Es handelt sich um eine alphabetisch fortlaufende Reihe. Auf das „F" muss daher das „G" folgen – der richtige Lösungsbuchstabe lautet A.

Bitte bearbeiten Sie nun die Aufgaben: Setzen Sie die Buchstabenreihen sinnvoll fort, indem Sie jeweils den richtigen Lösungsbuchstaben markieren.

11)

K	K	L	M	M	N	O	?

A. P
B. O
C. Q
D. J
E. Keine Antwort ist richtig.

12)

G	N	U	F	Ü	R	?

A. Ä
B. S
C. T
D. P
E. I

13)

L	X	M	W	N	V	?

A. R
B. S
C. P
D. U
E. O

14)

T	S	R	T	S	S	?

A. S
B. U
C. R
D. Q
E. T

15)

T	S	U	T	W	V	?

A. W
B. U
C. X
D. Z
E. Y

16)

C	F	I	L	O	?

A. N
B. M
C. Q
D. R
E. Keine Antwort ist richtig.

17)

E	F	C	D	I	J	G	?

A. C
B. D
C. E
D. H
E. Keine Antwort ist richtig.

18)

C	D	X	W	E	F	V	U	G	?

A. H
B. S
C. T
D. G
E. Keine Antwort ist richtig.

19)

F	G	O	P	I	J	O	P	L	?

A. O
B. P
C. M
D. K
E. Keine Antwort ist richtig.

20)

Y	X	V	S	O	J	?

A. W
B. A
C. L
D. C
E. D

Zahlenmatrizen

Bearbeitungszeit 10 Minuten

Die Zahlenmatrizen in diesem Abschnitt sind nach festen Regeln gebildet. Bitte stellen Sie sicher, dass jede Matrix richtig aufgestellt ist.

Hierzu ein Beispiel

Aufgabe

1) Welche Zahl fehlt?

1	2	2
3	2	?
3	4	12

A. 4
B. 2
C. 8
D. 6
E. Keine Antwort ist richtig.

Antwort

(D.) 6

In jeder Reihe ergeben die zwei linken Zahlen multipliziert die rechte Zahl. In jeder Spalte ergeben die zwei oberen Zahlen multipliziert die untere Zahl.

Bearbeitungstipp

Konzentrieren Sie sich zuerst auf eine einzige Reihe oder Spalte. Wie hängen die Zahlen darin rechnerisch zusammen, wird addiert, subtrahiert, multipliziert, dividiert? Wenn Sie eine Regel gefunden haben, versuchen Sie diese auf alle übrigen Reihen bzw. Spalten zu übertragen. Bei pyramidenförmigen Matrizen ist jede Zahl meist mit den beiden Zahlen unmittelbar darunter verknüpft.

Bitte bearbeiten Sie nun die Aufgaben: Markieren Sie jeweils den Lösungsbuchstaben des richtigen Antwortvorschlags. Sie haben dafür **10 Minuten** Zeit.

21) Welche Zahl fehlt?

36	6	3
64	8	4
?	10	5

A. 7
B. 12
C. 15
D. 100
E. Keine Antwort ist richtig.

22) Welche Zahl fehlt (in beiden Lücken)?

2	4	8
4	8	?
8	?	256

A. 4
B. 8
C. 16
D. 32
E. Keine Antwort ist richtig.

23) Welche Zahl fehlt?

1
9 8
20 ? 3
33 13 24 21

A. 9
B. 7
C. 13
D. 8
E. 11

24) Welche Zahl fehlt?

1	2		3	?
3	9		2	8

A. 1
B. 2
C. 3
D. 4
E. 5

25) Welche Zahl fehlt? Hinweis: Berücksichtigen Sie die Quersummen der einzelnen Zahlen.

?			
9	9		
23	22	14	
43	97	24	80

A. 9
B. 21
C. 18
D. 27
E. Keine Antwort ist richtig.

26) Welche Zahl fehlt?

?			
44	56		
36	34	30	
44	28	16	12

A. 42
B. 48
C. 86
D. 100
E. Keine Antwort ist richtig.

27) Welche Zahl fehlt?

7	2	13	12
9	16	3	6
4	5	?	15
14	11	8	1

A. 7
B. 12
C. 15
D. 10
E. Keine Antwort ist richtig.

28) Welche Zahl fehlt?

3	7	9	15
10	14	16	22
20	?	32	44
5	7	8	11

A. 28
B. 24
C. 26
D. 32
E. Keine Antwort ist richtig.

29) Welche Zahl fehlt?

			29			
		19		23		
	17		?		11	
2		3		5		7

A. 9
B. 21
C. 17
D. 13
E. Keine Antwort ist richtig.

30) Welche Zahl fehlt?

10	5	5	4
2	10	10	5
5	4	?	5
10	5	2	10

A. 5
B. 4
C. 2
D. 10
E. Keine Antwort ist richtig.

Wortanalogien

Bearbeitungszeit 7½ Minuten

In diesem Abschnitt wird Ihre Fähigkeit zu logischem Denken im sprachlichen Bereich geprüft.

Pro Aufgabe erhalten Sie zwei Wörter, die in einer bestimmten Beziehung zueinander stehen. Eine ähnliche Beziehung besteht zwischen einem dritten und vierten Wort. Das dritte Wort wird Ihnen vorgegeben, das vierte sollen Sie in den Antworten A bis E selbst ermitteln.

Hierzu ein Beispiel

Aufgabe

1) **dick : dünn** wie
lang : ?

A. hell
B. dunkel
C. schmal
D. kurz
E. schlank

Antwort

(D.) kurz

Gesucht wird ein Begriff, zu dem sich „lang" genauso verhält wie „dick" zu „dünn". Da „dick" das Gegenteil von „dünn" ist, muss nun ein Gegenbegriff zu „lang" gefunden werden. Von den Wahlwörtern kommt dafür nur „kurz" infrage; Lösungsbuchstabe ist daher das D.

Bitte bearbeiten Sie nun die Aufgaben: Vervollständigen Sie die Wortgleichung, indem Sie jeweils den richtigen Lösungsbuchstaben markieren. Sie haben dafür **7½ Minuten** Zeit.

31) **Eisen** : **feilen** wie **Holz** : ?

A. kleben
B. leimen
C. färben
D. hobeln
E. behandeln

32) **Hund** : **Fell** wie **Vogel** : ?

A. Schnabel
B. Schuppen
C. Federn
D. Fliegen
E. Krallen

33) **Newton** : **Physik** wie **Darwin** : ?

A. Anglistik
B. Geologie
C. Mathematik
D. Biologie
E. Philosophie

34) **Obst** : **Birne** wie **Gemüse** : ?

A. Mango
B. Zitrone
C. Salat
D. Apfel
E. Orange

35) **Drehbuch** : **Regisseur** wie **Gesetz** : ?

A. Richter
B. Anwalt
C. Notariat
D. Recht
E. Paragraf

36) **Autor** : **Text** wie **Komponist** : ?

A. Instrument
B. Heft
C. Buch
D. Literatur
E. Melodie

37) **Omelett** : **Eier** wie **Butter** : ?

A. Schinken
B. Zucker
C. Marmelade
D. Milch
E. Öl

38) **Mikroskop** : **Biologie** wie **Teleskop** : ?

A. Astronomie
B. Astrologie
C. Sternwarte
D. Feldstecher
E. Raumschiff

39) **Sauerstoff** : **Mensch** wie **Stickstoff** : ?

A. Verbrennung
B. Tier
C. Pflanze
D. Reptil
E. Stoffwechsel

40) **Kegel** : **Raum** wie **Rechteck** : ?

A. Dimension
B. Fläche
C. Linie
D. Punkt
E. Gerade

Oberbegriffe

Bearbeitungszeit 7½ Minuten

Zu jeder Aufgabe erhalten Sie zwei Begriffe. Bitte ermitteln Sie den dazu passenden Oberbegriff und markieren Sie den richtigen Lösungsbuchstaben.

41) Mars, Jupiter

A. Sonnensystem
B. Mond
C. Sonne
D. Planet
E. Keine Antwort ist richtig.

42) Morgen, Abend

A. Uhrzeit
B. Schlafen
C. Tageszeit
D. Nacht
E. Keine Antwort ist richtig.

43) Australien/Ozeanien, Afrika

A. Erde
B. Länder
C. Kontinente
D. Gebiete
E. Keine Antwort ist richtig.

44) Sokrates, Kant

A. Musiker
B. Künstler
C. Philosophen
D. Politiker
E. Keine Antwort ist richtig.

45) Linse, Iris

A. Hornhaut
B. Pupille
C. Auge
D. Netzhaut
E. Keine Antwort ist richtig.

46) George Washington, John Fitzgerald Kennedy

A. USA
B. Kanzler
C. Präsidenten
D. Mitarbeiter
E. Keine Antwort ist richtig.

47) Lahn, Ems

A. Wasser
B. See
C. Gewässer
D. Elbe
E. Keine Antwort ist richtig.

48) Gelb, Blau

A. Primärfarben
B. Sonne
C. Kontrast
D. Fahne
E. Keine Antwort ist richtig.

49) Ampere, Volt

A. Widerstand
B. Elektrizität
C. Spannung
D. Leitung
E. Keine Antwort ist richtig.

50) Aluminium, Natrium

A. Schwermetall
B. Leichtmetall
C. Veredelung
D. Legierungen
E. Keine Antwort ist richtig.

Schlussfolgerungen

Bearbeitungszeit 10 Minuten

Jede Aufgabe konfrontiert Sie mit mehreren Aussagen. Welche Schlussfolgerung lässt sich daraus ziehen? Ob die Aussagen in einem sinnvollen Bezug zur Realität stehen, ist hierbei unerheblich.

51) Welche Schlussfolgerung ist logisch richtig, wenn die folgende Behauptung zugrunde gelegt wird? „Marc ist unbegabt. Wenn Marc unbegabt ist, dann malt er gerne."

A. Marc ist begabt und malt gerne.
B. Marc ist unbegabt und malt gerne.
C. Marc malt nicht gerne.
D. Marc ist begabt und malt nicht gerne.
E. Keine Antwort ist richtig.

52) Welches Wetter ist am schönsten?

¬ Regenwetter ist nicht so schön wie Strandwetter.
¬ Winterwetter ist schöner als das Wetter im April.
¬ Strandwetter ist nicht ganz so schön wie Winterwetter.

A. Regenwetter
B. Winterwetter
C. Strandwetter
D. Das Wetter im April
E. Keine Antwort ist richtig.

53) „Alle Gegenstände, die verschickt werden sollen, werden ins rote Fach abgelegt. Alle Gegenstände im roten Fach sind zerbrechlich, im grünen Fach nicht. Also …"

A. sind alle Gegenstände, die sich im roten Fach befinden, zu verschicken.
B. befinden sich alle zerbrechlichen Gegenstände im roten Fach.
C. sind die zu verschickenden Gegenstände teils zerbrechlich und teils nicht.
D. sind Gegenstände nicht zu verschicken, wenn sie nicht zerbrechlich sind.
E. Keine Antwort ist richtig.

54) „Peter arbeitet im Garten oder poliert sein Auto. Seine Frau gießt den Garten. Wenn seine Frau den Garten gießt, arbeitet er nicht im Garten. Also …"

A. arbeitet er im Garten mit der Frau zusammen.
B. arbeitet er am Schreibtisch.
C. poliert Peter sein Auto.
D. poliert Peter sein Auto und arbeitet im Garten.
E. Keine Antwort ist richtig.

55) Doris, Kurt, Marta, Peter und Michaela ziehen jeweils ein Stäbchen und legen fest, dass derjenige mit dem kürzesten Stäbchen abwaschen muss. Wer erledigt den Abwasch?

¬ Kurt hätte das längste Stäbchen, wenn Michaela nicht wäre.
¬ Peters Stäbchen ist ein wenig länger als Doris'.
¬ Peter und Marta haben gleich lange Stäbchen gezogen.

A. Marta
B. Kurt
C. Doris
D. Peter
E. Keine Antwort ist richtig.

56) Welche Schlussfolgerung ist logisch richtig, wenn die folgende Behauptung zugrunde gelegt wird? „Alle Gläser sind voll. Was voll ist, wurde aufgefüllt. Was aufgefüllt wurde, ist passiv."

A. Gläser sind passiv.
B. Was passiv ist, ist ein Glas.
C. Was aufgefüllt wurde, ist ein Glas.
D. Gläser sind nicht passiv.
E. Keine Antwort ist richtig.

57) „Wenn es regnet, dann wird die Straße nass. Die Straße ist trocken. Also …"

A. hat es geregnet, wenn die Straße nass ist.
B. hat es geregnet.
C. hat es nicht geregnet.
D. hat es nicht geregnet, wenn die Straße nass ist.
E. Keine Antwort ist richtig.

58) „Wenn der frühe Vogel den Wurm fängt, baut er sich ein Nest. Der frühe Vogel fängt den Wurm nicht. Also …"

A. baut sich der frühe Vogel kein Nest.
B. baut sich der frühe Vogel ein Nest.
C. baut sich der Wurm ein Nest.
D. lebt der späte Wurm länger.
E. Keine Antwort ist richtig.

59) Welche Währung ist am härtesten?

¬ Der Bonar ist härter als der Kinar.

¬ Der Kabint konnte sich nach einem zwischenzeitlichen Einbruch gegenüber dem Kinar behaupten und bleibt härter.

¬ Der Quin hat gegenüber dem Kabint nachgelassen, der aber immer noch etwas weicher ist.

¬ Der Unterschied vom Quin zum Bonar ist größer als jener vom Quin zum Kinar.

A. Bonar
B. Kinar
C. Kabint
D. Quin
E. Keine Antwort ist richtig.

60) Welche Schlussfolgerung ist logisch richtig, wenn die folgende Behauptung zugrunde gelegt wird? „Wenn Claudia Klaus liebt, dann wird sie ihm vorschlagen, gemeinsam eine Wohnung zu mieten. Claudia schlägt Klaus vor, gemeinsam eine Wohnung zu mieten."

A. Klaus liebt Claudia nicht.

B. Klaus liebt Claudia.

C. Claudia liebt Klaus.

D. Claudia liebt Klaus nicht.

E. Keine Antwort ist richtig.

Symbolrechnen

Bearbeitungszeit 10 Minuten

In jeder Aufgabe stehen gleiche Symbole für gleiche Zahlen. Jedes Symbol repräsentiert eine Zahl von 0 bis 9, zwei zusammengezogene Symbole entsprechen einer zweistelligen Zahl. Welche Zahl wird durch das gesuchte Symbol ausgedrückt?

Hierzu ein Beispiel

Aufgabe

1) Für welche Zahl steht das Symbol Ω?

$\Omega \times \Omega = \Omega$

A. 4
B. 3
C. 2
D. 1
E. Keine Antwort ist richtig.

Antwort

(D.) 1

Gesucht wird eine Zahl, die mit sich selbst multipliziert sich selbst zum Ergebnis hat – von den Auswahlmöglichkeiten kommt nur die 1 infrage: $1 \times 1 = 1$.

Bitte bearbeiten Sie nun die Aufgaben: Markieren Sie jeweils den Lösungsbuchstaben des richtigen Antwortvorschlags.

61) Für welche Zahl steht das Symbol Ω?

$\Pi\Omega + \Omega = \Omega\Delta$

A. 2
B. 3
C. 4
D. 5
E. Keine Antwort ist richtig.

62) Für welche Zahl steht das Symbol Δ?

$\Delta\Delta \times \Delta\Delta = \Delta\Omega\Delta$

A. 1
B. 2
C. 3
D. 4
E. Keine Antwort ist richtig.

63) Für welche Zahl steht das Symbol Δ?

$$\Delta\Delta \times \Pi = \Pi\Pi$$

A. 1
B. 2
C. 4
D. 8
E. Keine Antwort ist richtig.

64) Für welche Zahl steht das Symbol Δ?

$$\Delta^2 = \Delta + \Delta + \Delta$$

A. 1
B. 3
C. 9
D. 2
E. Keine Antwort ist richtig.

65) Für welche Zahl steht das Symbol θ?

$$3 \times \theta = 1\Psi$$

A. 3
B. 5
C. 7
D. 4
E. Keine Antwort ist richtig.

66) Für welche Zahl steht das Symbol Δ?

$$\Delta \times \Pi = 2\Delta$$

A. 4
B. 6
C. 8
D. 5
E. Keine Antwort ist richtig.

67) Für welche Zahl steht das Symbol Π?

$$(\Omega + 1) \times \Pi = \Omega + 2 + \Omega$$

A. 1
B. 9
C. 2
D. 3
E. Keine Antwort ist richtig.

68) Für welche Zahl steht das Symbol Δ?

$$\Pi 9 - \Pi = 2\Delta$$

A. 9
B. 7
C. 6
D. 3
E. Keine Antwort ist richtig.

69) Für welche Zahl steht das Symbol Ψ?

$$4\Psi \div \Psi = \Psi - 2$$

A. 8
B. 7
C. 5
D. 9
E. Keine Antwort ist richtig.

70) Für welche Zahl steht das Symbol Δ?

$$\Pi^2 = \Pi\Pi - \Pi\Delta$$

A. 9
B. 8
C. 0
D. 6
E. Keine Antwort ist richtig.

Schaubilder interpretieren *Bearbeitungszeit 5 Minuten*

Bitte sehen Sie sich die vorliegenden Schaubilder genau an und treffen Sie zu den angegebenen Sachverhalten die richtigen Aussagen.

Anteil der Energieträger an der Stromerzeugung in Deutschland

Anteil der verschiedenen Energieträger an der Stromerzeugung in Deutschland in den Jahren 2010, 2020 und 2021 (Angaben in Mrd. kWh)

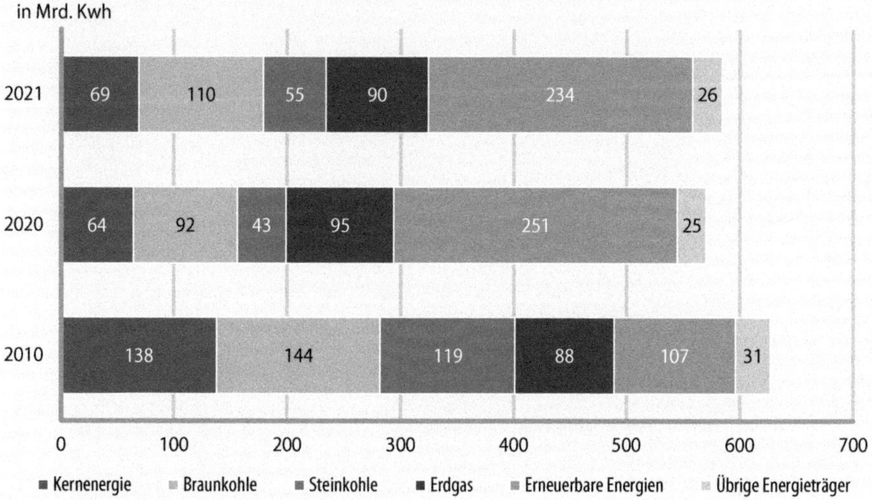

Quelle: Statistisches Bundesamt, Bundesverband der Energie- und Wasserwirtschaft e. V

Sind die folgenden Aussagen zum Schaubild korrekt? Bitte markieren Sie jeweils „stimmt" oder „stimmt nicht".

71) 2021 wurde 35 Prozent mehr Energie durch Braunkohle, Steinkohle und Kernenergie hergestellt als 2020.

☐ stimmt ☐ stimmt nicht

72) In jedem dargestellten Jahr beträgt der Anteil der Kernenergie an der Stromerzeugung weniger als ein Viertel.

☐ stimmt ☐ stimmt nicht

73) Wenn die Gesamtmenge der Kernenergie seit 2018 konstant gestiegen ist, stammten damals 59 Milliarden Kilowattstunden von der Kernenergie.

▢ stimmt ▢ stimmt nicht

74) 2010 überstieg die von Erdgas erzeugte Energiemenge die von übrigen Energieträgern erzeugte um fast das Doppelte.

▢ stimmt ▢ stimmt nicht

75) Die Anteile von Steinkohle und Kernenergie an der Stromerzeugung sanken von 2010 bis 2021 um denselben Prozentsatz.

▢ stimmt ▢ stimmt nicht

Flussdiagramme

Bearbeitungszeit 5 Minuten

Flussdiagramme sind ein Mittel, um Vorgänge mit verschiedenen Verlaufsalternativen anschaulich abzubilden: So lassen sich verzweigte Abläufe planen, steuern und erklären.

Hierzu ein Beispiel

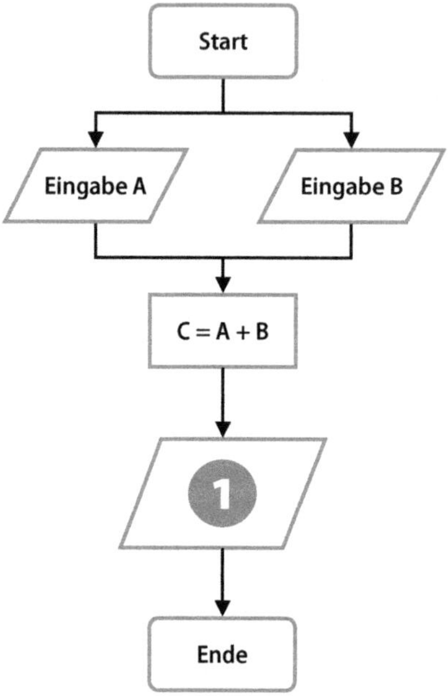

Aufgabe

1) Wofür steht die Zahl 1 im Flussdiagramm?

A. Ausgabe C
B. Ausgabe A
C. Ausgabe B
D. Eingabe A
E. Keine Antwort ist richtig.

Antwort

(A.) Ausgabe C

Im abgebildeten Prozess werden zwei Variablen A und B eingegeben und zum Ergebnis C addiert. Sinnvollerweise wird dieses Ergebnis anschließend ausgegeben, also z. B. auf einem Monitor angezeigt.

Wie funktionieren Flussdiagramme?

Ein Flussdiagramm besteht aus verschiedenen Symbolen, die beschriftet und durch waagerechte oder senkrechte Verlaufspfeile miteinander verbunden sind. Die Symbole lassen sich grob in fünf Gruppen einordnen:

- **Rechtecke mit abgerundeten Ecken** stehen für Prozessbeginn und -ende.
- **Rauten** stellen Bedingungen dar.
- **Rechtecke** symbolisieren eigene, in sich geschlossene Unterprozesse.
- **Ovale** kennzeichnen Entscheidungen oder Konsequenzen.
- **Parallelogramme** stehen für prozessinterne Ein- und Ausgaben (Inputs/Outputs).

Heizungsregelung

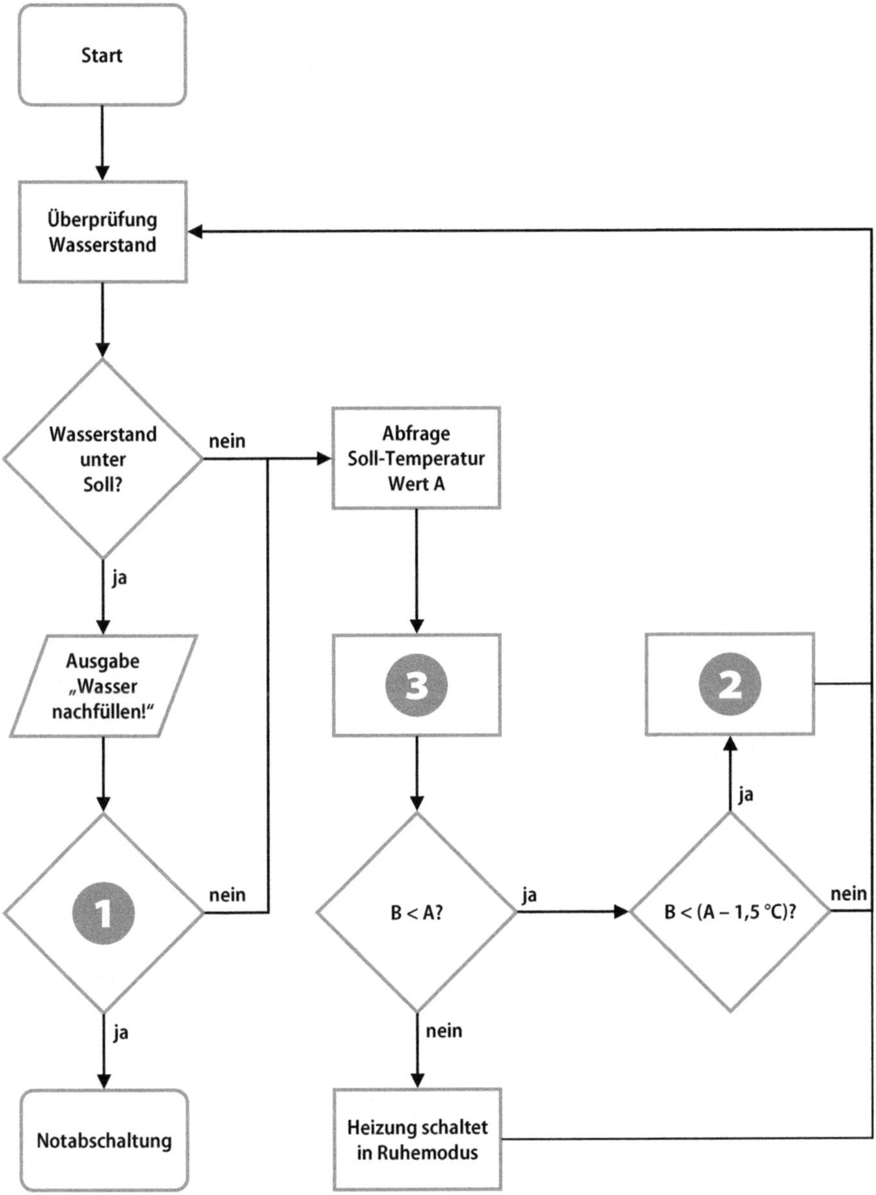

Bitte bearbeiten Sie nun die Aufgaben: Markieren Sie jeweils den Lösungsbuchstaben des richtigen Antwortvorschlags. Sie haben dafür **5 Minuten** Zeit.

76) Durch welche der Antworten wird die Zahl 1 im Flussdiagramm sinnvoll ersetzt?

A. Abfrage Ist-Temperatur / Wert B?
B. Wasser nachgefüllt?
C. B > A?
D. Wasserstand kritisch?
E. Wasserstand prüfen

77) Durch welche der Antworten wird die Zahl 2 im Flussdiagramm sinnvoll ersetzt?

A. Heizung geht an
B. B < (A – 5 °C)?
C. Ausgabe „Heizung geht an"
D. Überprüfung Wasserstand
E. Wasser nachgefüllt?

78) Durch welche der Antworten wird die Zahl 3 im Flussdiagramm sinnvoll ersetzt?

A. Ist-Temperatur abfragen?
B. Abfrage Ist-Temperatur / Wert B
C. B = A?
D. Wasser wird nachgefüllt
E. Heizung springt an

79) Was geschieht, wenn die gemessene Temperatur 1 °C unterhalb des festgelegten Soll-Werts liegt?

A. Die Heizung springt an.
B. Die Heizung schaltet in den Ruhemodus.
C. Die Heizung schaltet sich ab.
D. Ausgabe „Wasser nachfüllen!"
E. Die Heizung springt noch nicht an, das System schaltet aber auch nicht in den Ruhemodus.

80) Was geschieht bei einer Raumtemperatur von 17 °C und einer Soll-Temperatur von 19 °C, wenn der Wasserstand kritisch ist?

A. Die Heizung springt an.
B. Die Heizung schaltet in den Ruhemodus.
C. Der Benutzer wird aufgefordert, Wasser nachzufüllen.
D. Die Heizung schaltet sich sicherheitshalber selbst ab.
E. Der Benutzer wird zur Abschaltung aufgefordert.

Lösungen: Logisches Denkvermögen

1) B
2) A
3) D
4) C
5) D
6) D
7) D
8) D
9) D
10) B
11) B
12) D
13) E
14) E
15) D
16) D
17) D
18) A
19) C
20) E
21) D
22) D
23) E
24) A
25) C
26) D
27) D
28) A
29) D
30) D
31) D
32) C
33) D
34) C
35) A
36) E
37) D
38) A
39) C
40) B
41) D
42) C
43) C
44) C
45) C
46) C
47) C
48) A
49) B
50) B
51) B
52) B
53) D
54) C
55) C
56) A
57) C
58) E
59) A
60) E
61) D
62) A
63) A
64) B
65) D
66) A
67) C
68) B
69) A
70) C
71) stimmt nicht
72) stimmt
73) stimmt nicht
74) stimmt
75) stimmt nicht
76) D
77) A
78) B
79) E
80) D

Zahlenreihen (Aufgaben 1–10)

Zu 1) B. 36

+6 | +5 | +4 | +3 | +2

Zu 2) A. 46

–2 | ×3 | –2 | ×3 | –2

Zu 3) D. 54

×3 | ÷2 | ×3 | ÷2 | ×3

Zu 4) C. 32

x | 6 | x × 2 | 6 | x × 2 × 2 | 6 | x × 2 × 2 × 2 | 6 | x × 2 × 2 × 2 × 2

Behalten Sie die 6 bei und multiplizieren Sie die Vorläuferzahl bei jedem Schritt mit 2.

Zu 5) D. 296

×4 | +2 | ×4 | +2 | ×4

Zu 6) D. 144

×4 | ×3 | ÷2 | ×4 | ×3 | ÷2 | ×4

Zu 7) D. 81

–3 | ×3 | +3 | –3 | ×3

Zu 8) D. 480

×2 | ×3 | ×4 | ×5

Zu 9) D. 56

Addieren Sie die Quadratzahlen in aufsteigender Folge:

+1 | +4 | +9 | +16 | +25

Zu 10) B. 15

÷3 | –3 | ×3 | +3 | ÷3 | –3 | ×3

Buchstabenreihen (Aufgaben 11–20)

Zu 11) B. O

Ausgehend vom K wird alphabetisch vorangeschritten. Dabei wird jeder zweite Buchstabe (begonnen mit K) doppelt aufgeführt.

Zu 12) D. P

Von rechts nach links gelesen, ergeben die Buchstaben das Wort „Prüfung".

Zu 13) E. O

Eine von L voranschreitende Buchstabenreihe ist mit einer von X rückwärtslaufenden Buchstabenreihe verschachtelt.

Zu 14) E. T

Hier wechseln sich die Buchstaben T und S mit einer Buchstabenfolge ab, die bei R beginnt und in Einerschritten voranschreitet.

Bewegung in alphabetischer Folge:

T | S | R | T | S | R + 1 | T

Zu 15) D. Z

Starten Sie bei T und gehen Sie alphabetisch erst einen Schritt rückwärts, dann zwei Schritte nach vorne, wieder einen Schritt rückwärts, daraufhin drei Schritte nach vorne, nochmals einen Schritt rückwärts und zuletzt vier Schritte nach vorne.

Bewegung in alphabetischer Folge:

–1 | +2 | –1 | +3 | –1 | +4

Zu 16) **D.** R

Die Reihe beginnt bei C und läuft in Dreierschritten voran.

Zu 17) **D.** H

Jeder zweite Buchstabe folgt im Alphabet dem vorherigen Buchstaben.

Bewegung in alphabetischer Folge:

+1 | –3 | +1 | +5 | +1 | –3 | +1

Zu 18) **A.** H

Eine von C ausgehende, voranschreitende Buchstabenreihe ist im Zweierschritt mit einer von X aus rückwärtslaufenden Reihe verschachtelt.

Bewegung in alphabetischer Folge:

C | C + 1 | X | X – 1 | C + 2 | C + 3 | X – 2 | X – 3 | C + 4 | C + 5

Zu 19) **C.** M

Die Buchstaben O und P sind mit einer von F ausgehenden, im Alphabet vorwärtslaufenden Buchstabenreihe verschachtelt. Die sich wiederholende Grundregel lautet: Gehe einen Buchstaben im Alphabet weiter, füge O und P ein und gehe zwei Buchstaben weiter.

Bewegung in alphabetischer Folge:

+1 | O | P | +2 | +1 | O | P | +2 | +1

Zu 20) **E.** D

Starten Sie bei Y und gehen Sie erst einen Buchstaben zurück, dann zwei, dann drei, dann vier usw.

Bewegung in alphabetischer Folge:

–1 | –2 | –3 | –4 | –5 | –6

Zahlenmatrizen (Aufgaben 21–30)

Zu 21) **D.** 100

Die Reihen werden waagrecht nach folgendem Prinzip gebildet: Verdoppeln Sie bei der Rechnung von rechts nach links die rechte Zahl der jeweiligen Reihe und quadrieren Sie den erhaltenen Wert anschließend. Oder von links nach rechts: Ziehen Sie die Wurzel aus der jeweils links stehenden Zahl und teilen sie den erhaltenen Wert anschließend durch 2.

Zu 22) **D.** 32

Die Zahlen der rechten Spalte sowie der unteren Reihe ergeben sich aus der Multiplikation der zwei anderen Zahlen der jeweiligen Spalte bzw. Reihe.

Zu 23) E. 11

Jede Zahl ist die Differenz der beiden Zahlen darunter. Im fraglichen Feld erhält man: 24 – 13 = 11.

1. Reihe: 9 – 8 = 1

2. Reihe: 20 – 11 = 9; 11 – 3 = 8

3. Reihe: 33 – 13 = 20; 24 – 13 = 11; 24 – 21 = 3

Zu 24) A. 1

Beide Quadrate sind gleich aufgebaut: Multiplizieren Sie die Summe der zwei oberen Zahlen mit der linken unteren Zahl, und Sie erhalten die rechte untere Zahl.

Linkes Quadrat: (1 + 2) × 3 = 9

Rechtes Quadrat: (3 + 1) × 2 = 8

Zu 25) C. 18

Die Quersummen zweier benachbarten Zahlen einer Ebene ergeben addiert die jeweils darüber stehende Zahl. Beispiel links unten: (4 + 3) + (9 + 7) = 23. An der Spitze ergibt 9 + 9 = 18.

18

9+9=18

9 9

5+4=9 4+5=9

2+3=5 2+2=4 1+4=5

7+16=23 16+6=22 6+8=14

4+3=7 9+7=16 2+4=6 8+0=8

Zu 26) D. 100

Zahlen, die auf derselben Pyramiden-Ebene liegen, ergeben in ihrer Summe immer 100.

Beispiel untere Reihe:
44 + 28 + 16 + 12 = 100

100

44 + 56 = 100

36 + 34 + 30 = 100

44 + 28 + 16 + 12 = 100

Zu 27) D. 10

Die Addition der Zahlen einer Spalte, einer Zeile oder einer Diagonalen führt immer zum Ergebnis 34. Das Quadrat ist zudem ein magisches Quadrat, das heißt jede Zahl von 1 bis 16 kommt nur einmal vor.

Zu 28) A. 28

Die Reihen werden senkrecht nach folgendem Prinzip gebildet: Addieren Sie 7 zur jeweils oben stehenden Zahl. Multiplizieren Sie anschließend mit 2 und teilen Sie den erhaltenen Wert schließlich durch 4.

+7 | ×2 | ÷4

(Rechnung in senkrechter Richtung)

Zu 29) D. 13

Die Pyramide besteht aus der Aufzählung der Primzahlen, die unten links beginnt und sich in aufsteigender Folge s-förmig durch das Raster schlängelt: 2, 3, 5, 7, 11, 13, 17, 19, 23, 29.

Zu 30) D. 10

Die Multiplikation der Zahlen einer Reihe oder Spalte führt immer zum Ergebnis 1.000.

Wortanalogien (Aufgaben 31–40)

Zu 31) D. hobeln

Durch Feilen kann man Späne von Eisenteilen abtragen, durch Hobeln Späne von Holzstücken.

Zu 32) C. Federn

Die dicht behaarte Haut von Säugetieren nennt man Fell. Vögel haben ein Federkleid, das vor Kälte schützt und außerdem das Fliegen ermöglicht.

Zu 33) D. Biologie

Sir Isaac Newton (1643–1727) war ein wegweisender Vertreter der modernen Physik, Charles Darwin (1809–1882) revolutionierte die Biologie.

Zu 34) C. Salat

Die Birne ist ein Obst, der Salat ist ein Gemüse.

Zu 35) A. Richter

Ein Regisseur setzt Drehbücher um; ein Richter legt Gesetze verbindlich aus und spricht Urteile.

Zu 36) E. Melodie

Ein Autor produziert Texte, ein Komponist schafft Melodien.

Zu 37) D. Milch

Die Grundzutat eines Omeletts sind Eier, Butter wird aus Milch bzw. Milchrahm hergestellt.

Zu 38) A. Astronomie

Das Mikroskop ist ein wichtiges optisches Hilfsmittel in der Biologie, die Astronomie ist typischerweise auf Teleskope angewiesen.

Zu 39) C. Pflanze

Sauerstoff ist eine Lebensgrundlage des Menschen, Stickstoff ein wichtiger Pflanzen-Nährstoff.

Zu 40) B. Fläche

Ein Kegel ist ein Körper im Raum, das zweidimensionale geometrische Gebilde Rechteck befindet sich in der Fläche.

Oberbegriffe (Aufgaben 41–50)

Zu 41) D. Planet

Der Mars und der Jupiter sind Planeten.

Zu 42) C. Tageszeit

Der Morgen und der Abend sind Tageszeiten, die sich nur auf ungefähre Uhrzeiten beziehen.

Zu 43) C. Kontinente

Australien/Ozeanien und Afrika sind Kontinente.

Zu 44) C. Philosophen

Sokrates ist ein griechischer und Immanuel Kant ein deutscher Philosoph.

Zu 45) C. Auge

Die Linse und die Iris sind Teile des Augapfels von Menschen und Wirbeltieren.

Zu 46) C. Präsidenten

George Washington und John Fitzgerald Kennedy waren zwei bedeutende amerikanische Präsidenten.

Zu 47) C. Gewässer

Lahn und Ems sind zwei deutsche Flüsse, also fließende Gewässer.

Zu 48) A. Primärfarben

Gelb und Blau zählen – wie auch Rot – zur Gruppe der Primärfarben, aus denen sich alle anderen Farben mischen lassen.

Zu 49) B. Elektrizität

Ampere und Volt sind Maßeinheiten aus dem Bereich der Elektrizität: In Ampere werden Stromstärken angegeben, in Volt Spannungen.

Zu 50) B. Leichtmetall

Aluminium und Natrium sind Leichtmetalle.

Schlussfolgerungen (Aufgaben 51–60)

Zu 51) B. Marc ist unbegabt und malt gerne.

Hier handelt es sich um die logische Form des Modus ponens, der bestimmt: Wenn die Bedingung X erfüllt ist („wenn Marc unbegabt ist"), dann gilt auch Y („dann malt er gerne"). Da Marc laut den angegebenen Prämissen unbegabt ist, malt er demzufolge auch gerne – Antwort B stimmt. Die Antworten A und D fallen weg, da „Marc ist begabt" nicht zutrifft, denn er ist laut den Prämissen unbegabt. Zudem trifft Antwort C nicht zu, da sich wie gezeigt schlussfolgern lässt, dass Marc gerne malt.

Zu 52) B. Winterwetter

Winterwetter ist am schönsten, denn es ist schöner als das Wetter im April und Strandwetter, welches wiederum schöner ist als Regenwetter.

Zu 53) D. sind Gegenstände nicht zu verschicken, wenn sie nicht zerbrechlich sind.

Antwort A ist falsch: Zwar liegen alle Gegenstände, die verschickt werden sollen, im roten Fach, aber umgekehrt gilt nicht, dass alle Gegenstände im roten Fach zu verschicken sind. Ebenso ist Antwort B falsch, da zwar alle Gegenstände im roten Fach zerbrechlich sind, aber nicht umgekehrt alle Gegenstände, die zerbrechlich sind, im roten Fach liegen müssen. Antwort C ist falsch, da alle zu verschickenden Gegenstände laut den angegebenen Prämissen zerbrechlich sind. Aus „Alle Gegenstände, die verschickt werden sollen, werden ins rote Fach abgelegt" und „Alle Gegenstände im roten Fach sind zerbrechlich" folgt: Wenn etwas nicht zerbrechlich ist, liegt es mit Sicherheit nicht im roten Fach und ist demzufolge auch nicht zu verschicken. Antwort D stimmt.

Zu 54) C. poliert Peter sein Auto.

Da Peters Frau den Garten gießt, gilt, dass Peter nicht im Garten arbeitet. Da Peter entweder im Garten arbeitet oder sein Auto poliert und er nicht im Garten arbeitet, muss er sein Auto polieren. Antwort C ist korrekt. Die Antworten A, B und D sind falsch, da er weder im Garten noch am Schreibtisch arbeitet.

Zu 55) C. Doris

Doris muss abwaschen. Die Aussage „Kurt hätte das längste Stäbchen, wenn Michaela nicht wäre" gibt die Information, dass Michaela und Kurt die längsten Stäbchen haben, d. h. die anderen haben kürzere. Da Peter und Marta gleichauf sind, aber Doris' Stäbchen kürzer als Peters ist, muss sie die Verliererin sein. Die Reihenfolge nach Stäbchenlänge: Michaela, Kurt, Peter und Marta, Doris.

Zu 56) A. Gläser sind passiv.

Antwort A ist korrekt: Die Gläser sind voll, wurden also aufgefüllt und sind somit auch passiv. Antwort D besagt fälschlicherweise das Gegenteil („Gläser sind nicht passiv"). Antwort C ist falsch, da sich zum einen aus der Prämisse „Was voll ist, wurde aufgefüllt" nicht der Umkehrschluss „Was aufgefüllt wurde, ist voll" ziehen lässt. Zum anderen müsste irrigerweise angenommen werden, dass alles, was voll ist, ein Glas ist. Auch Vorschlag B entfällt: Er nimmt neben den besprochenen Fehlschlüssen zu Antwort C auch noch an, dass alles Passive aufgefüllt wurde.

Zu 57) C. hat es nicht geregnet.

Hier handelt es sich um die logische Form des Modus tollens. Dabei folgt aus X („Es regnet") zwingend Y („Die Straße wird nass"). Im Umkehrschluss heißt das: Wenn Y nicht erfüllt ist, kann auch X nicht erfüllt sein – anders ausgedrückt: Wenn die Straße trocken ist, kann es nicht geregnet haben; Antwort C stimmt. Antwort A ist falsch, da die Straße aus vielen Gründen nass werden könnte, z. B. auch durch eine Überschwemmung. Antwort B scheidet aus, da es nicht geregnet haben kann, wenn die Straße trocken ist. Antwort D liegt offensichtlich falsch, da es sich nicht ausschließen lässt, dass es geregnet hat, wenn die Straße nass ist.

Zu 58) E. Keine Antwort ist richtig.

Was der frühe Vogel ohne seine Beute macht, kann man nicht wissen. „Wenn der frühe Vogel den Wurm fängt, baut er sich ein Nest" bedeutet nicht, dass er andernfalls kein Nest baut – dafür müsste es „Nur wenn der frühe Vogel den Wurm fängt …" heißen. Über das weitere Schicksal des Wurms sagt die Aufgabenstellung überhaupt nichts aus.

Zu 59) A. Bonar

Nach den ersten vier Sätzen kommen zwei Währungen infrage: der Bonar, der härter ist als der Kinar, und der Quin, der härter ist als Kabint und Kinar. Den Ausschlag gibt die letzte Aussage: Wenn der Quin mehr Abstand zum Bonar hat als zum Kinar und gleichzeitig stärker ist als Letzterer, muss er zwischen beiden Währungen liegen. Absteigend nach Härte sortiert: Bonar, Quin, Kabint, Kinar.

Zu 60) E. Keine Antwort ist richtig.

Die Antworten A und B können ausgeschlossen werden, da in den Prämissen nichts darüber ausgesagt wird, ob Klaus Claudia liebt oder nicht. Die Antworten C und D kommen ebenfalls nicht in Betracht, da man nicht weiß, ob Claudia Klaus liebt oder nicht. Ein Trugschluss wäre die Annahme, dass Claudia ihn liebt, weil sie ihm die gemeinsame Wohnung vorschlägt: Dies könnte auch aus anderen, zum Beispiel finanziellen Erwägungen geschehen. Somit stimmt keiner der Lösungsvorschläge.

Symbolrechnen (Aufgaben 61–70)

Zu 61) D. 5

Das Symbol Ω steht für die Zahl 5. Bei allen übrigen Lösungsvorschlägen bliebe die Zehnerstelle im Ergebnis gleich.

$45 + 5 = 50$

Zu 62) A. 1

Das Symbol Δ steht für die Zahl 1. Nur bei diesem Lösungsvorschlag entsprechen die Ziffern der Faktoren der Hunderter- und Einerstelle des Ergebnisses.

$11 \times 11 = 121$

Zu 63) A. 1

Das Symbol Δ steht für die Zahl 1. Nur durch die Multiplikation eines einstelligen Werts mit 11 erhält man als Ergebnis stets eine zweistellige Zahl, deren Zehner- und Einerziffer der einstelligen Zahl entsprechen:

$11 \times 1 = 11; 11 \times 2 = 22; 11 \times 3 = 33$ usw.

Zu 64) B. 3

Die Quadratzahl der gesuchten Zahl ist zugleich das Dreifache des gesuchten Werts. Dies trifft nur auf Antwort B zu:

$3^2 = 3 \times 3 = 3 + 3 + 3$

Das Symbol Δ steht also für die Zahl 3.

Zu 65) D. 4

Es gibt nur drei Zahlen, deren Multiplikation mit 3 zu einem Ergebnis zwischen 10 und 19 führt:

$3 \times 4 = 12$

$3 \times 5 = 15$

$3 \times 6 = 18$

Die zweite Möglichkeit scheidet aus, da die Endziffer des Ergebnisses in diesem Fall mit dem Faktor θ identisch sein müsste. Die letzte Möglichkeit ist nicht in den Lösungsvorschlägen angegeben. Das gesuchte Symbol steht also für die Zahl 4.

Zu 66) A. 4

Gesucht wird ein einstelliger Wert, der durch die Multiplikation mit einem zweiten einstelligen Wert eine Zahl von 20 bis 29 ergibt. Infrage kommen:

$3 \times 7 = 21$ $3 \times 8 = 24$ $3 \times 9 = 27$

$4 \times 5 = 20$ $4 \times 6 = 24$ $4 \times 7 = 28$

$5 \times 5 = 25$

Die Endziffer des Ergebnisses muss dabei dem gesuchten Wert entsprechen. Da die Faktoren verschieden sein müssen, scheidet Antwort D ($5 \times 5 = 25$) aus; somit kann nur Vorschlag A ($4 \times 6 = 24$) stimmen.

Zu 67) C. 2

Auf der linken Gleichungsseite erhält man durch das Auflösen der Klammer:

$(\Omega + 1) \times \Pi = \Pi\Omega + \Pi$

Auf der rechten Gleichungsseite ergibt sich durch das Zusammenziehen der Ω:

$\Omega + 2 + \Omega = 2\Omega + 2$

Stellt man die umgeformten Ausdrücke nebeneinander, zeigt sich, dass das Symbol Π eine 2 symbolisiert:

$\Pi\Omega + \Pi = 2\Omega + 2$

Zu 68) B. 7

Wird eine beliebige einstellige Zahl von einer zweistelligen Zahl mit der Endziffer 9 abgezogen, bleibt deren Zehnerstelle gleich. Also trägt das Ergebnis (2Δ) dieselbe Zehnerstelle wie die Zahl, von der subtrahiert wurde. Das Symbol Π steht demnach für den Wert 2; die Rechnung lautet:

$29 - 2 = 27$

Das Symbol Δ steht für die Zahl 7.

Zu 69) A. 8

Anhand der angegebenen Lösungsmöglichkeiten kommen folgende Gleichungen infrage:

$48 \div 8 = 8 - 2 \quad 47 \div 7 = 7 - 2$

$45 \div 5 = 5 - 2 \quad 49 \div 9 = 9 - 2$

Durch Ausprobieren lässt sich die richtige Lösung schnell erkennen – das Symbol Ψ muss für die Zahl 8 stehen:

$48 \div 8 = 6 = 8 - 2$

Zu 70) C. 0

Die Subtraktion der Zahl ΠΔ von der Zahl ΠΠ führt für beliebige Werte zwingend zu einem einstelligen Ergebnis:

$11 - 10 = 1; 99 - 90 = 9$ usw.

Die Quadratzahl des Werts Π muss demnach einstellig sein. Das gilt nur für die Werte 1, 2 und 3. Doch nur wenn das Symbol Π für die Zahl 1 steht, lässt sich eine korrekte Rechnung aufstellen:

$1 \times 1 = 11 - 10$

$2 \times 2 \neq 22 - 2\Delta$ (unabhängig von dem für Δ eingesetzten Wert)

$3 \times 3 \neq 33 - 3\Delta$ (unabhängig von dem für Δ eingesetzten Wert)

Das Symbol Δ steht folglich für die Zahl 0.

Schaubilder interpretieren (Aufgaben 71–75)

Zu 71) stimmt nicht

2020 wurden durch Braunkohle, Steinkohle und Kernenergie 199 Milliarden Kilowattstunden Energie erzeugt, 2021 waren es 234 Milliarden Kilowattstunden – ein Plus von 35 Milliarden Kilowattstunden oder rund 18 Prozent.

Zu 72) stimmt

Die Aussage stimmt. Im Jahr 2010 wurden zwar noch 138 Mrd. kWh Strom durch Kernenergie erzeugt, der Anteil an der Gesamtmenge betrug jedoch nur 23 Prozent.

Zu 73) stimmt nicht

Die Aussage ist falsch. Die Gesamtmenge der Kernenergie stieg von 2020 bis 2021 um 5 Milliarden Kilowattstunden. Bei konstantem Anstieg müssten es 2018 also 54 Milliarden gewesen sein.

Zu 74) stimmt

Die Aussage trifft zu. Im Jahr 2010 wurden 88 Milliarden Kilowattstunden von Erdgas erzeugt, 31 Milliarden von übrigen Energieträgern. Die von Erdgas erzeugte Strommenge war um fast das Doppelte größer – also knapp dreimal so groß.

Zu 75) stimmt nicht

Die Aussage ist falsch. Von 2010 bis 2021 sank der Steinkohleanteil um knapp 54 Prozent. Der Anteil der Kernenergie nahm um 50 Prozent ab.

Flussdiagramme (Aufgaben 76–80)

Zu 76) D. Wasserstand kritisch?

Da eine Raute Bedingungen symbolisiert, scheidet E von vornherein aus. Die einzig logische Bedingung ist D: Es wird geprüft, ob der Wasserstand so niedrig ist, dass die Heizung sicherheitshalber abgeschaltet werden muss.

Zu 77) A. Heizung geht an

Nur A und D sind möglich, da alle übrigen Vorschläge keine Prozesse (durch Rechteck symbolisiert) darstellen. Der Wasserstand wurde jedoch bereits zu Beginn überprüft; die Lösung ist A: Liegt die gemessene Temperatur B unter dem Schwellenwert (hier: 1,5 °C unter dem eingestellten Soll-Wert A), springt die Heizung an.

Zu 78) B. Abfrage Ist-Temperatur / Wert B

Rechtecke stehen für Prozesse, somit kommt nur B, D oder E infrage. Die Heizung springt jedoch erst dann an, wenn die gemessene Ist-Temperatur einen Schwellenwert unterschreitet. Dazu muss die Ist-Temperatur erst einmal gemessen werden. Die Ermittlung des Wasserstands und ggf. das Nachfüllen von Wasser spielen in diesem Prozessschritt keine Rolle.

Zu 79) E. Die Heizung springt noch nicht an, das System schaltet aber auch nicht in den Ruhemodus.

Liegt die gemessene Temperatur unter dem Schwellenwert, springt die Heizung an. Im angegebenen Beispiel liegt dieser Schwellenwert jedoch bei 1,5 °C unterhalb des abgefragten Soll-Werts. Die Heizung springt daher im vorliegenden Fall noch nicht an. Da die Ist-Temperatur aber unter der Soll-Temperatur liegt, schaltet die Heizung auch nicht in den Ruhemodus, d. h. sie misst beständig weiter.

Zu 80) D. Die Heizung schaltet sich sicherheitshalber selbst ab.

Folgt man dem Diagramm, steht die Wasserstandsabfrage an erster Stelle. Erst wenn sichergestellt ist, dass der Wasserstand eine kritische Marke nicht unterschreitet, wird überhaupt die Temperatur gemessen und die Heizung springt ggf. an.

Lösungshinweis

Das Schema zeigt die Schaltung einer Heizungsregelung. Zu Beginn wird der Wasserstand überprüft; unterschreitet er eine kritische Marke, wird das System sofort abgeschaltet. Ist genug Wasser im Kreislauf, wird die Soll-Temperatur A abgefragt und mit der Ist-Temperatur B verglichen. Liegt die Ist-Temperatur unterhalb eines Schwellenwerts von 1,5 °C unter dem Soll, springt die Heizung an. Liegt sie 0–1,5 °C unter dem Soll, bleibt sie inaktiv, misst aber weiter. Liegt sie über dem Sollwert, schaltet sie in den Ruhemodus und überprüft alle Werte erst nach einer gewissen Zeit wieder.

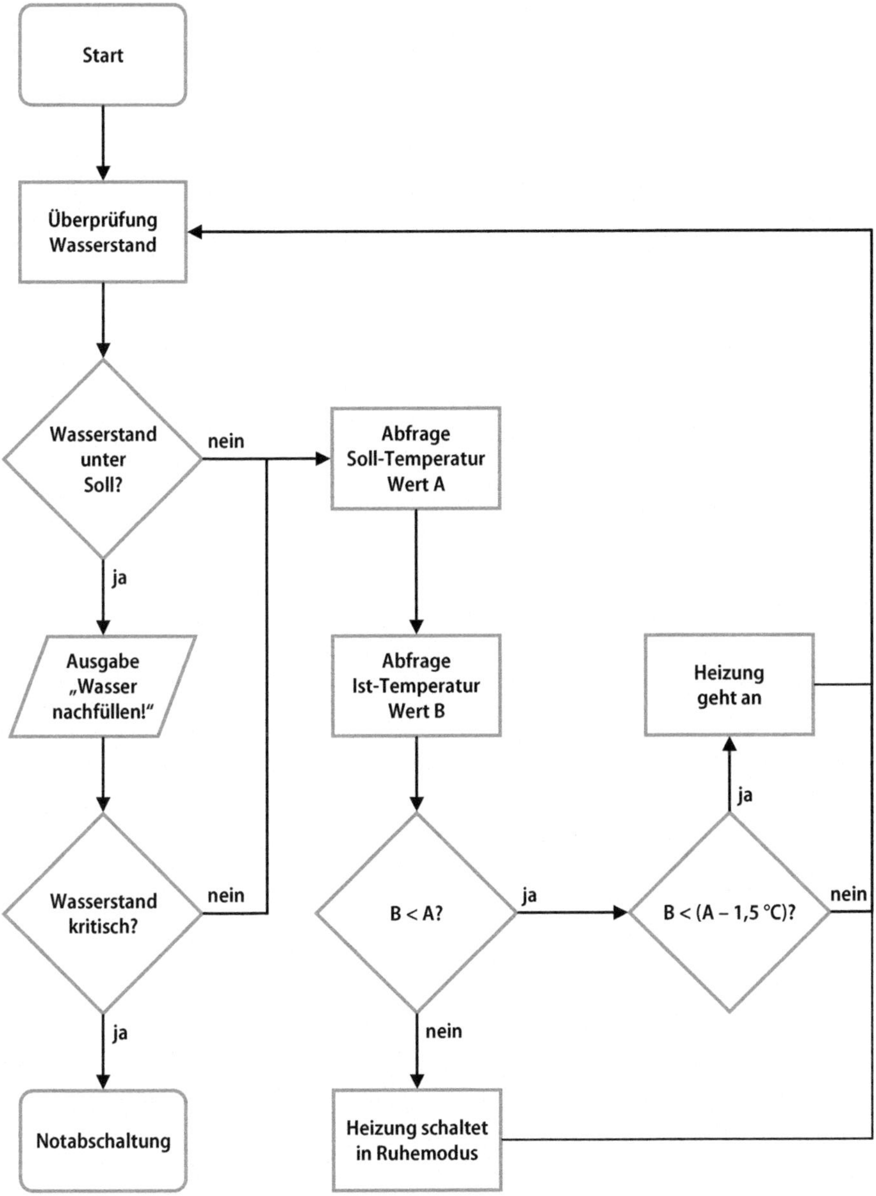
Start
Überprüfung Wasserstand
Wasserstand unter Soll?
nein
ja
Abfrage Soll-Temperatur Wert A
Ausgabe „Wasser nachfüllen!“
Abfrage Ist-Temperatur Wert B
Heizung geht an
ja
Wasserstand kritisch?
nein
B < A?
ja
B < (A – 1,5 °C)?
nein
ja
nein
Notabschaltung
Heizung schaltet in Ruhemodus

Visuelles Denkvermögen

Figurenreihen

Bearbeitungszeit 10 Minuten

Jede Figurenreihe ist so aufgebaut, dass sich ein logischer Zusammenhang zwischen den einzelnen Abbildungen ergibt. Welche der zur Auswahl gestellten Figuren setzt die Reihe fort?

Hierzu ein Beispiel

Aufgabe

1)

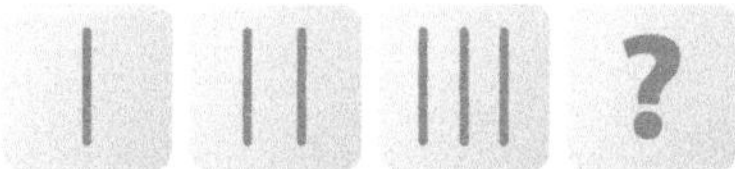

Welche Figur setzt die Reihe logisch fort?

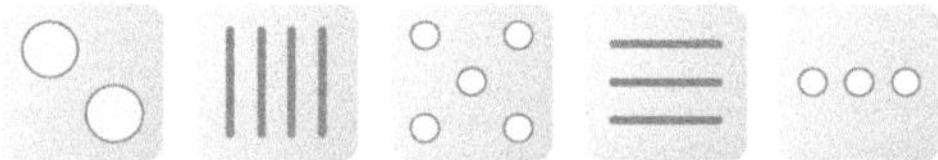

A B C D E

Antwort

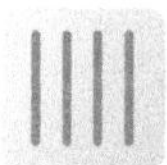

(B)

Die Abbildungen zeigen eine steigende Anzahl senkrechter Striche – Figur B setzt diese Reihe logisch fort.

Bitte bearbeiten Sie nun die Aufgaben: Markieren Sie jeweils den Lösungsbuchstaben des richtigen Antwortvorschlags. Sie haben dafür **10 Minuten** Zeit.

1)

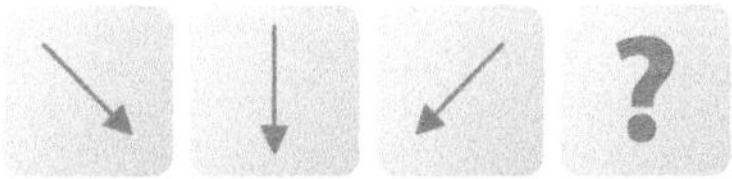

Welche Figur setzt die Reihe logisch fort?

A B C D E

2)

Welche Figur setzt die Reihe logisch fort?

A B C D E

3)

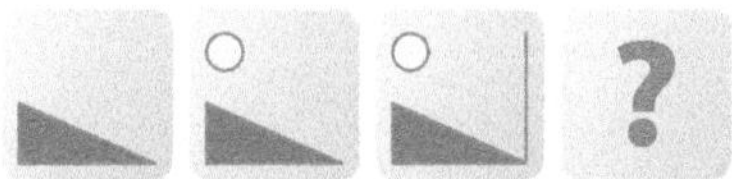

Welche Figur setzt die Reihe logisch fort?

A B C D E

4)

Welche Figur setzt die Reihe logisch fort?

A B C D E

5)

Welche Figur setzt die Reihe logisch fort?

A B C D E

6)

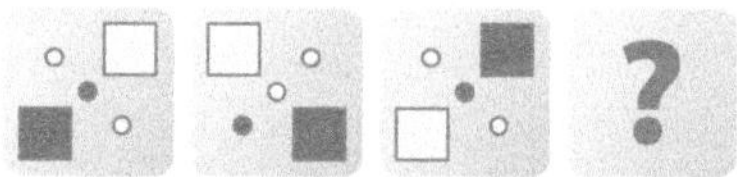

Welche Figur setzt die Reihe logisch fort?

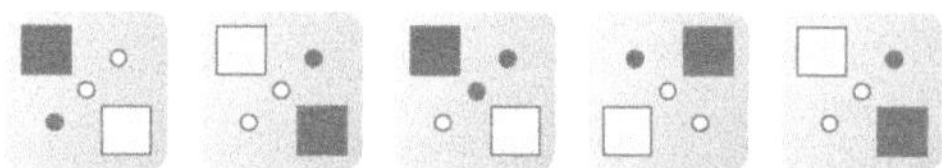

A B C D E

7)

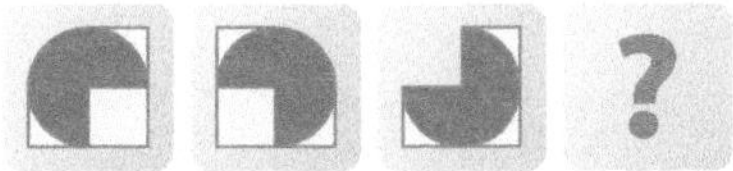

Welche Figur setzt die Reihe logisch fort?

A B C D E

8)

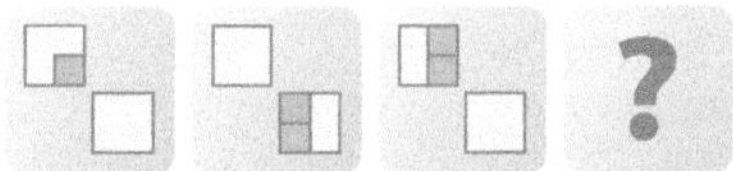

Welche Figur setzt die Reihe logisch fort?

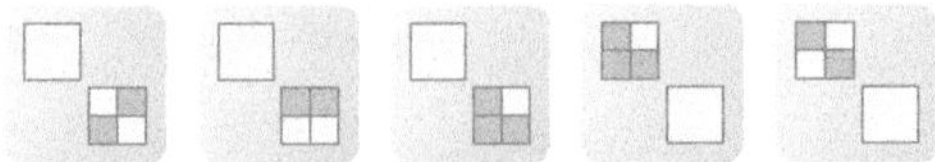

A B C D E

9)

Welche Figur setzt die Reihe logisch fort?

A B C D E

10)

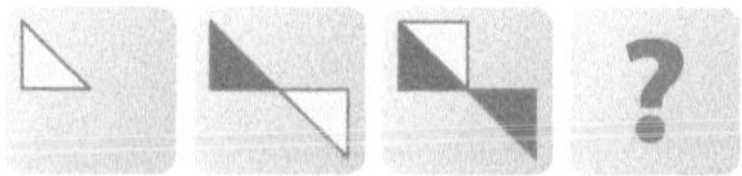

Welche Figur setzt die Reihe logisch fort?

A B C D E

Figurenanalogien

Bearbeitungszeit 10 Minuten

Jede folgende Aufgabe konfrontiert Sie mit zwei Figuren, die in einer bestimmten Beziehung zueinander stehen. Durch eine ähnliche Beziehung ist auch eine dritte mit einer vierten Figur verknüpft – diese müssen Sie jedoch aus einer Menge mehrerer Antwortmöglichkeiten selbst ermitteln.

Hierzu ein Beispiel

Aufgabe

1)

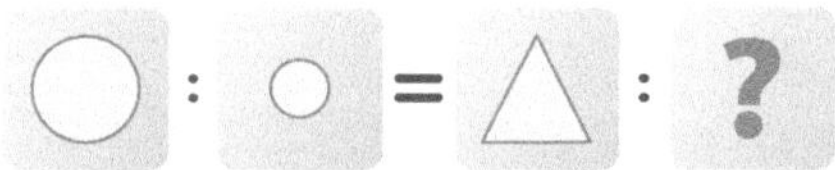

Welche Figur ersetzt das Fragezeichen logisch?

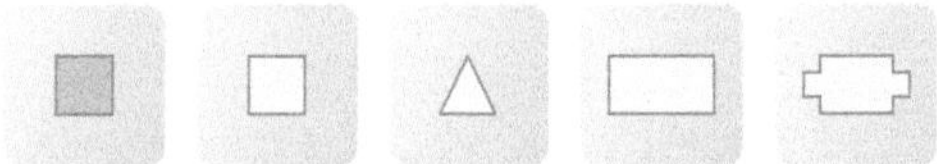

A B C D E

Antwort

(C)

Das Objekt wird in verkleinerter Form wiederholt.

Bitte bearbeiten Sie nun die Aufgaben: Markieren Sie den Lösungsbuchstaben der gesuchten Figur. Sie haben dafür **10 Minuten** Zeit.

11)

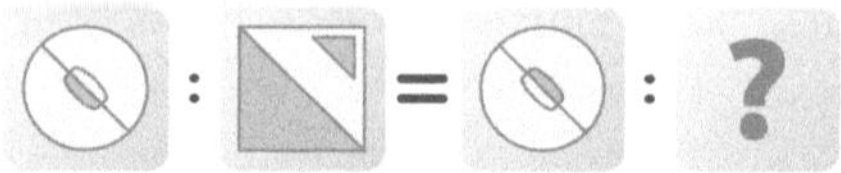

Welche Figur ersetzt das Fragezeichen logisch?

A B C D E

12)

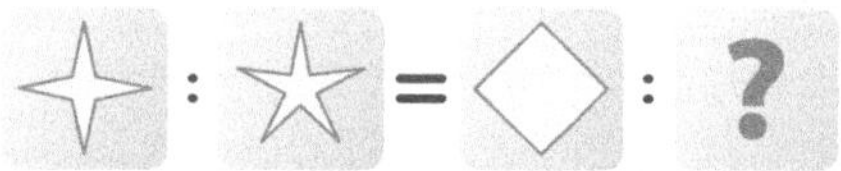

Welche Figur ersetzt das Fragezeichen logisch?

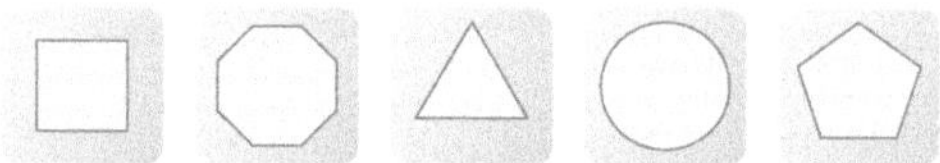

A B C D E

13)

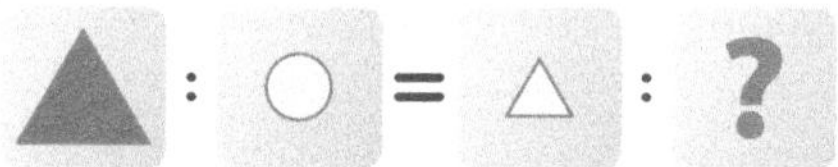

Welche Figur ersetzt das Fragezeichen logisch?

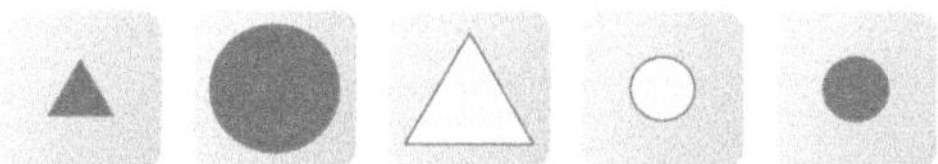

A B C D E

14)

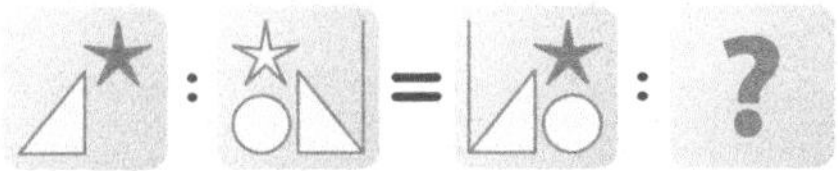

Welche Figur ersetzt das Fragezeichen logisch?

A B C D E

15)

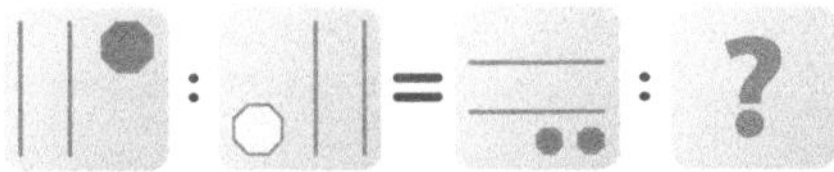

Welche Figur ersetzt das Fragezeichen logisch?

A B C D E

16)

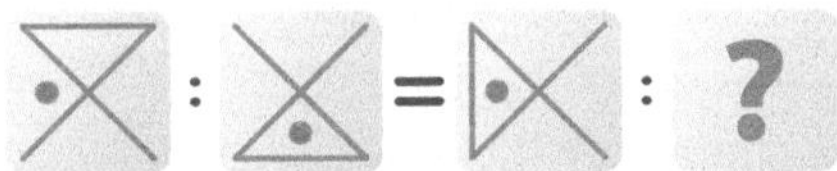

Welche Figur ersetzt das Fragezeichen logisch?

A B C D E

17)

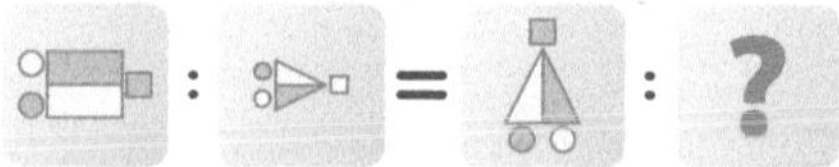

Welche Figur ersetzt das Fragezeichen logisch?

A B C D E

18)

Welche Figur ersetzt das Fragezeichen logisch?

A B C D E

19)

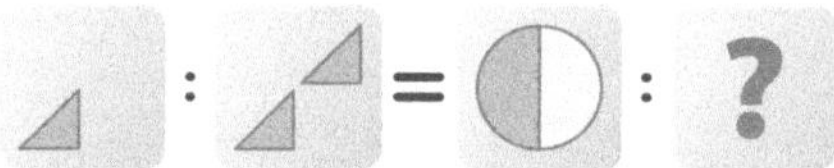

Welche Figur ersetzt das Fragezeichen logisch?

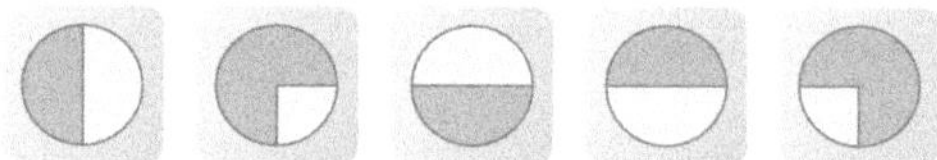

A B C D E

20)

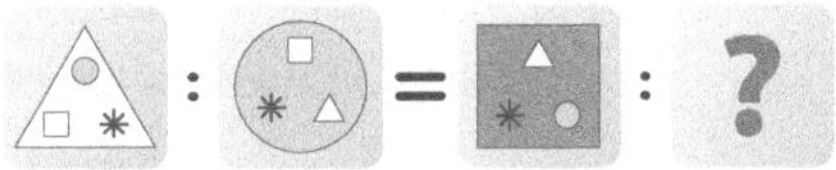

Welche Figur ersetzt das Fragezeichen logisch?

A B C D E

Außenflächen zählen

Bearbeitungszeit 10 Minuten

Sie sehen einen Körper mit mehreren Flächen. Ihre Aufgabe besteht darin, die Anzahl der Flächen zu bestimmen.

Hierzu ein Beispiel

Aufgabe

1) Aus wie vielen Flächen setzt sich dieser Körper zusammen?

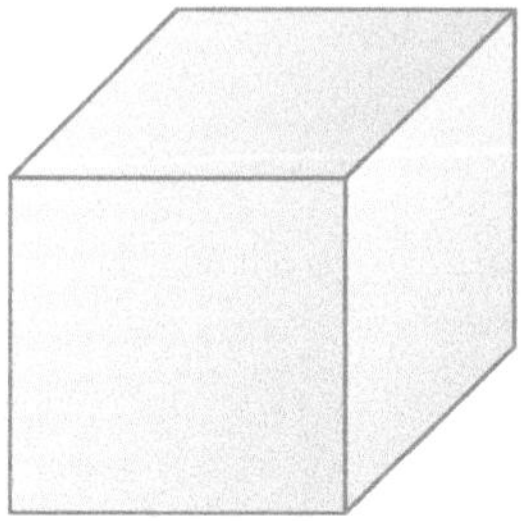

A. 6
B. 7
C. 8
D. 9
E. Keine Antwort ist richtig.

Antwort

A. 6

Der Körper besteht aus 6 Flächen.

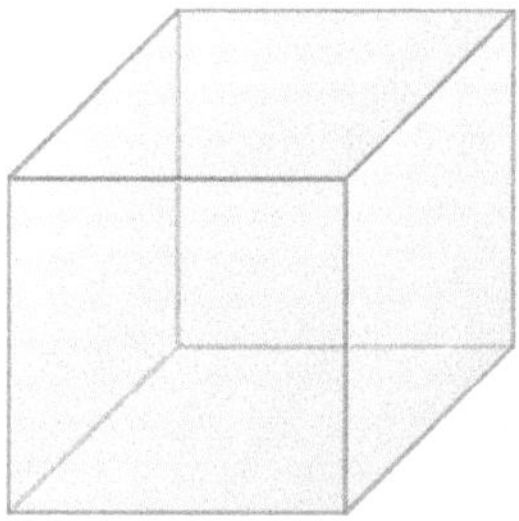

Bitte bearbeiten Sie nun die Aufgaben: Markieren Sie jeweils den Lösungsbuchstaben des richtigen Antwortvorschlags. Sie haben dafür **10 Minuten** Zeit.

21) Aus wie vielen Flächen setzt sich dieser Körper zusammen?

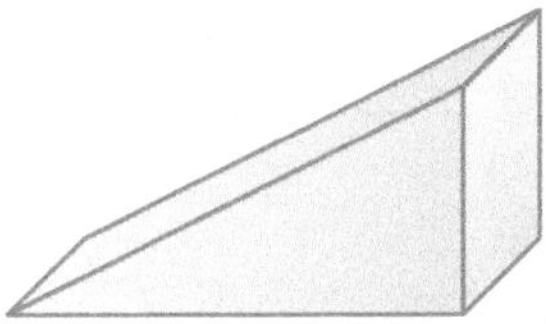

A. 4
B. 6
C. 5
D. 3
E. Keine Antwort ist richtig.

22) Aus wie vielen Flächen setzt sich dieser Körper zusammen?

A. 8
B. 12
C. 10
D. 6
E. Keine Antwort ist richtig.

23) Aus wie vielen Flächen setzt sich dieser Körper zusammen?

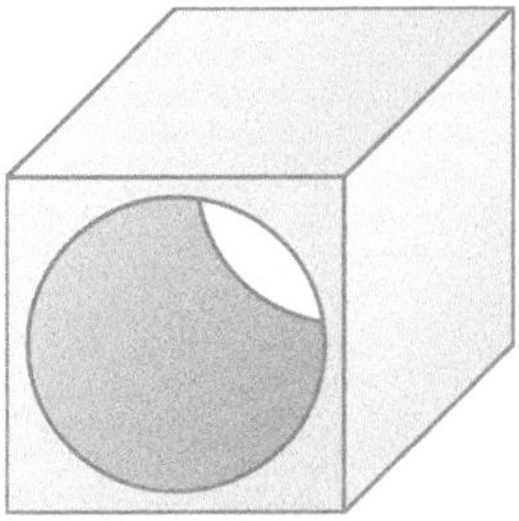

A. 5
B. 6
C. 7
D. 8
E. Keine Antwort ist richtig.

24) Aus wie vielen Flächen setzt sich dieser Körper zusammen?

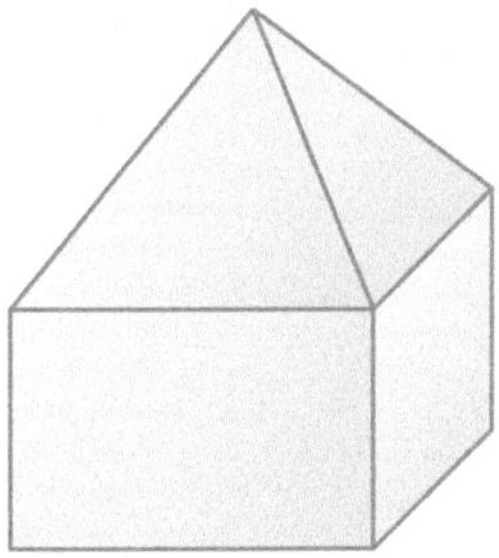

A. 7
B. 8
C. 9
D. 10
E. Keine Antwort ist richtig.

25) Aus wie vielen Flächen setzt sich dieser Körper zusammen?

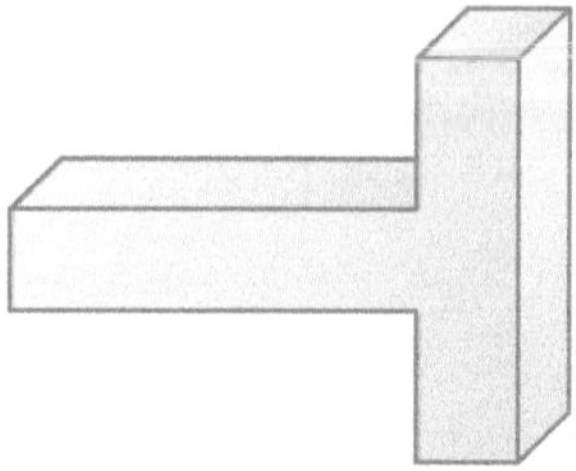

A. 9
B. 10
C. 11
D. 12
E. Keine Antwort ist richtig.

26) Aus wie vielen Flächen setzt sich dieser Körper zusammen?

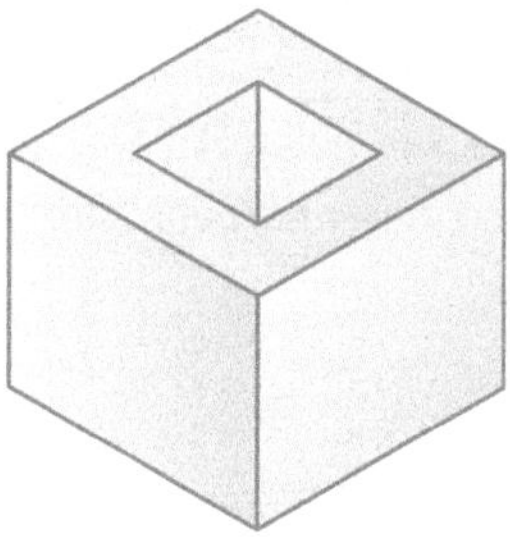

A. 9
B. 10
C. 12
D. 13
E. Keine Antwort ist richtig.

27) Aus wie vielen Flächen setzt sich dieser Körper zusammen?

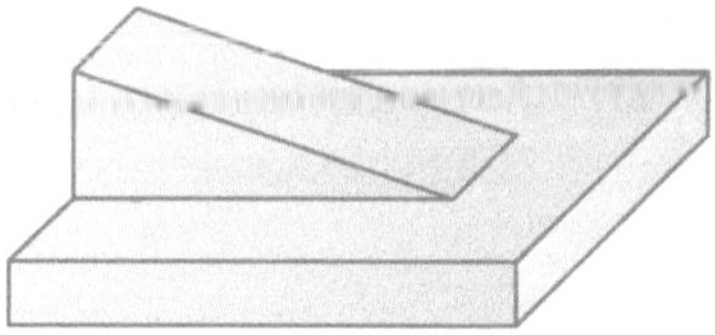

A. 11
B. 8
C. 12
D. 9
E. Keine Antwort ist richtig.

28) Aus wie vielen Flächen setzt sich dieser Körper zusammen?

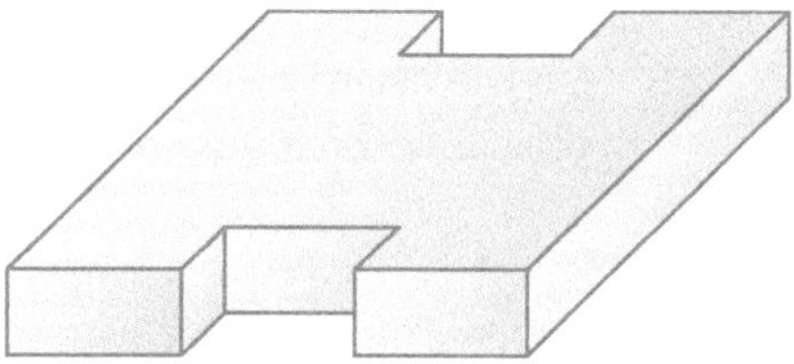

A. 16
B. 14
C. 12
D. 15
E. Keine Antwort ist richtig.

29) Aus wie vielen Flächen setzt sich dieser Körper zusammen?

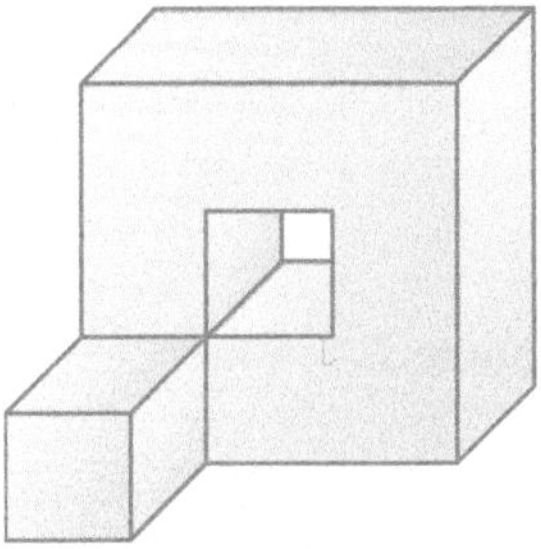

A. 13
B. 15
C. 18
D. 14
E. Keine Antwort ist richtig.

30) Aus wie vielen Flächen setzt sich dieser Körper zusammen?

A. 20
B. 9
C. 18
D. 16
E. Keine Antwort ist richtig.

Faltvorlagen

Bearbeitungszeit 10 Minuten

Sie sehen jeweils eine Faltvorlage. Finden Sie heraus, welcher der fünf Körper A bis E daraus hergestellt werden kann.

Hierzu ein Beispiel

Aufgabe

1) Diese Faltvorlage ist die Außenseite eines Körpers.

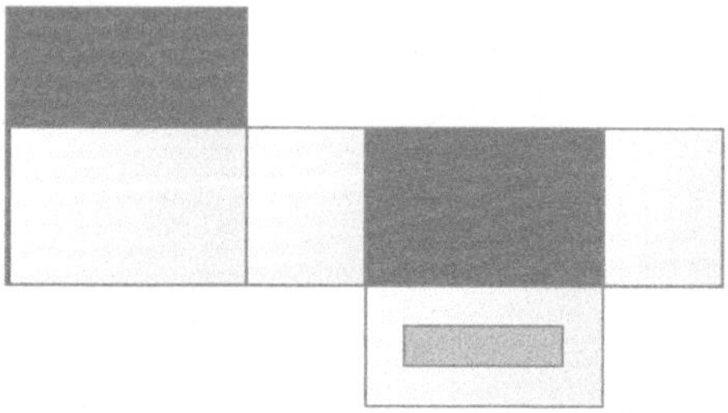

Welcher der Körper A bis E kann aus der Faltvorlage gebildet werden?

A B C D E

Antwort

(A)

Bitte bearbeiten Sie nun die Aufgaben: Markieren Sie jeweils den Lösungsbuchstaben des richtigen Antwortvorschlags. Sie haben dafür **10 Minuten** Zeit.

31) Diese Faltvorlage ist die Außenseite eines Körpers.

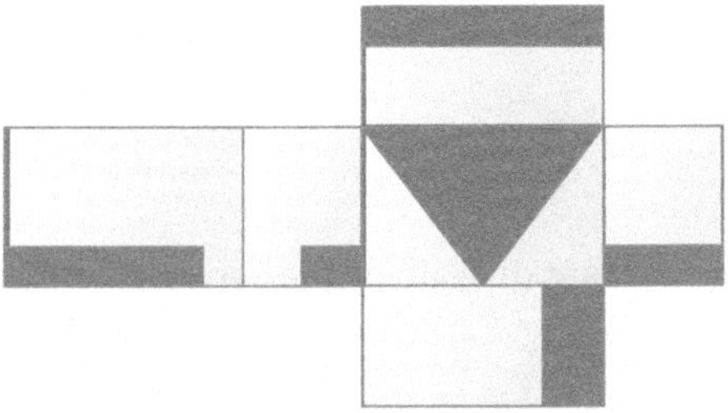

Welcher der Körper A bis E kann aus der Faltvorlage gebildet werden?

A B C D E

32) Diese Faltvorlage ist die Außenseite eines Körpers.

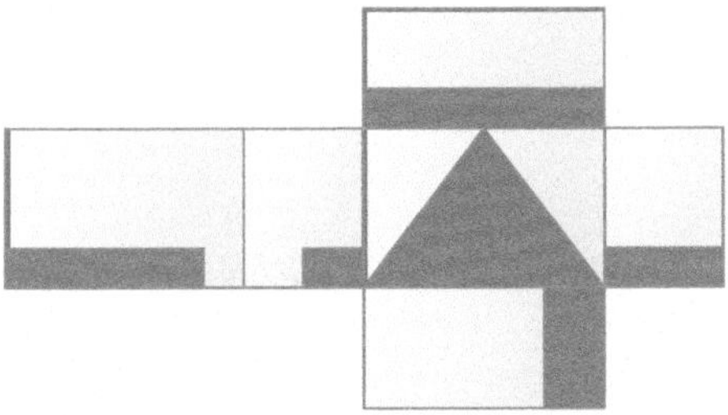

Welcher der Körper A bis E kann aus der Faltvorlage gebildet werden?

A B C D E

33) Diese Faltvorlage ist die Außenseite eines Körpers.

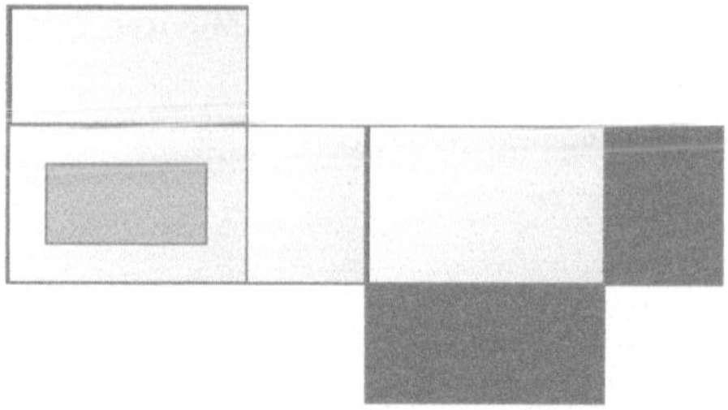

Welcher der Körper A bis E kann aus der Faltvorlage gebildet werden?

A B C D E

34) Diese Faltvorlage ist die Außenseite eines Körpers.

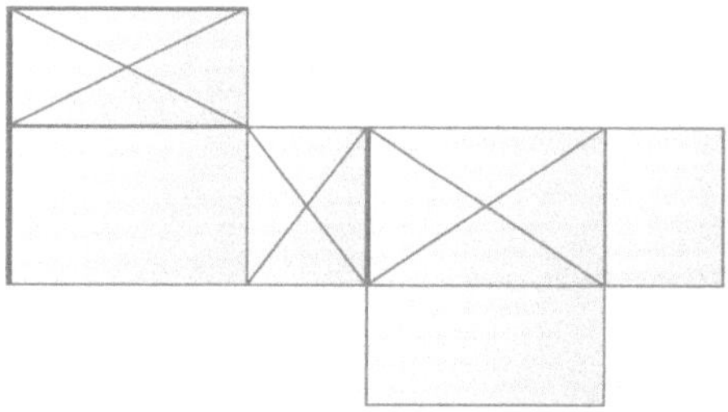

Welcher der Körper A bis E kann aus der Faltvorlage gebildet werden?

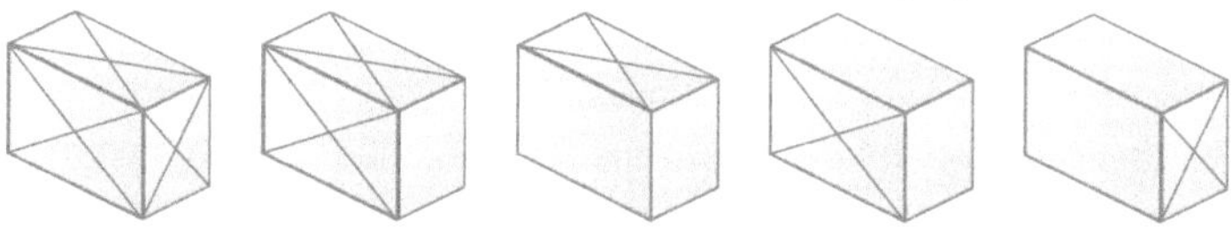

A B C D E

35) Diese Faltvorlage ist die Außenseite eines Körpers.

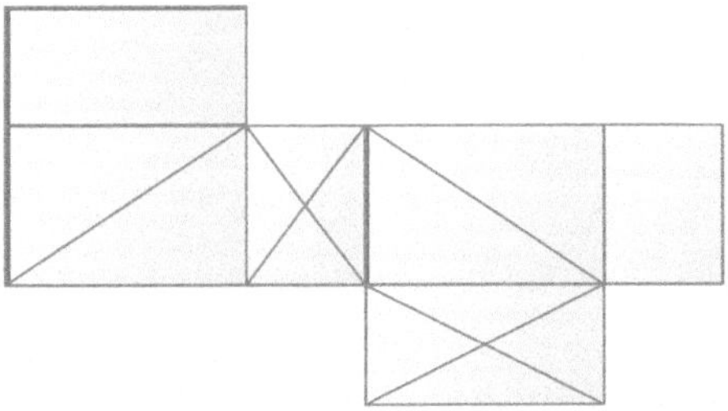

Welcher der Körper A bis E kann aus der Faltvorlage gebildet werden?

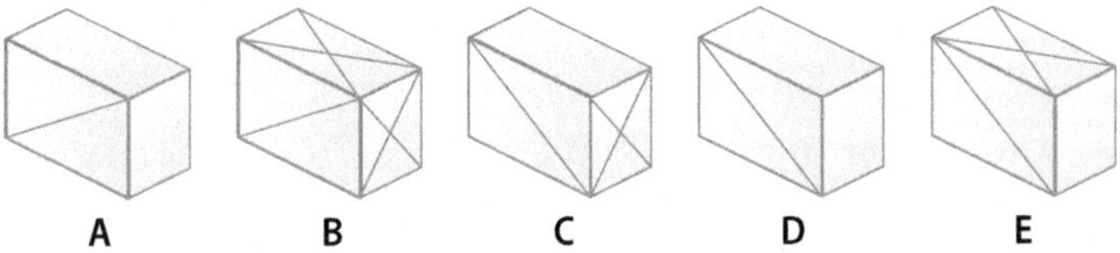

36) Diese Faltvorlage ist die Außenseite eines Körpers.

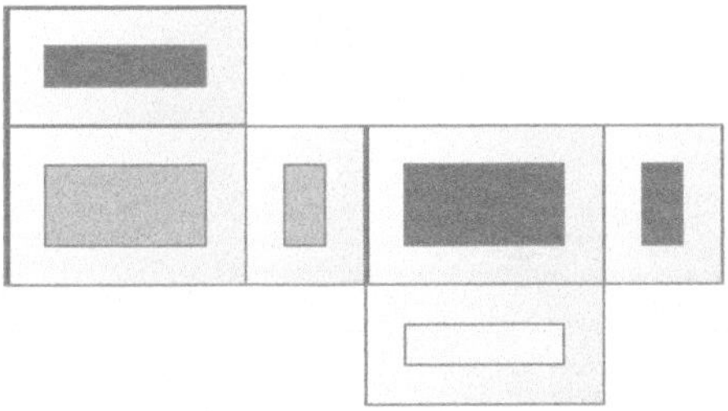

Welcher der Körper A bis E kann aus der Faltvorlage gebildet werden?

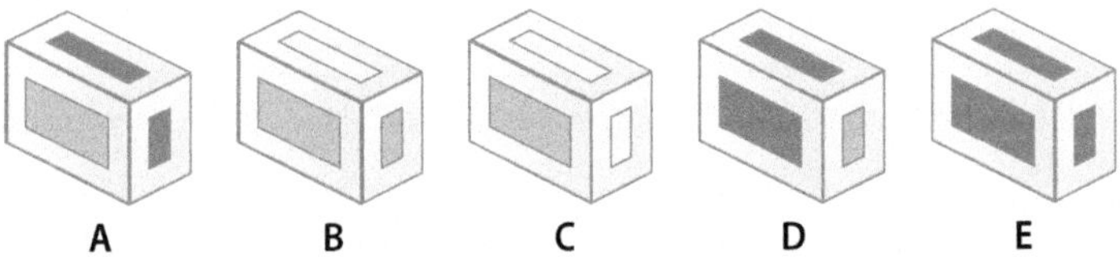

37) Diese Faltvorlage ist die Außenseite eines Körpers.

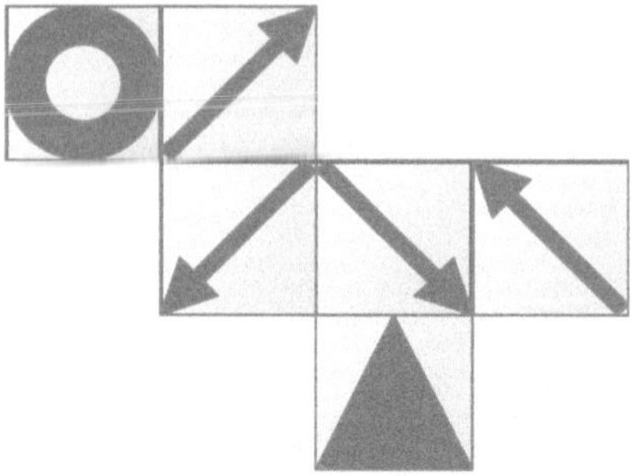

Welcher der Körper A bis E kann aus der Faltvorlage gebildet werden?

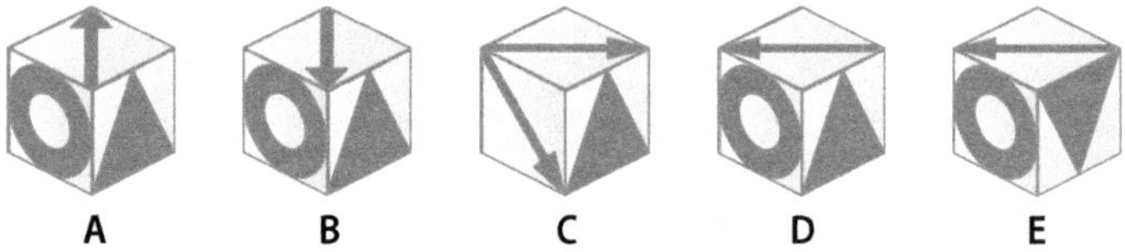

38) Diese Faltvorlage ist die Außenseite eines Körpers.

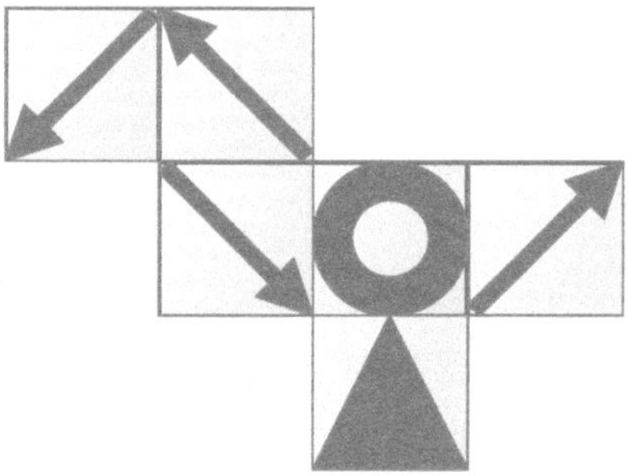

Welcher der Körper A bis E kann aus der Faltvorlage gebildet werden?

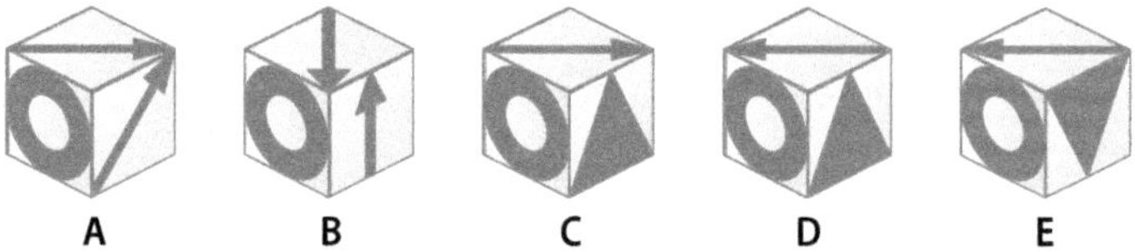

39) Diese Faltvorlage ist die Außenseite eines Körpers.

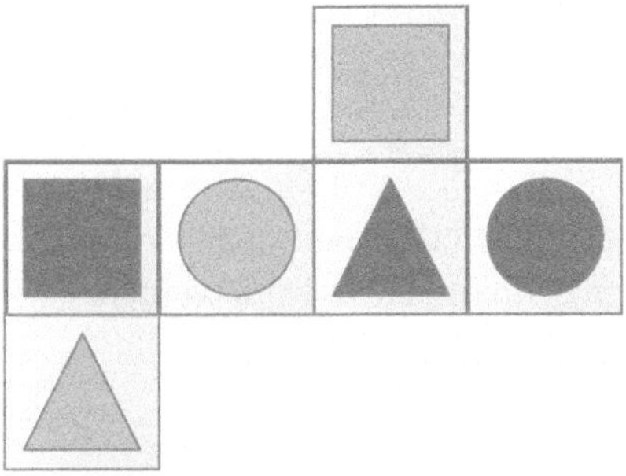

Welcher der Körper A bis E kann aus der Faltvorlage gebildet werden?

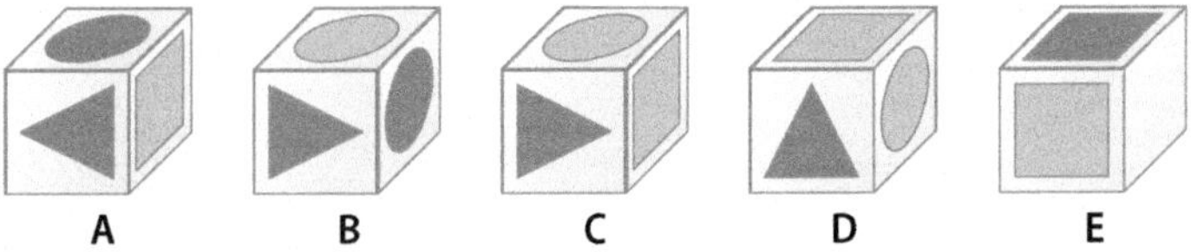

40) Diese Faltvorlage ist die Außenseite eines Körpers.

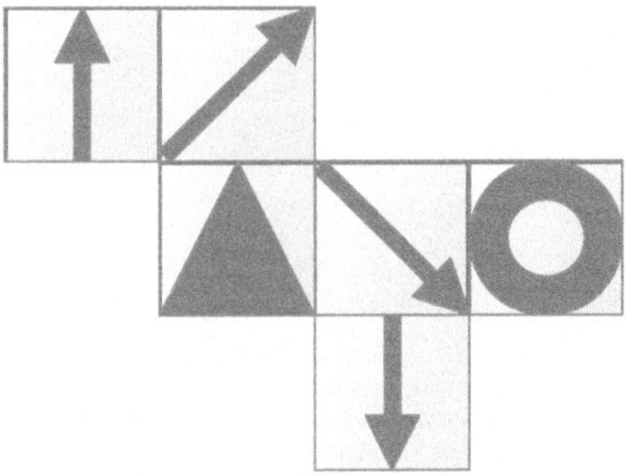

Welcher der Körper A bis E kann aus der Faltvorlage gebildet werden?

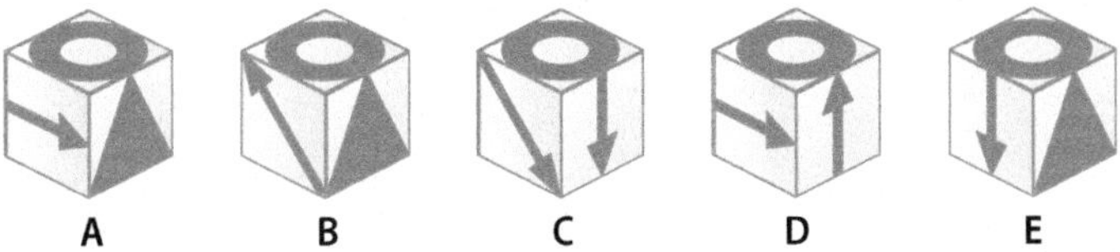

Würfelaufgaben *Bearbeitungszeit 10 Minuten*

Zu jeder Aufgabe erhalten Sie einen Würfel, dessen Seiten unterschiedlich gemustert sind.

Entscheiden Sie, welcher der abgebildeten Musterwürfel dem Aufgabenwürfel entspricht – dieser kann beliebig nach links oder rechts, nach vorne oder hinten, im oder gegen den Uhrzeigersinn gedreht bzw. gekippt werden.

Hierzu ein Beispiel

Aufgabe

1) Ihnen wird ein Aufgabenwürfel vorgegeben.

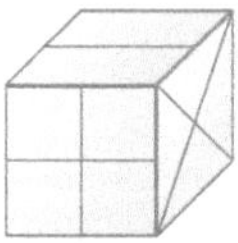

Welcher der Musterwürfel A bis E ist identisch mit dem Aufgabenwürfel?

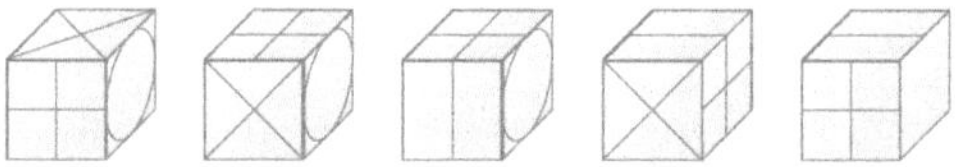

A B C D E

Antwort

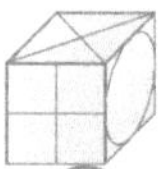

(A)

Kippen Sie den Aufgabenwürfel nach links.

Bitte bearbeiten Sie nun die Aufgaben: Markieren Sie jeweils den Lösungsbuchstaben des richtigen Antwortvorschlags. Sie haben dafür **10 Minuten** Zeit.

41) Ihnen wird ein Aufgabenwürfel vorgegeben.

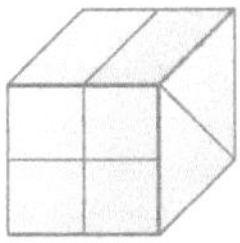

Welcher der Musterwürfel A bis E ist identisch mit dem Aufgabenwürfel?

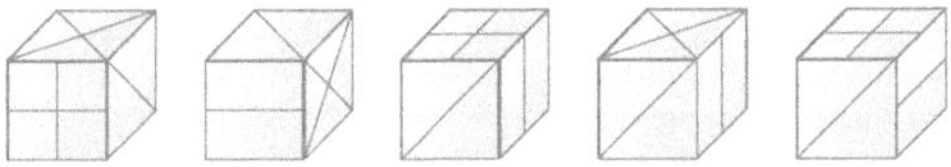

A **B** **C** **D** **E**

42) Ihnen wird ein Aufgabenwürfel vorgegeben.

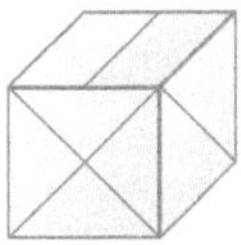

Welcher der Musterwürfel A bis E ist identisch mit dem Aufgabenwürfel?

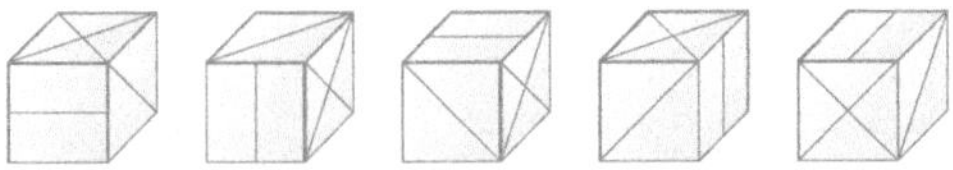

A **B** **C** **D** **E**

43) Ihnen wird ein Aufgabenwürfel vorgegeben.

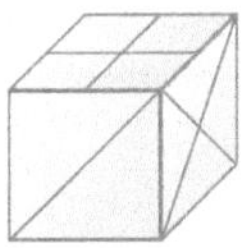

Welcher der Musterwürfel A bis E ist identisch mit dem Aufgabenwürfel?

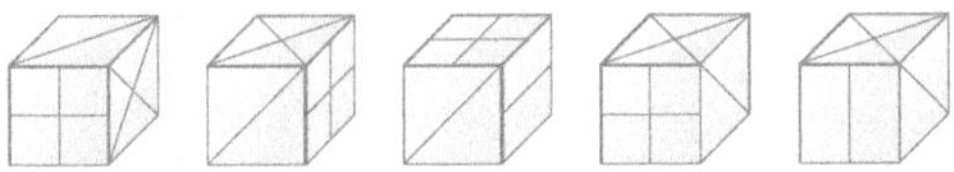

A **B** **C** **D** **E**

44) Ihnen wird ein Aufgabenwürfel vorgegeben.

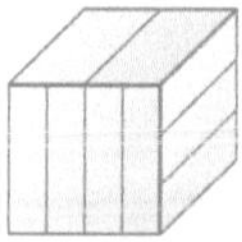

Welcher der Musterwürfel A bis E ist identisch mit dem Aufgabenwürfel?

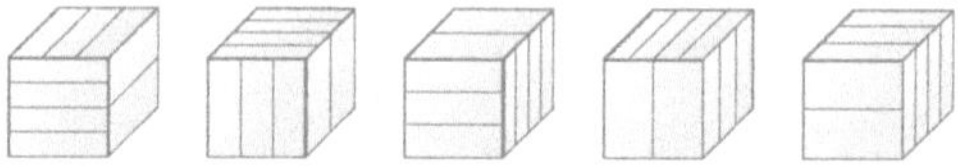

A B C D E

45) Ihnen wird ein Aufgabenwürfel vorgegeben.

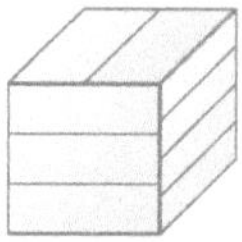

Welcher der Musterwürfel A bis E ist identisch mit dem Aufgabenwürfel?

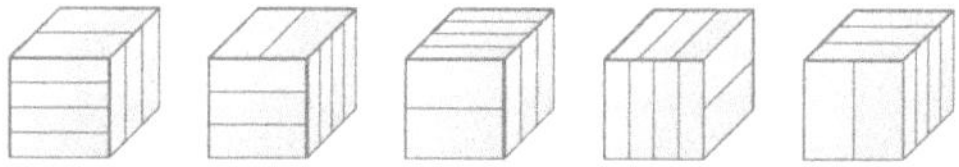

A B C D E

46) Ihnen wird ein Aufgabenwürfel vorgegeben.

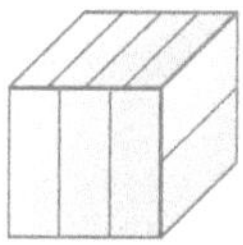

Welcher der Musterwürfel A bis E ist identisch mit dem Aufgabenwürfel?

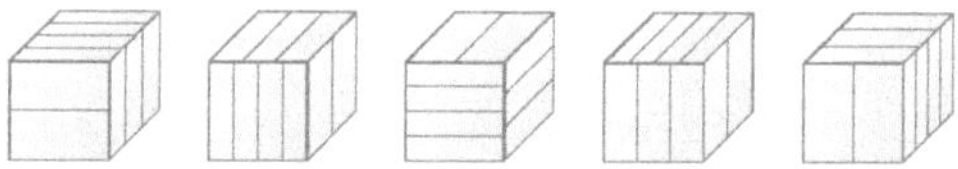

A B C D E

47) Ihnen wird ein Aufgabenwürfel vorgegeben.

Welcher der Musterwürfel A bis E ist identisch mit dem Aufgabenwürfel?

A B C D E

48) Ihnen wird ein Aufgabenwürfel vorgegeben.

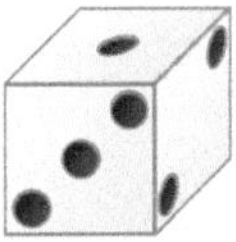

Welcher der Musterwürfel A bis E ist identisch mit dem Aufgabenwürfel?

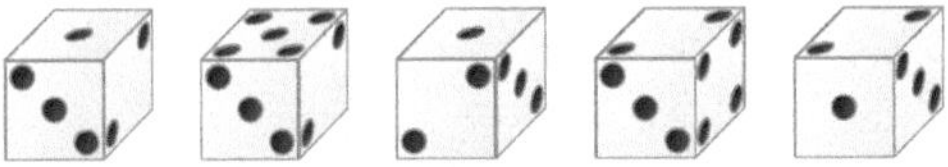

A B C D E

49) Ihnen wird ein Aufgabenwürfel vorgegeben.

Welcher der Musterwürfel A bis E ist identisch mit dem Aufgabenwürfel?

A B C D E

50) Ihnen wird ein Aufgabenwürfel vorgegeben.

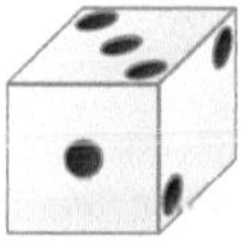

Welcher der Musterwürfel A bis E ist identisch mit dem Aufgabenwürfel?

A B C D E

Gespiegelte Figuren *Bearbeitungszeit 2 Minuten*

Diese Aufgaben prüfen Ihre visuelle Auffassungsgabe.

Jede Reihe enthält eine Figur in fünf Variationen – viermal unterschiedlich weit gedreht, einmal jedoch gespiegelt.

Beantworten Sie bitte die folgenden Aufgaben, indem Sie jeweils den Antwortbuchstaben der gespiegelten Figur markieren.

51)

A B C D E

52)

A B C D E

53)

A B C D E

54)

A B C D E

55)

A B C D E

56)

A B C D E

57)

A B C D E

58)

A B C D E

59)

A B C D E

60)

A B C D E

Fehlerhafte Figur erkennen *Bearbeitungszeit 2×1½ Minuten*

Mit diesen Aufgaben wird Ihre Fähigkeit zur Erkennung visueller Details geprüft.

Sie erhalten eine Reihe mit scheinbar identischen Figuren. Aber eine Figur unterscheidet sich geringfügig von den anderen.

Beantworten Sie bitte die folgenden Aufgaben, indem Sie in jeder Reihe die fehlerhafte Figur erkennen und markieren.

Block A: Gesichter

Für diesen Aufgabenblock haben Sie **1½ Minuten** Zeit.

Welche der fünf Figuren unterscheidet sich von den anderen in der Reihe?

61)

A B C D E

62)

A B C D E

63)

A B C D E

64) 

A B C D E

65) 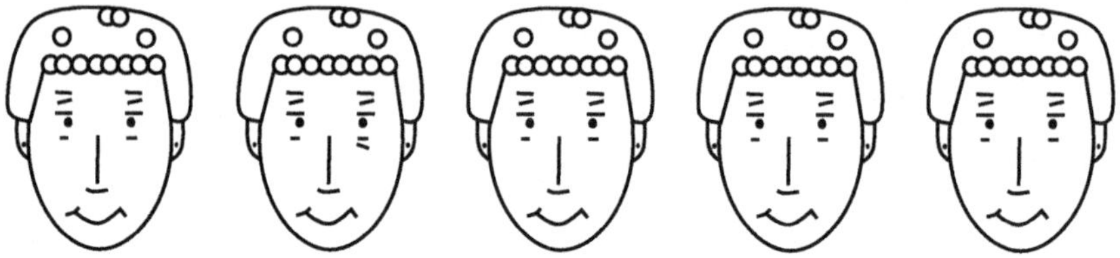

A B C D E

Block B: Käfer

Für diesen Aufgabenblock haben Sie **1½ Minuten** Zeit.

Welche der fünf Figuren unterscheidet sich von den anderen in der Reihe?

66) 

A B C D E

67) 

A B C D E

68)

A B C D E

69)

A B C D E

70)

A B C D E

Lösungen: Visuelles Denkvermögen

1) D
2) B
3) E
4) D
5) C
6) A
7) E
8) C
9) E
10) B
11) C
12) E
13) B
14) A
15) C
16) E
17) B
18) E
19) B
20) A
21) C
22) C
23) C
24) C
25) B
26) B
27) D
28) B
29) A
30) C
31) E
32) D
33) C
34) B
35) D
36) E
37) C
38) A
39) C
40) D
41) C
42) D
43) D
44) B
45) C
46) E
47) B
48) E
49) D
50) C
51) D
52) C
53) D
54) B
55) C
56) E
57) C
58) A
59) E
60) D
61) B
62) B
63) E
64) C
65) B
66) D
67) B
68) A
69) D
70) C

Figurenreihen (Aufgaben 1–10)

Zu 1) D.

Der Pfeil dreht sich bei jedem Schritt um 45 Grad im Uhrzeigersinn.

Zu 2) B.

Die Ausgangsfigur links verliert mit jedem Schritt eines ihrer Elemente: zuerst die Buchstabenreihe, dann das Dreieck, schließlich den senkrechten Strich.

Zu 3) E.

Die Figur wächst mit jedem Schritt um ein neues Objekt.

Zu 4) D.

Eine Hälfte der vorliegenden Form wird entfernt, die verbleibende Hälfte teilt sich daraufhin erneut – dies geschieht im Wechsel.

Zu 5) C.

Die Kreise wandern vom einen Ende zum anderen und überlagern sich in der Mitte.

Zu 6) A.

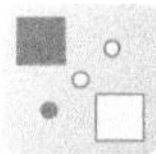

Die Gruppe der Elemente dreht sich um 90° gegen den Uhrzeigersinn, wobei der schwarze Kreis zwischen der äußeren und der inneren Position hin- und herwandert.

Zu 7) E.

Im Vordergrund befindet sich ein Dreiviertelkreis, der ein Quadrat überlagert, dem ebenfalls ein Viertel fehlt. Der Kreis dreht sich schrittweise um 90° im Uhrzeigersinn, das Quadrat flippt horizontal hin und her. In der letzten Figur befinden sich die Aussparungen beider Objekte an derselben Stelle, nämlich rechts oben.

Zu 8) C.

Das kleine dunkle Quadrat springt zwischen den weißen Quadraten hin und her und ändert darin mit jedem Sprung seine horizontale Ausrichtung. Darüber hinaus wird bei jedem Sprung in das untere mittelgroße Quadrat ein weiteres graues Quadrat hinzugefügt.

Zu 9) E.

Im letzten Schritt werden alle vorangegangenen Formen positionsgetreu aufeinandergelegt.

Zu 10) B.

Mit jeder Figur kommt ein neues weißes Dreieck hinzu; vorhandene Dreiecke färben sich dunkel.

Figurenanalogien (Aufgaben 11–20)

Zu 11) C.

Spiegelt man die erste Figur an der Diagonalen von links oben nach rechts unten, erhält man die dritte Figur. Wendet man dieses Prinzip auf die zweite Figur an, erhält man die vierte Figur.

Zu 12) E.

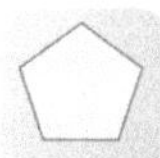

Die erste Form hat vier Zacken, die zweite fünf. Die dritte Form hat vier Ecken, dementsprechend muss die letzte fünf Ecken haben.

Zu 13) B.

Das große dunkle Dreieck steht einem kleinen weißen Kreis gegenüber. Zum kleinen weißen Dreieck gehört dementsprechend ein großer dunkler Kreis.

Zu 14) A.

Das rechte Figurenpaar erhält man, indem man das linke an der Senkrechten spiegelt. Dabei werden schwarze Sterne weiß und weiße schwarz.

Zu 15) C.

Die zweite Figur erhält man, indem man die erste um 180 Grad dreht und den schwarzen Kreis weiß färbt. Auf dieselbe Weise gelangt man von der dritten Figur zur vierten.

Zu 16) E.

Die erste Figur verhält sich zur zweiten wie die dritte zur vierten: Die Form dreht sich um 180°, der Punkt springt im Uhrzeigersinn ein Feld weiter.

Zu 17) B.

So wie sich das große Viereck zum kleinen Dreieck verhält, verhält sich das große Dreieck zum kleinen Viereck: Das Hauptobjekt schrumpft, die Innenflächen und angehängten Objekte wechseln ihre Farbe von hell zu dunkel bzw. umgekehrt.

Zu 18) E.

Da die erste Figur auf eine Zeile reduziert wurde, muss die zweite Figur ebenso reduziert werden.

Zu 19) B.

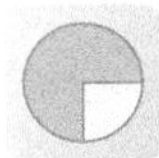

Die ursprüngliche Figur bleibt bestehen und wird mit ihrer diagonalen Spiegelung überlagert. Die Spiegelachse verläuft von der linken oberen zur rechten unteren Ecke des Hintergrund-Quadrats.

Zu 20) A.

Die Grundform der ersten Figur ist ein weißes Dreieck, gefüllt mit einem Sternchen, einem weißen Quadrat und einem grauen Kreis an der Spitze. Dieses obere Füllobjekt bildet die Grundform der zweiten Figur und wird innen ersetzt durch die vorherige Grundform, das weiße Dreieck. Gleichzeitig wandern die Objekte um einen Platz im Uhrzeigersinn. Die zweite Figurenrelation folgt derselben Regel: Das weiße Dreieck als oberstes Füllobjekt wird zur neuen

Grundform, das schwarze Quadrat wird zum Füllobjekt und die Füllobjekte rücken einen Platz weiter.

Außenflächen zählen (Aufgaben 21–30)

Zu 21) C. 5

Der Körper besteht aus 5 Flächen.

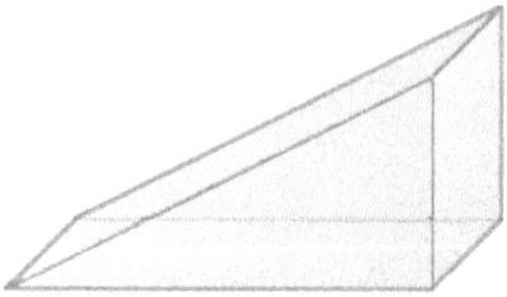

Zu 22) C. 10

Der Körper besteht aus 10 Flächen.

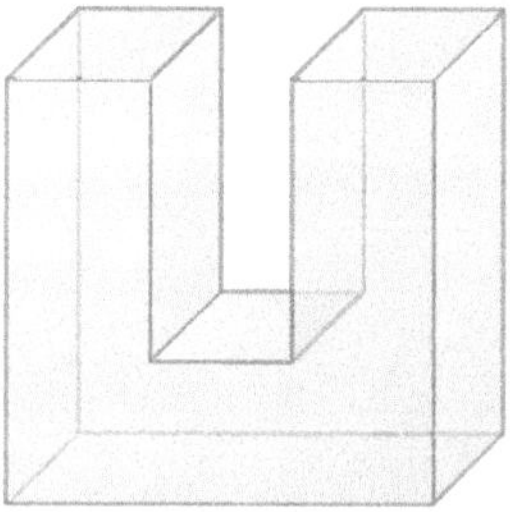

Zu 23) C. 7

Der Körper besteht aus 7 Flächen – den 6 äußeren Flächen und einer innen liegenden.

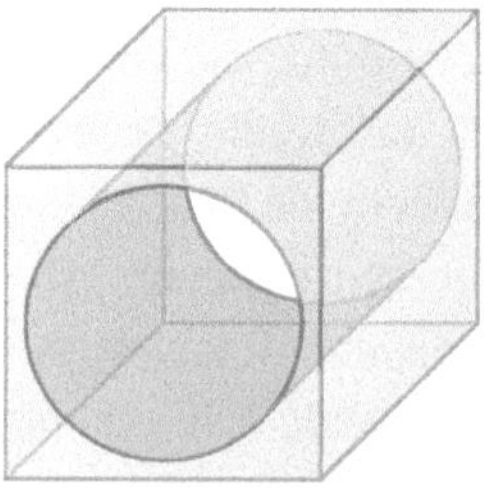

Zu 24) C. 9

Der Körper besteht aus 9 Flächen.

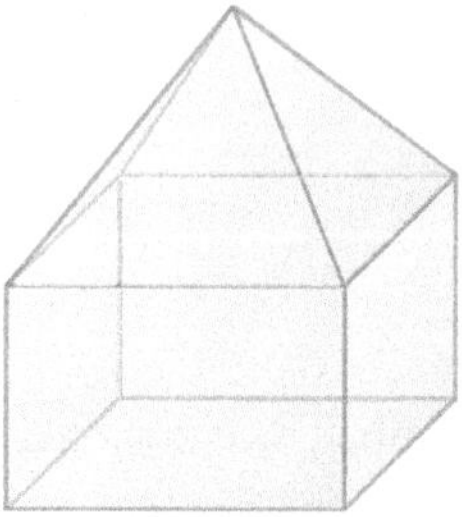

Zu 25) B. 10

Der Körper besteht aus 10 Flächen.

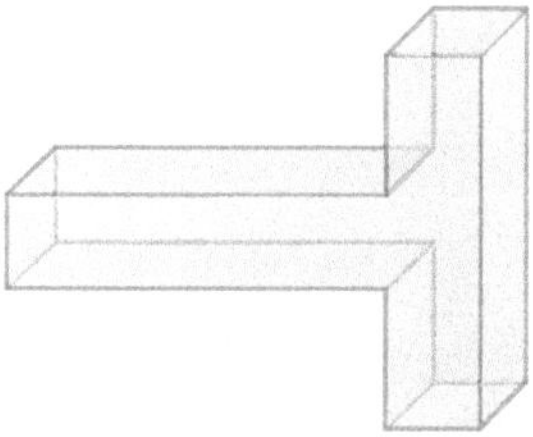

Zu 26) B. 10

Der Körper besteht aus 10 Flächen.

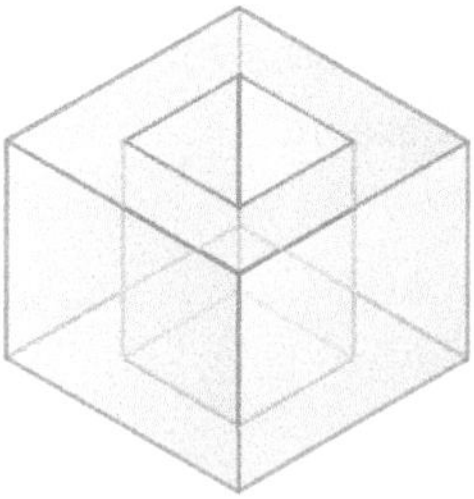

Zu 27) D. 9

Der Körper besteht aus 9 Flächen.

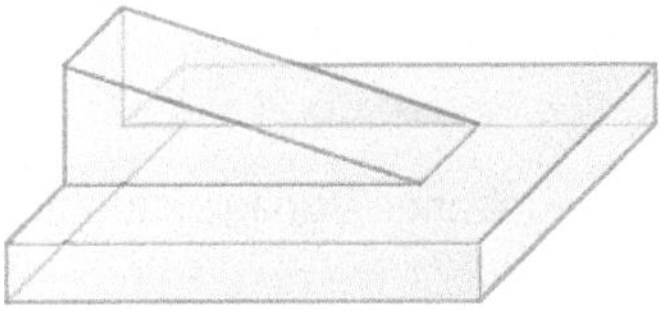

Zu 28) B. 14

Der Körper besteht aus 14 Flächen.

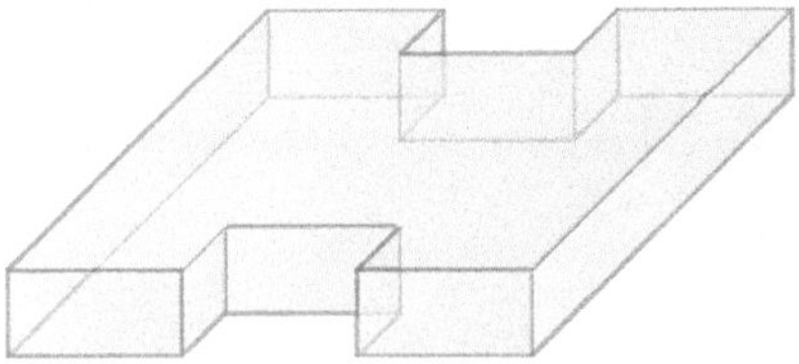

Zu 29) A. 13

Der Körper besteht aus 13 Flächen.

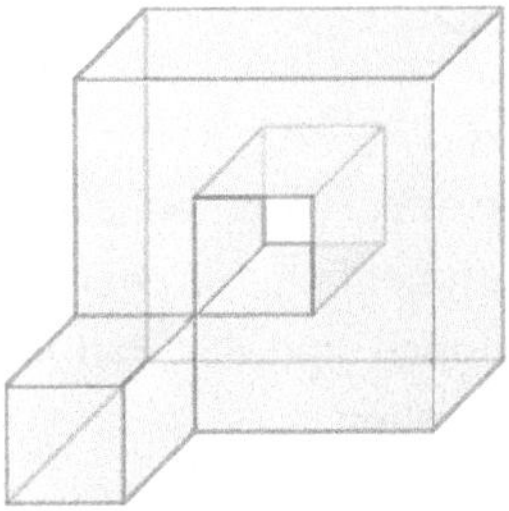

Zu 30) C. 18

Der Körper besteht aus 18 Flächen.

Faltvorlagen (Aufgaben 31–40)

Zu 31) E.

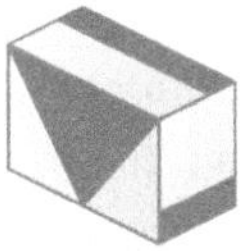

Dreieck im Fokus behalten, Quader zusammenfalten und 45 Grad im Uhrzeigersinn drehen.

Zu 32) D.

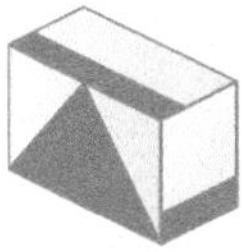

Dreieck im Fokus behalten, Quader zusammenfalten und 45 Grad im Uhrzeigersinn drehen.

Zu 33) C.

Doppelviereck im Fokus behalten, Quader zusammenfalten, zweimal nach rechts kippen und 45 Grad im Uhrzeigersinn drehen.

Zu 34) B.

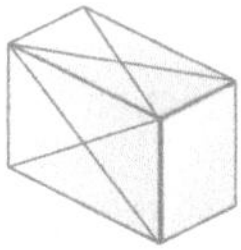

Aus der gegebenen Vorlage kann nur Körper B gebildet werden: Falten Sie dazu den Quader zusammen, stellen Sie ihn auf die unmarkierte, schmale Standfläche und drehen Sie ihn mit der breiten, markierten Seite nach links.

Zu 35) D.

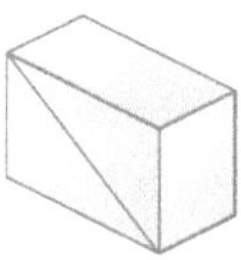

Aus der gegebenen Vorlage kann nur Körper D gebildet werden: Falten Sie dazu den Quader zusammen, stellen Sie ihn auf die markierte, schmale Standfläche und drehen Sie ihn mit der breiten, von links nach rechts diagonal absteigend gestreiften Seite nach links.

Zu 36) E.

Aus der gegebenen Vorlage kann nur Körper E gebildet werden: Falten Sie dazu den Quader zusammen, stellen Sie ihn auf die weiße Standfläche und drehen Sie ihn mit der breiten schwarzen Seite nach links.

Zu 37) C.

Dreieck im Fokus behalten, Würfel zusammenfalten und 45 Grad gegen den Uhrzeigersinn drehen.

Zu 38) A.

Kreis im Fokus behalten, Würfel zusammenfalten und 45 Grad im Uhrzeigersinn drehen.

Zu 39) C.

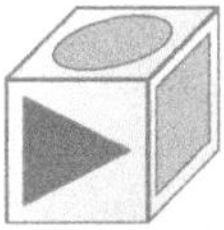

Schwarzes Dreieck im Fokus behalten, Würfel zusammenfalten und nach rechts kippen.

Zu 40) D.

Kreis im Fokus behalten, Würfel zusammenfalten, nach hinten kippen und 45 Grad im Uhrzeigersinn drehen.

Lösungshinweis

Falls Sie nicht durch das Zusammenfalten des Körpers im Geiste auf die richtige Lösung kommen: Vergleichen Sie die Anordnung der Flächen der Faltvorlage mit den Seiten der vorgeschlagenen Körper. Liegt z. B. eine graue Fläche neben einer weißen, eine Fläche mit einem Kreis neben einer Fläche mit einem Quadrat oder eine quadratische Fläche neben einer schmalen rechteckigen? Bei manchen Aufgaben ist auch die Anzahl der Flächen interessant – hat der Körper genauso viele Seiten wie die Faltvorlage Flächen?

Würfelaufgaben (Aufgaben 41–50)

Zu 41) C.

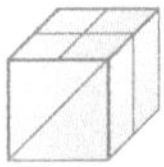

Drehen Sie den Aufgabenwürfel um 90 Grad im Uhrzeigersinn und kippen Sie ihn nach rechts.

Zu 42) D.

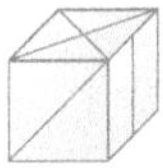

Drehen Sie den Aufgabenwürfel um 90 Grad im Uhrzeigersinn und kippen Sie ihn nach rechts.

Zu 43) D.

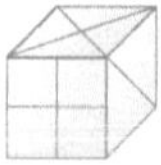

Drehen Sie den Aufgabenwürfel um 90 Grad gegen den Uhrzeigersinn und kippen Sie ihn nach vorne.

Zu 44) B.

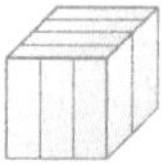

Drehen Sie den Aufgabenwürfel um 90 Grad im Uhrzeigersinn kippen Sie ihn nach rechts.

Zu 45) C.

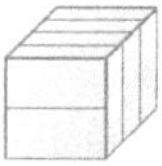

Kippen Sie den Aufgabenwürfel nach links und drehen Sie ihn um 90 Grad gegen den Uhrzeigersinn.

Zu 46) E.

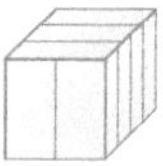

Kippen Sie den Aufgabenwürfel nach hinten und drehen Sie ihn um 90 Grad im Uhrzeigersinn.

Zu 47) B.

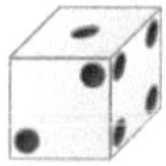

Drehen Sie den Aufgabenwürfel um 90 Grad gegen den Uhrzeigersinn und kippen Sie ihn nach vorne.

Zu 48) E.

Drehen Sie den Aufgabenwürfel um 90 Grad gegen den Uhrzeigersinn und kippen Sie ihn nach vorne.

Zu 49) D.

Kippen Sie den Aufgabenwürfel nach links und drehen Sie ihn um 90 Grad gegen den Uhrzeigersinn.

Zu 50) C.

Kippen Sie den Aufgabenwürfel nach links und drehen Sie ihn um 90 Grad gegen den Uhrzeigersinn.

Gespiegelte Figuren (Aufgaben 51–60)

Zu 51) D.

Zu 52) C.

Zu 53) D.

Zu 54) B.

Zu 55) C.

Zu 56) E.

Zu 57) C.

Zu 58) A.

Zu 59) E.

Zu 60) D.

Fehlerhafte Figur erkennen (Aufgaben 61–70)

Block A: Gesichter

Zu 61) B.

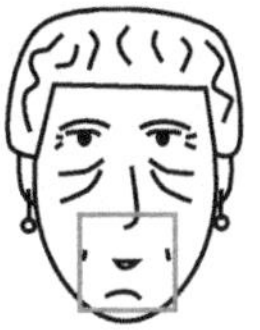

Zu 62) B.

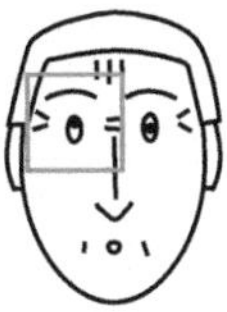

Zu 63) E.

Zu 64) C.

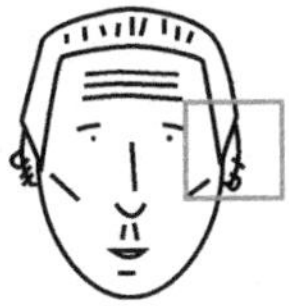

Zu 65) B.

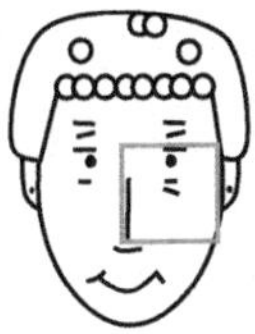

Block B: Käfer

Zu 66) D.

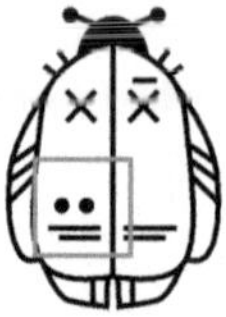

Zu 68) A.

Zu 70) C.

Zu 67) B.

Zu 69) D.

Konzentration und Merkfähigkeit

„3/6/8/9-Test“ *Bearbeitungszeit 2 Minuten*

Jede Zeile enthält bis zu vier Zahlen, nämlich „3“, „6“, „8“ und „9“.

Ihre Aufgabe lautet, in jeder Zeile alle „9“en zu finden. Die ermittelte Anzahl schreiben Sie jeweils rechts ans Zeilenende.

1) 8 6 6 8 9 8 3 9 8 3 9 8 9 8 3 8 9 8 9 3

2) 8 8 6 8 6 8 9 8 9 8 6 8 9 9 3 8 3 8 9 9

3) 8 9 9 8 9 8 6 8 6 8 8 6 9 8 8 6 8 3 9 8

4) 8 3 8 6 6 8 6 8 8 9 8 6 8 9 8 3 8 3 8 9

5) 8 3 3 8 6 8 6 8 8 9 6 9 8 9 9 6 8 9 8 9

6) 8 8 6 8 3 8 3 3 8 6 8 8 9 9 8 6 6 8 9 9

7) 8 6 8 3 9 8 3 9 8 9 8 3 9 9 8 6 6 8 9 9

8) 8 8 9 8 9 8 9 3 8 9 9 6 9 8 9 6 9 8 9 8

9) 8 8 3 3 8 6 9 8 9 9 9 8 6 6 8 3 9 8 3 8

10) 8 8 8 3 8 3 6 8 6 8 9 8 3 8 9 8 9 3 8 8

11) 8 8 3 8 3 8 6 9 8 9 8 8 9 9 8 6 3 8 9 9

12) 8 8 9 3 8 9 8 3 9 8 8 9 3 9 8 6 8 9 8 9

13) 8 8 3 6 8 8 9 8 6 9 8 9 6 9 8 3 8 9 8 9

14) 8 3 8 9 8 6 6 8 9 8 3 8 9 6 9 8 6 8 9 8

15) 8 6 8 3 8 9 8 8 3 8 9 8 9 9 8 6 9 8 9 9

16) 8 6 9 8 6 9 8 3 9 8 9 3 9 6 9 8 9 6 9 8

17) 6 8 8 6 8 3 3 8 6 8 9 8 9 9 9 8 9 8 9 9

18) 3 8 6 9 8 9 8 6 8 8 9 6 9 9 8 3 9 8 9 9

19) 6 8 6 8 8 9 8 9 3 9 9 8 3 6 8 8 9 8 6 8

20) 8 9 8 9 3 9 8 3 8 6 9 6 9 9 8 3 9 8 9 9

21) 8 8 3 6 6 9 3 9 8 9 8 6 9 8 6 3 8 8 9 8

22) 8 8 8 8 6 3 6 8 3 9 8 3 9 9 9 8 3 8 9 9

23) 8 8 8 3 8 3 6 8 6 8 8 6 8 8 9 8 6 8 8 8

24) 9 8 9 9 9 9 8 6 8 9 8 8 8 9 8 8 6 3 3 9

25) 8 9 9 8 8 9 9 8 6 9 8 9 8 6 3 3 8 9 8 8

26) 8 6 8 9 9 8 9 9 9 8 3 6 8 8 9 8 3 6 6 8

27) 9 9 9 8 9 8 9 6 9 6 9 3 9 8 3 8 9 8 9 8

28) 8 9 8 8 9 9 8 8 9 8 9 8 3 8 9 3 9 8 3 8

29) 8 8 9 9 9 8 8 9 8 3 8 3 6 6 9 8 8 6 8 8

30) 8 8 9 8 8 8 8 8 3 6 3 8 3 8 9 8 6 6 8 8

31) 8 8 9 9 6 9 9 8 9 8 6 8 3 8 9 3 8 6 8 6

32) 8 8 3 9 8 3 9 8 9 9 8 9 8 6 8 6 8 9 8 8

33) 8 8 9 9 8 3 9 9 8 3 9 9 8 6 6 8 9 9 8 8

34) 8 8 8 3 8 3 8 9 3 9 8 9 6 9 8 6 8 9 8 9

35) 8 6 8 3 8 6 8 8 3 8 8 9 9 9 8 3 8 9 9 9

36) 3 8 3 8 6 8 6 8 6 8 8 3 8 9 9 8 8 3 6 9

37) 8 3 8 3 3 8 8 6 9 8 9 3 9 9 8 6 9 8 9 9

38) 8 6 8 3 8 8 3 8 9 8 9 8 9 8 6 8 9 8 9 8

39) 9 8 9 9 8 8 9 8 8 9 8 8 8 9 8 8 8 8 8 9

40) 8 9 8 6 8 6 8 3 3 8 9 8 9 8 3 6 9 8 9 8

Beschreibungen merken *Einprägezeit 6 Minuten*

Ihnen liegen 15 stichwortartige Fallbeschreibungen vor.

Sie erhalten jeweils den Nachnamen, das ungefähre Alter, den Beruf, ein weiteres Merkmal (wie z. B. den Familienstand) und die Diagnose von Arztpatienten.

Bitte prägen Sie sich die vorliegenden Informationen gut ein. Sie haben dafür **6 Minuten** Zeit. Hierbei dürfen Sie sich keine Notizen machen.

Fuchs: ca. 25 Jahre, Apotheker, Notaufnahme – Fettleber
Wolff: ca. 25 Jahre, Drogistin, geschieden – Malaria
Geyer: ca. 25 Jahre, Chemiker, verwirrt – Schulterprellung

Becker: ca. 30 Jahre, Paketbotin, alleinstehend – Dengue-Fieber
Schmidt: ca. 30 Jahre, Fahrradkurier, apathisch – Kreuzbandriss
Müller: ca. 30 Jahre, Taxifahrerin, Intensivstation – Nierenstein

Graff: ca. 45 Jahre, Steuerberater, verheiratet – Cholera
König: ca. 45 Jahre, Finanzbeamtin, störrisch – Milzriss
Keyser: ca. 45 Jahre, Buchhalter, Ambulanz – Wadenbeinbruch

Ackermann: ca. 55 Jahre, Pfarrer, manisch – Blasenentzündung
Feldtner: ca. 55 Jahre, Seelsorgerin, kinderlos – Leistenzerrung
Hofer: ca. 55 Jahre, Psychologin, Chirurgie – Lepra

Kleiner: ca. 70 Jahre, Designerin, blind – Handgelenk verstaucht
Grossmann: ca. 70 Jahre, Maler, alleinerziehend – Ebola
Langer: ca. 70 Jahre, Floristin, Psychiatrie – Magenverstimmung

! *Hinweis*

Nachdem Sie sich die Fallbeschreibungen eingeprägt haben, sollten Sie sich 5 Minuten mit etwas anderem beschäftigen, ehe Sie mit der Bearbeitung beginnen.

Beschreibungen merken

Bearbeitungszeit 7 Minuten

Soeben lagen Ihnen 15 Fallbeschreibungen vor, die Sie sich einprägen sollten.

Bitte bearbeiten Sie nun die Aufgaben: Markieren Sie jeweils den Lösungsbuchstaben des richtigen Antwortvorschlags.

41) Die geschiedene Patientin ist von Beruf …?

A. Apothekerin.
B. Drogistin.
C. Paketbotin.
D. Steuerberaterin.
E. Seelsorgerin.

42) Die Patientin mit dem Nierenstein ist von Beruf …?

A. Taxifahrerin.
B. Drogistin.
C. Floristin.
D. Seelsorgerin.
E. Psychologin.

43) Der Pfarrer ist …?

A. verwirrt.
B. apathisch.
C. störrisch.
D. manisch.
E. blind.

44) Das Alter der Designerin beträgt …?

A. ca. 25 Jahre.
B. ca. 30 Jahre.
C. ca. 45 Jahre.
D. ca. 55 Jahre.
E. ca. 70 Jahre.

45) Der Fahrradkurier leidet an …?

A. einer Schulterprellung.
B. Ebola.
C. einem Kreuzbandriss.
D. einem Wadenbeinbruch.
E. einer Blasenentzündung.

46) Herr Graff …?

A. ist verwirrt.
B. ist ca. 55 Jahre alt.
C. ist auf der Intensivstation.
D. hat eine Magenverstimmung.
E. ist verheiratet.

47) Die Diagnose von Frau König lautet …?

A. Kreuzbandriss.
B. Malaria.
C. Milzriss.
D. Lepra.
E. Fettleber.

48) Der an Ebola erkrankte Patient …?

A. ist alleinerziehend.
B. ist apathisch.
C. heißt Kleiner.
D. ist in der Notaufnahme.
E. ist von Beruf Designer.

49) Die Floristin heißt …?

A. Wolff.
B. Müller.
C. Feldtner.
D. Keyser.
E. Langer.

50) Die Diagnose des verwirrten Patienten lautet …?

A. Magenverstimmung.
B. Blasenentzündung.
C. Schulterprellung.
D. Nierenstein.
E. verstauchtes Handgelenk.

51) Der ca. 55 Jahre alte Patient heißt …?

A. Ackermann.
B. Feldtner.
C. Hofer.
D. Keyser.
E. Grossmann.

52) Herr Grossmann …?

A. ist manisch.
B. ist in der Ambulanz.
C. ist Designer.
D. ist ca. 70 Jahre alt.
E. ist in der Psychiatrie.

53) Die Paketbotin heißt …?

A. Becker.
B. Schmidt.
C. Müller.
D. Ackermann.
E. Kleiner.

54) Die Patientin auf der Intensivstation ist von Beruf …?

A. Designerin.
B. Taxifahrerin.
C. Buchhalterin.
D. Psychologin.
E. Floristin.

55) Der Patient mit dem Kreuzbandriss …?

A. ist in der Ambulanz.
B. ist störrisch.
C. ist geschieden.
D. ist Apotheker.
E. ist apathisch.

56) Die ca. 25 Jahre alte Patientin heißt …?

A. Wolff.
B. Geyer.
C. Müller.
D. Schmidt.
E. Feldtner.

57) Die kinderlose Patientin heißt …?

A. Müller.
B. Feldtner.
C. Hofer.
D. Langer.
E. Geyer.

58) Die Patientin mit der Leistenzerrung …?

A. ist geschieden.
B. ist kinderlos.
C. ist apathisch.
D. ist störrisch.
E. ist blind.

59) Herr Keyser ist von Beruf …?

A. Finanzbeamter.
B. Seelsorger.
C. Buchhalter.
D. Maler.
E. Steuerberater.

60) Die Patientin mit Lepra ist von Beruf …?

A. Paketbotin.
B. Floristin.
C. Drogistin.
D. Psychologin.
E. Malerin.

Codierte Wörter *Bearbeitungszeit 4 Minuten*

Jeder Einrichtung und jeder Stadt ist ein zweistelliger Zahlencode zugeordnet.

Setzen Sie die Einrichtungs- und Städtecodes richtig zusammen.

Hierzu ein Beispiel

Code-Tabelle

Einrichtung	Code	Stadt	Code
Polizei	01	Offenbach	01
Gymnasium	02	Hamburg	02

Aufgabe

1) Wie lautet der Code für das Gymnasium in Offenbach? 0201

Hier nun die Code-Tabelle:

Einrichtung	Code	Stadt	Code
Theater	01	Hannover	01
Schwimmbad	02	Kassel	02
Stadthalle	03	Würzburg	03
Schule	04	Karlsruhe	04
Krankenhaus	05	Aachen	05
Universität	06	München	06
Patentamt	07	Osnabrück	07
Polizei	08	Rostock	08
Bundeswehr	09	Berlin	09
Feuerwehr	10	Potsdam	10

Bitte beginnen Sie nun mit den Aufgaben – Sie haben dafür **4 Minuten** Zeit.

Wie lautet der Code …

61) … für die Schule in Karlsruhe? ________

62) … für das Theater in Hannover? ________

63) … für das Schwimmbad in Kassel? ________

64) … für die Polizei in Rostock? ______

65) … für das Patentamt in Osnabrück? ______

66) … für die Universität in München? ______

67) … für das Krankenhaus in Aachen? ______

68) … für die Stadthalle in Würzburg? ______

69) … für die Bundeswehr in Berlin? ______

70) … für die Feuerwehr in Potsdam? ______

71) … für das Theater in Karlsruhe? ______

72) … für das Krankenhaus in Würzburg? ______

73) … für die Polizei in Berlin? ______

74) … für das Schwimmbad in Rostock? ______

75) … für die Stadthalle in Osnabrück? ______

76) … für die Universität in Hannover? ______

77) … für das Patentamt in Aachen? ______

78) … für die Schule in München? ______

79) … für die Bundeswehr in Potsdam? ______

80) … für die Feuerwehr in Kassel? ______

81) … für das Schwimmbad in Potsdam? ______

82) … für die Universität in Berlin? ______

83) … für die Polizei in Aachen? ______

84) … für die Schule in Kassel? ______

85) … für das Krankenhaus in Hannover? ______

86) … für das Theater in Würzburg? ________

87) … für die Stadthalle in München? ________

88) … für das Patentamt in Würzburg? ________

89) … für die Bundeswehr in Osnabrück? ________

90) … für die Feuerwehr in Rostock? ________

91) … für das Krankenhaus in Berlin? ________

92) … für die Polizei in München? ________

93) … für die Schule in Potsdam? ________

94) … für das Schwimmbad in Hannover? ________

95) … für das Theater in Berlin? ________

Einrichtung	Code
Theater	01
Schwimmbad	02
Stadthalle	03
Schule	04
Krankenhaus	05
Universität	06
Patentamt	07
Polizei	08
Bundeswehr	09
Feuerwehr	10

Stadt	Code
Hannover	01
Kassel	02
Würzburg	03
Karlsruhe	04
Aachen	05
München	06
Osnabrück	07
Rostock	08
Berlin	09
Potsdam	10

Dispositionsliste merken

Einprägezeit 5 Minuten

Im Folgenden müssen Sie sich Angaben aus einer Warenliste einprägen.

Auf der nächsten Seite finden Sie eine Liste mit zwölf Artikeln: Aufgeführt sind jeweils der Lieferantenname, die Artikelbezeichnung, die Bestellmenge und das Lieferdatum. Prägen Sie sich diese Informationen möglichst gut ein.

Hierzu ein Beispiel

Dispositionsliste

Lieferantenname	Artikelbezeichnung	Bestellmenge	Lieferdatum
Lambo	Apfel	200 Stück	Mitte März
Subati	Ball	130 Stück	Anfang Juni
Matalis	Eyeliner	350 Stück	Anfang März
Wilko	Schlafsack	600 Stück	Anfang Juli
Fabit	Puppe	40 Stück	Anfang März

Aufgabe

1) Welcher Artikel wird über den Lieferanten Matalis bestellt?

A. Apfel
B. Ball
C. Eyeliner
D. Schlafsack
E. Puppe

Antwort

(C.) Eyeliner

Merkhilfe:

- Die zwölf Artikel der Dispositionsliste lassen sich in vier Warengruppen einordnen: Hygieneartikel, Sportartikel, Haushaltswaren und Werkzeug.
- Innerhalb einer Warengruppe sind die letzten beiden Buchstaben des jeweiligen Lieferantennamens, der Liefermonat sowie die Bestellmenge stets identisch.

Hier nun die Dispositionsliste:

Zum Einprägen haben Sie **5 Minuten** Zeit. Hierbei dürfen Sie sich keine Notizen machen.

Lieferant	Artikelbezeichnung	Bestellmenge	Lieferdatum
Meito	Hammer	60 Stück	Mitte März
Bamba	Shampoo	50 Stück	Anfang Oktober
Fila	Fußball	30 Stück	Ende Januar
Lolo	Vase	40 Stück	Ende Juli
Feito	Bohrmaschine	60 Stück	Ende März
Lamba	Parfum	50 Stück	Mitte Oktober
Wila	Schuhe	30 Stück	Mitte Januar
Malo	Löffel	40 Stück	Mitte Juli
Beito	Zollstock	60 Stück	Anfang März
Samba	Zahnpasta	50 Stück	Ende Oktober
Lila	Trikot	30 Stück	Anfang Januar
Nalo	Glas	40 Stück	Anfang Juli

! *Hinweis*

Nachdem Sie sich die Warenliste eingeprägt haben, sollten Sie sich 5 Minuten mit etwas anderem beschäftigen, bevor Sie die dazugehörigen Fragen aus dem Gedächtnis beantworten.

Dispositionsliste merken

Bearbeitungszeit 5 Minuten

Soeben lag Ihnen eine Dispositionsliste vor, die Sie sich einprägen sollten.

Bitte bearbeiten Sie nun die Aufgaben: Markieren Sie jeweils den Lösungsbuchstaben des richtigen Antwortvorschlags.

96) Wie lautet der Lieferant für die Zollstöcke?

A. Beito
B. Fila
C. Bamba
D. Lolo
E. Nalo

97) Wie lautet der Lieferant des Parfums?

A. Feito
B. Beito
C. Lamba
D. Malo
E. Wila

98) Wie lautet der Lieferant für Schuhe?

A. Bamba
B. Meito
C. Samba
D. Lila
E. Wila

99) Wie lautet der Lieferant für die Trikots?

A. Bamba
B. Meito
C. Samba
D. Lila
E. Wila

100) Wie lautet der Lieferant für die Fußbälle?

A. Bamba
B. Meito
C. Samba
D. Fila
E. Wila

101) Wie lautet der Lieferant für das Shampoo?

A. Bamba
B. Meito
C. Samba
D. Fila
E. Wila

102) Welchen Artikel liefert die Firma Samba?

A. Trikot
B. Zahnpasta
C. Fußball
D. Glas
E. Vase

103) Welchen Artikel liefert die Firma Lila?

A. Zollstock
B. Zahnpasta
C. Glas
D. Trikot
E. Fußball

104) Welchen Artikel liefert die Firma Fila?

A. Shampoo
B. Fußball
C. Vase
D. Hammer
E. Schraubenschlüssel

105) Welchen Artikel liefert die Firma Bamba?

A. Shampoo
B. Fußball
C. Vase
D. Hammer
E. Schraubenschlüssel

106) Welchen Artikel liefert die Firma Lamba?

A. Shampoo
B. Fußball
C. Vase
D. Hammer
E. Parfum

107) Welchen Artikel liefert die Firma Malo?

A. Shampoo
B. Fußball
C. Löffel
D. Hammer
E. Parfum

108) Von welchem Artikel wurden 30 Stück bestellt?

A. Parfum
B. Fußball
C. Vase
D. Hammer
E. Löffel

109) Von welchem Artikel wurden 60 Stück bestellt?

A. Zollstock
B. Zahnpasta
C. Glas
D. Trikot
E. Fußball

110) Von welchem Artikel wurden 40 Stück bestellt?

A. Zollstock
B. Schuhe
C. Parfum
D. Bohrmaschine
E. Löffel

111) Von welchem Artikel wurden 50 Stück bestellt?

A. Zollstock
B. Schuhe
C. Shampoo
D. Bohrmaschine
E. Löffel

112) Von welchem Artikel wurden 30 Stück bestellt?

A. Trikot
B. Löffel
C. Shampoo
D. Bohrmaschine
E. Löffel

113) Von welchem Artikel wurden 40 Stück bestellt?

A. Trikot
B. Glas
C. Shampoo
D. Bohrmaschine
E. Zollstock

114) Von welchem Artikel wurden 30 Stück bestellt?

A. Schuhe
B. Glas
C. Parfum
D. Hammer
E. Löffel

115) Wie lautet das Lieferdatum für die Schuhe?

A. Mitte Januar
B. Mitte März
C. Mitte Oktober
D. Mitte Juli
E. Anfang Juli

116) Wie lautet das Lieferdatum für die Trikots?

A. Mitte Januar
B. Ende März
C. Ende Oktober
D. Anfang Juli
E. Anfang Januar

117) Wie lautet das Lieferdatum für die Fußbälle?

A. Mitte März
B. Ende Oktober
C. Mitte Oktober
D. Anfang Juli
E. Ende Januar

118) Wie lautet das Lieferdatum für Hammer?

A. Mitte März
B. Anfang Oktober
C. Mitte Oktober
D. Ende Oktober
E. Ende Juli

119) Welchen Artikel liefert die Firma Nalo?

A. Vase
B. Trikot
C. Glas
D. Fußball
E. Parfum

120) Welchen Artikel liefert die Firma Bamba?

A. Zollstock
B. Bohrmaschine
C. Trikot
D. Shampoo
E. Glas

Figurenpaare einprägen *Einprägezeit 5 Minuten*

Unten finden Sie einen Block mit 15 Figurenpaaren. Bitte merken Sie sich, welche zwei Figuren jeweils zusammengehören.

Anschließend erhalten Sie einzelne Figuren und müssen dazu den richtigen Partner bestimmen.

Figurenpaare

Zum Einprägen haben Sie **5 Minuten** Zeit. Hierbei dürfen Sie sich keine Notizen machen.

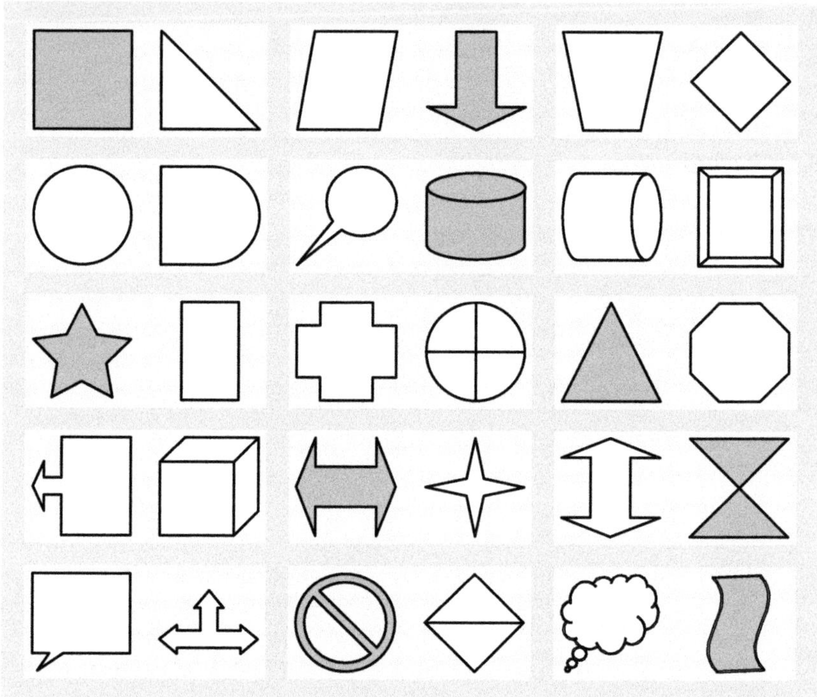

! ***Hinweis***

Bei dieser Aufgabe ist keine Unterbrechung notwendig, bitte beginnen Sie direkt mit der Bearbeitung!

Decken Sie dafür diese Seite ab.

Figurenpaare einprägen

Bearbeitungszeit 5 Minuten

Soeben lagen Ihnen Figurenpaare vor, die Sie sich einprägen sollten.

Bitte bearbeiten Sie nun die Aufgaben: Markieren Sie jeweils den Lösungsbuchstaben des richtigen Antwortvorschlags.

121) Welche Figur vervollständigt das Figurenpaar?

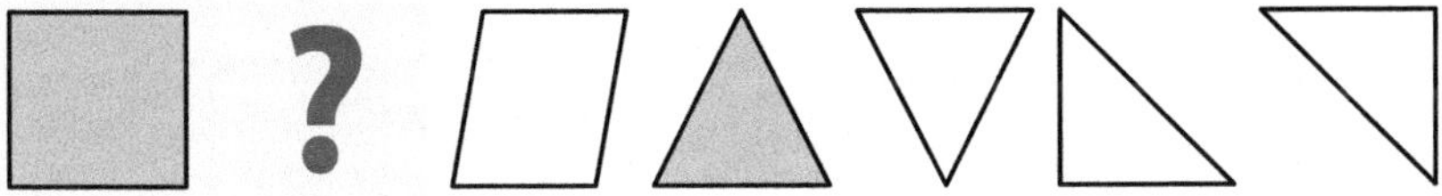

A B C D E

122) Welche Figur vervollständigt das Figurenpaar?

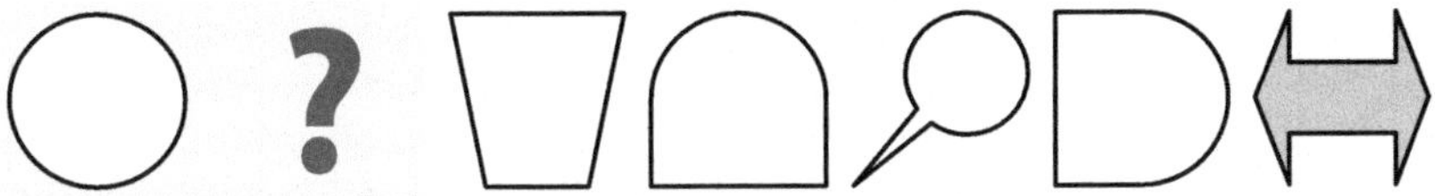

A B C D E

123) Welche Figur vervollständigt das Figurenpaar?

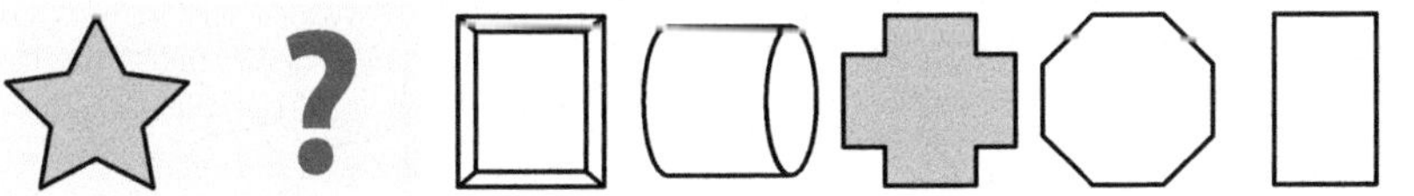

A B C D E

124) Welche Figur vervollständigt das Figurenpaar?

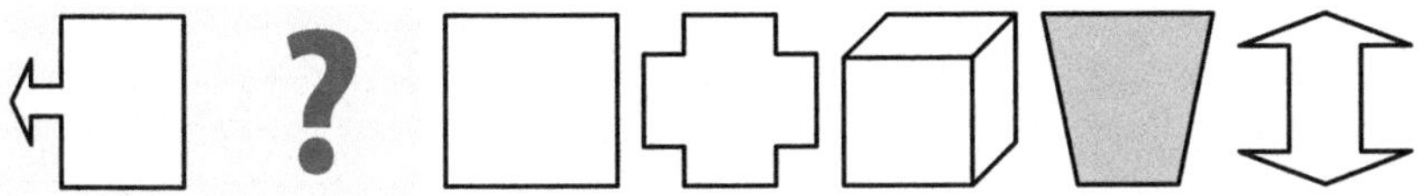

A B C D E

125) Welche Figur vervollständigt das Figurenpaar?

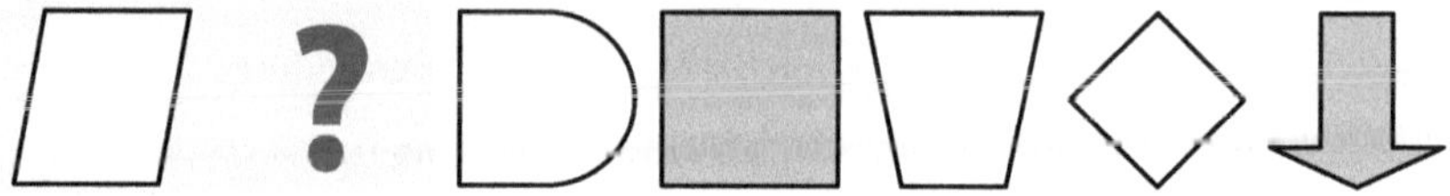

A B C D E

126) Welche Figur vervollständigt das Figurenpaar?

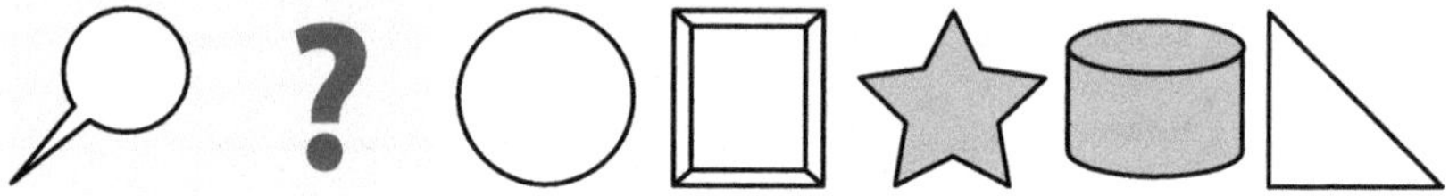

A B C D E

127) Welche Figur vervollständigt das Figurenpaar?

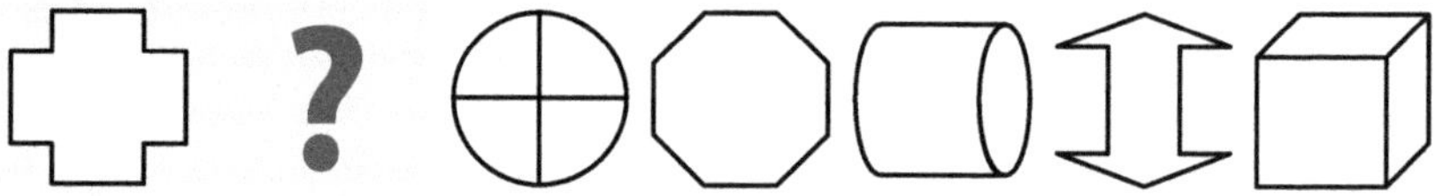

A B C D E

128) Welche Figur vervollständigt das Figurenpaar?

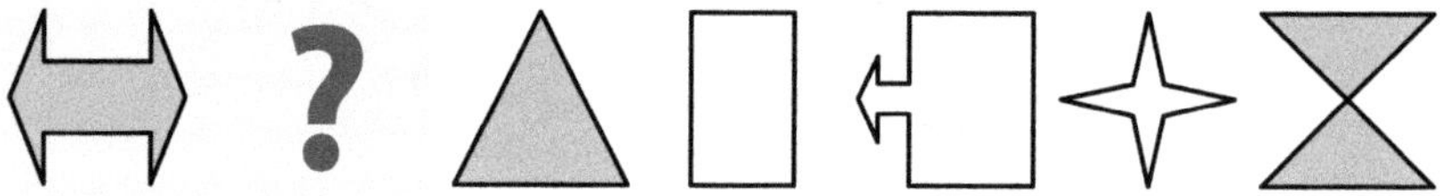

A B C D E

129) Welche Figur vervollständigt das Figurenpaar?

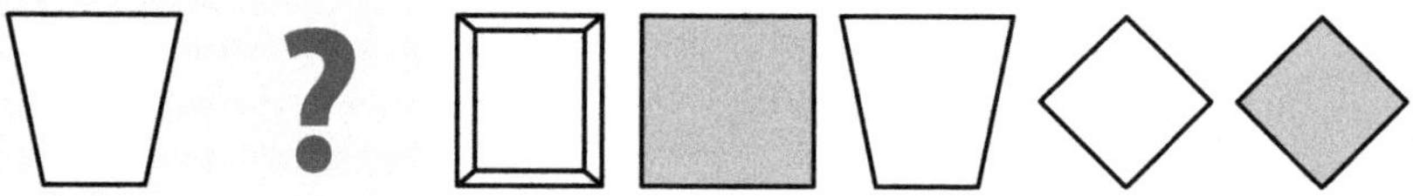

A B C D E

130) Welche Figur vervollständigt das Figurenpaar?

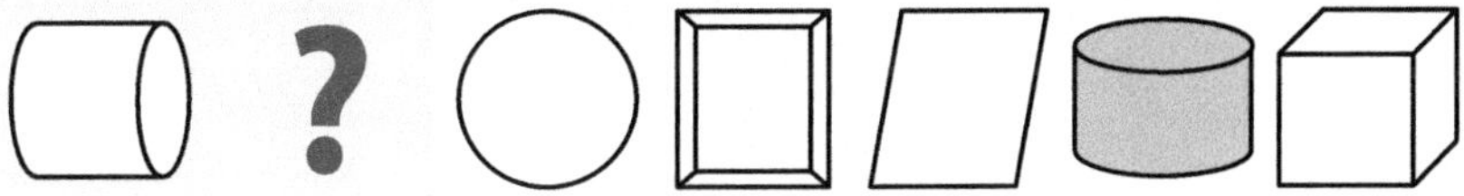

A B C D E

131) Welche Figur vervollständigt das Figurenpaar?

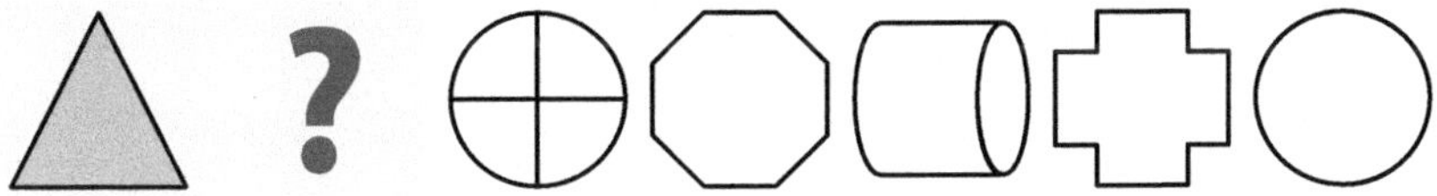

A B C D E

132) Welche Figur vervollständigt das Figurenpaar?

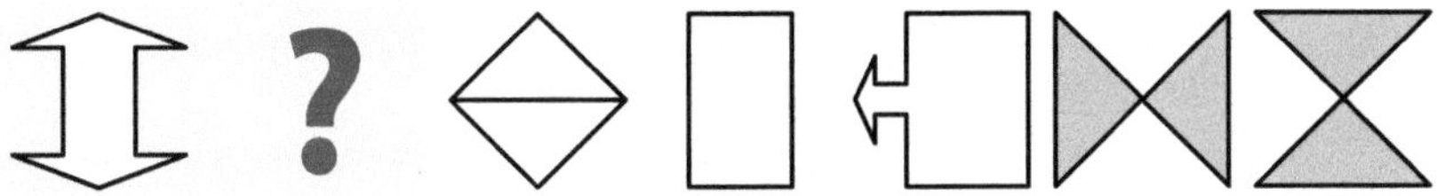

A B C D E

133) Welche Figur vervollständigt das Figurenpaar?

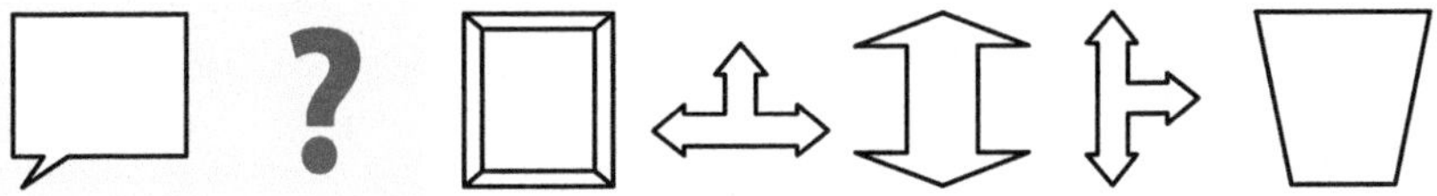

A B C D E

134) Welche Figur vervollständigt das Figurenpaar?

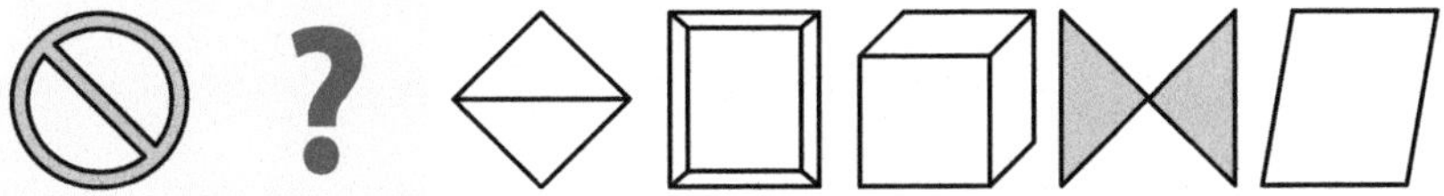

A B C D E

135) Welche Figur vervollständigt das Figurenpaar?

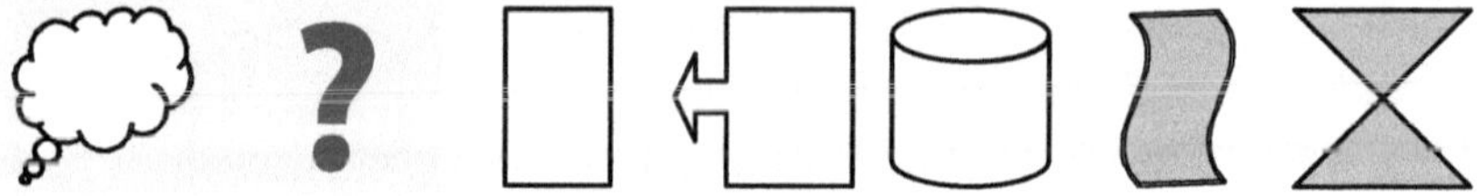

A B C D E

Kerzenleuchter

Bearbeitungszeit 5 Minuten

Nun müssen Sie Kerzenleuchter auf ihre Verwendbarkeit hin überprüfen.

Bitte markieren Sie alle verwendbaren Kerzenleuchter. Verwendbar ist ein Leuchter dann, wenn darin kein abgebrannter Kerzenstummel steckt – also auch dann, wenn einer, zwei oder alle Steckplätze leer sind.

Hierzu ein Beispiel

Aufgabe

1) 

Antwort

1) 

Bitte beginnen Sie nun mit der Bearbeitung: Markieren Sie die verwendbaren Kerzenleuchter.

136) 

137) 

138) 

139) 

140) 

141) 

142) 

143) 

144) 

145) 

146) 

147) 

148) 

149) 

150) 

151) 

152) 

153) 

154) 

155) 

156) 

157) 

158) 

159) 

160) 

161) 

162) 

163) 

164) 

165) 

Rechnen mit Hindernis

Bearbeitungszeit 10 Minuten

Nun lösen Sie pro Aufgabe zwei einfache Rechnungen und führen anschließend – je nach Ergebnis – eine bestimmte Rechenoperation durch.

Ist das Ergebnis der oberen Rechenzeile größer als jenes der unteren Zeile, so muss das untere Teilergebnis vom oberen abgezogen werden. Andernfalls müssen beide Teilergebnisse addiert werden.

Die Aufgaben sind unter **Zeitdruck** zu lösen.

Hierzu ein Beispiel

Aufgabe

1) 5 + 5 – 1
   2 + 2 – 3
   =

Aufgabe

2) 2 + 2 – 3
   5 + 5 – 1
   =

Antwort

1) = 8

Antwort

2) = 10

5 + 5 – 1 = 9 (größeres Ergebnis)
2 + 2 – 3 = 1 (kleineres Ergebnis)
9 – 1 = 8 (größeres Ergebnis – kleineres Ergebnis)

2 + 2 – 3 = 1 (kleineres Ergebnis)
5 + 5 – 1 = 9 (größeres Ergebnis)
9 + 1 = 10 (größeres Ergebnis + kleineres Ergebnis)

Beginnen Sie bitte jetzt mit den Aufgaben: Berechnen Sie jeweils die richtige Lösung. Sie haben dafür **10 Minuten** Zeit.

166) 17 – 18 + 19
   6 – 17 + 12
   =

167) 14 – 19 + 16
   12 – 16 + 9
   =

168) 16 – 29 + 27
   24 + 6 – 22
   =

169) 25 – 17 + 8
21 – 29 + 14
=

170) 7 + 4 – 3
14 + 8 – 2
=

171) 9 + 11 – 7
18 + 7 – 4
=

172) 17 + 9 – 12
11 – 4 + 21
=

173) 14 + 17 – 20
18 + 14 – 17
=

174) 22 + 17 + 15
24 + 9 – 17
=

175) 15 – 22 – 3
19 – 24 – 16
=

176) 21 + 15 – 19
18 + 11 – 6
=

177) 15 + 19 + 12
18 + 21 + 19
=

178) 4 + 18 + 7
15 + 12 + 7
=

179) 11 + 14 – 9
18 – 16 + 9
=

180) 12 – 18 + 6
14 + 9 – 14
=

181) 18 – 23 + 19
16 + 12 + 3
=

182) 16 – 19 – 6
14 – 18 + 11
=

183) 14 – 8 – 7
15 – 18 + 2
=

184) 14 + 6 – 28
18 + 14 – 9
=

185) 1 – 17 + 4
3 – 21 + 3
=

186) 15 + 18 – 3
12 + 8 – 5
=

187) 12 + 17 – 7
11 + 14 – 5
=

188) 16 + 13 – 9
14 + 3 – 2
=

189) 22 + 17 – 19
15 + 19 – 14
=

190) $17 + 13 - 16$
$14 + 17 - 9$
$=$

191) $14 + 18 + 17$
$15 + 14 + 7$
$=$

192) $18 + 17 - 6$
$8 + 19 - 9$
$=$

193) $15 + 7 - 11$
$6 + 9 - 19$
$=$

194) $24 + 17 - 21$
$17 + 21 - 28$
$=$

195) $23 + 19 - 12$
$14 + 17 - 9$
$=$

196) $18 + 16 + 8$
$14 + 13 - 7$
$=$

197) $16 + 26 - 12$
$11 + 4 + 7$
$=$

198) $21 + 14 - 3$
$16 + 15 - 9$
$=$

199) $14 + 16 - 6$
$11 + 6 - 3$
$=$

200) $28 + 19 - 7$
$14 + 13 + 8$
$=$

201) $24 + 18 - 8$
$12 + 11 + 8$
$=$

202) $17 + 13 + 9$
$12 + 2 + 8$
$=$

203) $22 + 3 + 15$
$14 + 7 - 5$
$=$

204) $18 + 9 + 6$
$14 + 12 + 3$
$=$

205) $21 + 8 + 6$
$15 + 6 + 3$
$=$

Symbole zuordnen

Einprägezeit 1 Minute

Jeder Zahl ist ein Symbol zugeordnet – prägen Sie sich diese Paare bitte gut ein.

Anschließend erhalten Sie eine Zahlenreihe, bei der Sie die zugehörigen Symbole Stelle für Stelle ergänzen sollen.

Hierzu ein Beispiel

Zuordnungstabelle

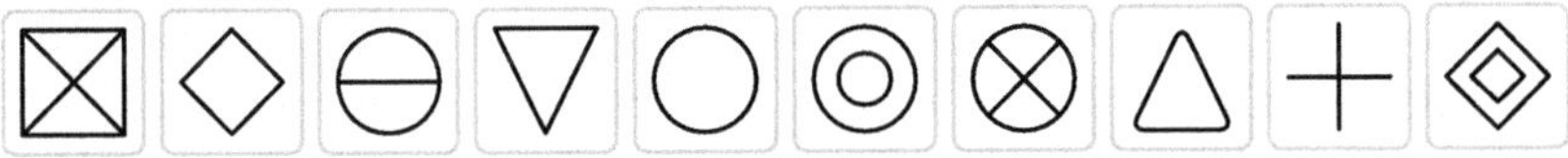

0 1 2 3 4 5 6 7 8 9

Aufgabe

1)

5 3 7 8 1 6

Antwort

1)

5 3 7 8 1 6

Skizzieren Sie die Symbole bitte nacheinander von links nach rechts und Reihe für Reihe. Ein Hin- und Herspringen zwischen einzelnen Feldern und Aufgaben – beispielsweise, um überall zuerst sämtliche 2er-Symbole einzuzeichnen – ist nicht erlaubt.

Hier nun die Zuordnungstabelle:

Bitte prägen Sie sich gut ein, welches Symbol für welche Zahl steht. Sie haben dafür **1 Minute** Zeit. Hierbei dürfen Sie sich keine Notizen machen.

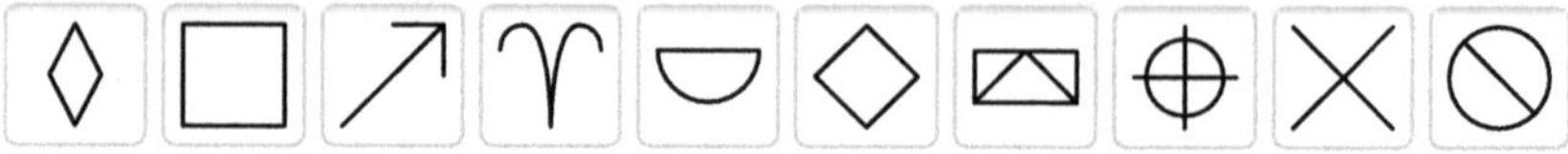

0 1 2 3 4 5 6 7 8 9

! *Hinweis*

Nachdem Sie sich die Zahl/Symbol-Paare eingeprägt haben, sollten Sie sich 5 Minuten mit etwas anderem beschäftigen, bevor Sie die dazugehörigen Fragen aus dem Gedächtnis beantworten!

Bitte decken Sie dafür diese Seite ab.

Symbole zuordnen

Bearbeitungszeit 2 Minuten

Soeben lag Ihnen eine Tabelle mit Zahlen und Symbolen vor.

Bitte skizzieren Sie nun – Stelle für Stelle, von links nach rechts – über jeder Zahl das zugehörige Symbol. Sobald Sie eine Reihe gefüllt haben, decken Sie diese bitte mit einem Blatt Papier ab.

206)

7	4	8	1	3	5	0	2	6	9

207)

4	5	2	0	6	8	1	9	7	3

208)

5	7	3	2	1	4	9	6	0	8

209)

2	0	1	9	3	5	7	4	8	6

210)

8	9	4	6	2	1	3	0	5	7

Verschlüsselte Zeichen *Bearbeitungszeit 15 Minuten*

Zu jedem folgenden Aufgabenblock erhalten Sie eine Code-Tabelle, die mehreren Ausgangszeichen bestimmte Codezeichen zuweist.

Um eine Aufgabe zu lösen, müssen Sie zuerst die vorgegebenen Ausgangszeichen mithilfe der Code-Tabelle in Codezeichen umwandeln.

Anschließend überprüfen Sie die Aufgabenreihe – Stelle für Stelle, von links nach rechts: Immer dann, wenn Sie einem soeben erhaltenen Codezeichen begegnen, notieren Sie bitte das Nachbarzeichen links davon. So erhalten Sie schließlich eine weitere Zeichenfolge als Lösungsreihe.

Hierzu ein Beispiel

Code-Tabelle

Ausgangszeichen:	g	h	i	j
Codezeichen:	a	b	c	d

Aufgabe

1) Wie lautet die Lösungsreihe?

¬ Aufgabenreihe: **a 2 c d a 5**

¬ Gegebene Ausgangszeichen: **i, jg**

____

Antwort

2 c

Die Ausgangszeichen „i" und „jg" werden mithilfe der Code-Tabelle in die Codezeichen „c" und „da" entschlüsselt. In der Aufgabenreihe steht vor dem Codezeichen „c" eine „2" und vor „da" ein „c". Die Lösungsreihe lautet somit „2 c".

Bitte beginnen Sie nun mit der Bearbeitung: Tragen Sie jeweils die Lösungsreihe ein. Sie haben dafür **15 Minuten** Zeit.

Code-Tabelle A

Ausgangszeichen:	o	p	q	r	s
Codezeichen:	a	b	c	d	e

211) Wie lautet die Lösungsreihe?

¬ Aufgabenreihe: **a c f p e r l**

¬ Gegebene Ausgangszeichen: **q, s**

____

212) Wie lautet die Lösungsreihe?

¬ Aufgabenreihe: **a d c d f d**

¬ Gegebene Ausgangszeichen: **r**

____

213) Wie lautet die Lösungsreihe?

¬ Aufgabenreihe: **e b c o b e o**

¬ Gegebene Ausgangszeichen: **p**

____

214) Wie lautet die Lösungsreihe?

¬ Aufgabenreihe: **x o a p b r s**

¬ Gegebene Ausgangszeichen: **o, p**

____

215) Wie lautet die Lösungsreihe?

¬ Aufgabenreihe: **o p n q r e s u e**

¬ Gegebene Ausgangszeichen: **p, s**

____

Code-Tabelle B

Ausgangszeichen:	p	q	f	x	v	r	m	y	h	u	j	k	t
Codezeichen:	a	b	c	d	e	f	g	h	i	j	k	l	m

216) Wie lautet die Lösungsreihe?
- Aufgabenreihe: **e r j g a o d j v h s d r o k e j**
- Gegebene Ausgangszeichen: **p, jv**

____

217) Wie lautet die Lösungsreihe?
- Aufgabenreihe: **m j a d h g f s u z t o s d n j**
- Gegebene Ausgangszeichen: **q, v, u**

____

218) Wie lautet die Lösungsreihe?
- Aufgabenreihe: **w a f f s g a f k v h d a k i s h r z p h**
- Gegebene Ausgangszeichen: **pr, j**

____

219) Wie lautet die Lösungsreihe?
- Aufgabenreihe: **a o p c i j k d e g r s t h f g n b l m**
- Gegebene Ausgangszeichen: **x, m, k, t**

____

220) Wie lautet die Lösungsreihe?
- Aufgabenreihe: **f h l b w a q m y d x e r c k h g i k a**
- Gegebene Ausgangszeichen: **p, y, t**

____

Code-Tabelle C

Ausgangszeichen:	1	m	a	l	n	6	0	8	9	t	o	ö	7	p	d
Codezeichen:	g	e	l	w	1	ö	m	5	i	j	a	0	9	r	q

221) Wie lautet die Lösungsreihe?

¬ Aufgabenreihe: **t 1 4 9 0 c 9 n s h b q q m a c b m y x k x ö 4 5 m k x p 3 n x b n**

¬ Gegebene Ausgangszeichen: **n, 6, t, d**

222) Wie lautet die Lösungsreihe?

¬ Aufgabenreihe: **5 j a 0 9 r g w e o 1 ö m q g e o 1 ö m i l j a ö m 5 i l 0 w q 1**

¬ Gegebene Ausgangszeichen: **1, m, a, 60**

223) Wie lautet die Lösungsreihe?

¬ Aufgabenreihe: **j 5 f 5 3 7 l 1 l 7 1 5 3 j r l 1 j q q**

¬ Gegebene Ausgangszeichen: **a, n, 8, p**

224) Wie lautet die Lösungsreihe?

¬ Aufgabenreihe: **w e 5 y 2 u 1 i a 3 b n e 5 c d n b v 1 i 8 a e q k e 5 d 0 1**

¬ Gegebene Ausgangszeichen: **n9, ö, m8, o, d**

225) Wie lautet die Lösungsreihe?

¬ Aufgabenreihe: **e k c v p l a ö 4 v j 9 y m h i s l q n ü 1 f m ü m w i g e ü**

¬ Gegebene Ausgangszeichen: **9, d, 7, 0**

Lösungen: Konzentration und Merkfähigkeit

1) 6	31) 6	61) 0404
2) 6	32) 6	62) 0101
3) 5	33) 8	63) 0202
4) 3	34) 6	64) 0808
5) 6	35) 6	65) 0707
6) 4	36) 3	66) 0606
7) 7	37) 7	67) 0505
8) 9	38) 5	68) 0303
9) 5	39) 7	69) 0909
10) 3	40) 5	70) 1010
11) 6	41) B	71) 0104
12) 7	42) A	72) 0503
13) 6	43) D	73) 0809
14) 5	44) E	74) 0208
15) 7	45) C	75) 0307
16) 8	46) E	76) 0601
17) 7	47) C	77) 0705
18) 8	48) A	78) 0406
19) 5	49) E	79) 0910
20) 9	50) C	80) 1002
21) 5	51) A	81) 0210
22) 6	52) D	82) 0609
23) 1	53) A	83) 0805
24) 8	54) B	84) 0402
25) 7	55) E	85) 0501
26) 6	56) A	86) 0103
27) 10	57) B	87) 0306
28) 7	58) B	88) 0703
29) 5	59) C	89) 0907
30) 2	60) D	90) 1008

91) 0509	**123)** E	**155)** 9
92) 0806	**124)** C	**156)** 10
93) 0410	**125)** E	**157)** 14
94) 0201	**126)** D	**158)** 8
95) 0109	**127)** A	**159)** 12
96) A	**128)** D	**160)** 10
97) C	**129)** D	**161)** 9
98) E	**130)** B	**162)** 9
99) D	**131)** B	**163)** 11
100) D	**132)** E	**164)** 10
101) A	**133)** B	**165)** 10
102) B	**134)** A	**166)** 17
103) D	**135)** D	**167)** 6
104) B	**136)** 13	**168)** 6
105) A	**137)** 14	**169)** 10
106) E	**138)** 10	**170)** 28
107) C	**139)** 9	**171)** 34
108) B	**140)** 10	**172)** 42
109) A	**141)** 12	**173)** 26
110) E	**142)** 10	**174)** 38
111) C	**143)** 9	**175)** 11
112) A	**144)** 8	**176)** 40
113) B	**145)** 7	**177)** 104
114) A	**146)** 11	**178)** 63
115) A	**147)** 10	**179)** 5
116) E	**148)** 14	**180)** 9
117) E	**149)** 11	**181)** 45
118) A	**150)** 12	**182)** –2
119) C	**151)** 12	**183)** –2
120) D	**152)** 10	**184)** 15
121) D	**153)** 11	**185)** 3
122) D	**154)** 8	**186)** 15

187)	2	**200)**	5	**213)**	e o
188)	5	**201)**	3	**214)**	o p
189)	40	**202)**	17	**215)**	r u
190)	36	**203)**	24	**216)**	g o
191)	13	**204)**	4	**217)**	m n
192)	11	**205)**	11	**218)**	w g f a
193)	15	**206)**		**219)**	k e f b l
194)	10	**207)**		**220)**	f w q k k
195)	8	**208)**	siehe Erklärung	**221)**	t b q x
196)	22	**209)**		**222)**	r w 1 q g 1 i a i
197)	8	**210)**		**223)**	j f 7 l 1 7 1 j r l
198)	10	**211)**	a p	**224)**	w u i n v 8 e k d
199)	10	**212)**	a c f	**225)**	j y h l f ü w

„3/6/8/9-Test" (Aufgaben 1–40)

Zu 1)	8	6	6	8	9	8	3	9	8	3	9	8	9	8	3	8	9	8	9	3	***6***
Zu 2)	8	8	6	8	6	8	9	8	9	8	6	8	9	9	3	8	3	8	9	9	***6***
Zu 3)	8	9	9	8	9	8	6	8	6	8	8	6	9	8	8	6	8	3	9	8	***5***
Zu 4)	8	3	8	6	6	8	6	8	8	9	8	6	8	9	8	3	8	3	8	9	***3***
Zu 5)	8	3	3	8	6	8	6	8	8	9	6	9	8	9	9	6	8	9	8	9	***6***
Zu 6)	8	8	6	8	3	8	3	3	8	6	8	8	9	9	8	6	6	8	9	9	***4***
Zu 7)	8	6	8	3	9	8	3	9	8	9	8	3	9	9	8	6	6	8	9	9	***7***
Zu 8)	8	8	9	8	9	8	9	3	8	9	9	6	9	8	9	6	9	8	9	8	***9***
Zu 9)	8	8	3	3	8	6	9	8	9	9	9	8	6	6	8	3	9	8	3	8	***5***
Zu 10)	8	8	8	3	8	3	6	8	6	8	9	8	3	8	9	8	9	3	8	8	***3***
Zu 11)	8	8	3	8	3	8	6	9	8	9	8	8	9	9	8	6	3	8	9	9	***6***
Zu 12)	8	8	9	3	8	9	8	3	9	8	8	9	3	9	8	6	8	9	8	9	***7***
Zu 13)	8	8	3	6	8	8	9	8	6	9	8	9	6	9	8	3	8	9	8	9	***6***
Zu 14)	8	3	8	9	8	6	6	8	9	8	3	8	9	6	9	8	6	8	9	8	***5***
Zu 15)	8	6	8	3	8	9	8	8	3	8	9	8	9	9	8	6	9	8	9	9	***7***
Zu 16)	8	6	9	8	6	9	8	3	9	8	9	3	9	6	9	8	9	6	9	8	***8***

Zu 17)	6	8	8	6	8	3	3	8	6	8	**9**	8	**9**	**9**	**9**	8	**9**	8	**9**	**9**	*7*
Zu 18)	3	8	6	**9**	8	**9**	8	6	8	8	**9**	6	**9**	**9**	8	3	**9**	8	**9**	**9**	*8*
Zu 19)	6	8	6	8	8	**9**	8	**9**	3	**9**	**9**	8	3	6	8	8	**9**	8	6	8	*5*
Zu 20)	8	**9**	8	**9**	3	**9**	8	3	8	6	**9**	6	**9**	**9**	8	3	**9**	8	**9**	**9**	*9*
Zu 21)	8	8	3	6	6	**9**	3	**9**	8	**9**	8	6	**9**	8	6	3	8	8	**9**	8	*5*
Zu 22)	8	8	8	8	6	3	6	8	3	**9**	8	3	**9**	**9**	**9**	8	3	8	**9**	**9**	*6*
Zu 23)	8	8	8	3	8	3	6	8	6	8	8	6	8	8	**9**	8	6	8	8	8	*1*
Zu 24)	**9**	8	**9**	**9**	**9**	**9**	8	6	8	**9**	8	8	8	**9**	8	8	6	3	3	**9**	*8*
Zu 25)	8	**9**	**9**	8	8	**9**	**9**	8	6	**9**	8	**9**	8	6	3	3	8	**9**	8	8	*7*
Zu 26)	8	6	8	**9**	**9**	8	**9**	**9**	**9**	8	3	6	8	8	**9**	8	3	6	6	8	*6*
Zu 27)	**9**	**9**	**9**	8	**9**	8	**9**	6	**9**	6	**9**	3	**9**	8	3	8	**9**	8	**9**	8	*10*
Zu 28)	8	**9**	8	8	**9**	**9**	8	8	**9**	8	**9**	8	3	8	**9**	3	**9**	8	3	8	*7*
Zu 29)	8	8	**9**	**9**	**9**	8	8	**9**	8	3	8	3	6	6	**9**	8	8	6	8	8	*5*
Zu 30)	8	8	**9**	8	8	8	8	8	3	6	3	8	3	8	**9**	8	6	6	8	8	*2*
Zu 31)	8	8	**9**	**9**	6	**9**	**9**	8	**9**	8	6	8	3	8	**9**	3	8	6	8	6	*6*
Zu 32)	8	8	3	**9**	8	3	**9**	8	**9**	**9**	8	**9**	8	6	8	6	8	**9**	8	8	*6*
Zu 33)	8	8	**9**	**9**	8	3	**9**	**9**	8	3	**9**	**9**	8	6	6	8	**9**	**9**	8	8	*8*
Zu 34)	8	8	8	3	8	3	8	**9**	3	**9**	8	**9**	6	**9**	8	6	8	**9**	8	**9**	*6*
Zu 35)	8	6	8	3	8	6	8	8	3	8	8	**9**	**9**	**9**	8	3	8	**9**	**9**	**9**	*6*
Zu 36)	3	8	3	8	6	8	6	8	6	8	8	3	8	**9**	**9**	8	8	3	6	**9**	*3*
Zu 37)	8	3	8	3	3	8	8	6	**9**	8	**9**	3	**9**	**9**	8	6	**9**	8	**9**	**9**	*7*
Zu 38)	8	6	8	3	8	8	3	8	**9**	8	**9**	8	**9**	8	6	8	**9**	8	**9**	8	*5*
Zu 39)	**9**	8	**9**	**9**	8	8	**9**	8	8	**9**	8	8	8	**9**	8	8	8	8	8	**9**	*7*
Zu 40)	8	**9**	8	6	8	6	8	3	3	8	**9**	8	**9**	8	3	6	**9**	8	**9**	8	*5*

Beschreibungen merken (Aufgaben 41–60)

Zu 41) B. Drogistin.

Frau Wolff, die geschiedene Patientin, ist von Beruf Drogistin.

Zu 42) A. Taxifahrerin.

Frau Müller, die Patientin mit dem Nierenstein, ist von Beruf Taxifahrerin.

Zu 43) D. manisch.

Herr Ackermann, der Pfarrer, ist manisch.

Zu 44) E. ca. 70 Jahre.

Frau Kleiner, die Designerin, ist ungefähr 70 Jahre alt.

Zu 45) C. einem Kreuzbandriss.

Herr Schmidt, der Fahrradkurier, leidet an einem Kreuzbandriss.

Zu 46) E. ist verheiratet.

Herr Graff ist verheiratet.

Zu 47) C. Milzriss.

Die Diagnose von Frau König lautet Milzriss.

Zu 48) A. ist alleinerziehend.

Herr Grossmann, der an Ebola erkrankte Patient, ist alleinerziehend.

Zu 49) E. Langer.

Die Floristin ist Frau Langer.

Zu 50) C. Schulterprellung.

Herr Geyer, der verwirrte Patient, leidet an einer Schulterprellung.

Zu 51) A. Ackermann.

Der ungefähr 55 Jahre alte Patient ist Herr Ackermann.

Zu 52) D. ist ca. 70 Jahre alt.

Herr Grossmann ist ungefähr 70 Jahre alt.

Zu 53) A. Becker.

Die Paketbotin ist Frau Becker.

Zu 54) B. Taxifahrerin.

Frau Müller, die Patientin auf der Intensivstation, ist von Beruf Taxifahrerin.

Zu 55) E. ist apathisch.

Herr Schmidt, der Patient mit dem Kreuzbandriss, ist apathisch.

Zu 56) A. Wolff.

Die ungefähr 25 Jahre alte Patientin ist Frau Wolff.

Zu 57) B. Feldtner.

Die kinderlose Patientin ist Frau Feldtner.

Zu 58) B. ist kinderlos.

Frau Feldtner, die Patientin mit der Leistenzerrung, ist kinderlos.

Zu 59) C. Buchhalter.

Herr Keyser ist von Beruf Buchhalter.

Zu 60) D. Psychologin.

Frau Hofer, die Patientin mit Lepra, ist von Beruf Psychologin.

Codierte Wörter (Aufgaben 61–95)

Zu 61) Wie lautet der Code für die Schule in Karlsruhe? ***0404***

Zu 62)	Wie lautet der Code für das Theater in Hannover?	*0101*
Zu 63)	Wie lautet der Code für das Schwimmbad in Kassel?	*0202*
Zu 64)	Wie lautet der Code für die Polizei in Rostock?	*0808*
Zu 65)	Wie lautet der Code für das Patentamt in Osnabrück?	*0707*
Zu 66)	Wie lautet der Code für die Universität in München?	*0606*
Zu 67)	Wie lautet der Code für das Krankenhaus in Aachen?	*0505*
Zu 68)	Wie lautet der Code für die Stadthalle in Würzburg?	*0303*
Zu 69)	Wie lautet der Code für die Bundeswehr in Berlin?	*0909*
Zu 70)	Wie lautet der Code für die Feuerwehr in Potsdam?	*1010*
Zu 71)	Wie lautet der Code für das Theater in Karlsruhe?	*0104*
Zu 72)	Wie lautet der Code für das Krankenhaus in Würzburg?	*0503*
Zu 73)	Wie lautet der Code für die Polizei in Berlin?	*0809*
Zu 74)	Wie lautet der Code für das Schwimmbad in Rostock?	*0208*
Zu 75)	Wie lautet der Code für die Stadthalle in Osnabrück?	*0307*
Zu 76)	Wie lautet der Code für die Universität in Hannover?	*0601*
Zu 77)	Wie lautet der Code für das Patentamt in Aachen?	*0705*
Zu 78)	Wie lautet der Code für die Schule in München?	*0406*
Zu 79)	Wie lautet der Code für die Bundeswehr in Potsdam?	*0910*
Zu 80)	Wie lautet der Code für die Feuerwehr in Kassel?	*1002*
Zu 81)	Wie lautet der Code für das Schwimmbad in Potsdam?	*0210*
Zu 82)	Wie lautet der Code für die Universität in Berlin?	*0609*
Zu 83)	Wie lautet der Code für die Polizei in Aachen?	*0805*
Zu 84)	Wie lautet der Code für die Schule in Kassel?	*0402*
Zu 85)	Wie lautet der Code für das Krankenhaus in Hannover?	*0501*

Zu 86) Wie lautet der Code für das Theater in Würzburg? ***0103***

Zu 87) Wie lautet der Code für die Stadthalle in München? ***0306***

Zu 88) Wie lautet der Code für das Patentamt in Würzburg? ***0703***

Zu 89) Wie lautet der Code für die Bundeswehr in Osnabrück? ***0907***

Zu 90) Wie lautet der Code für die Feuerwehr in Rostock? ***1008***

Zu 91) Wie lautet der Code für das Krankenhaus in Berlin? ***0509***

Zu 92) Wie lautet der Code für die Polizei in München? ***0806***

Zu 93) Wie lautet der Code für die Schule in Potsdam? ***0410***

Zu 94) Wie lautet der Code für das Schwimmbad in Hannover? ***0201***

Zu 95) Wie lautet der Code für das Theater in Berlin? ***0109***

Dispositionsliste merken (Aufgaben 96–120)

Zu 96) **A.** Beito

Zu 97) **C.** Lamba

Zu 98) **E.** Wila

Zu 99) **D.** Lila

Zu 100) **D.** Fila

Zu 101) **A.** Bamba

Zu 102) **B.** Zahnpasta

Zu 103) **D.** Trikot

Zu 104) **B.** Fußball

Zu 105) **A.** Shampoo

Zu 106) **E.** Parfum

Zu 107) **C.** Löffel

Zu 108) **B.** Fußball

Zu 109) **A.** Zollstock

Zu 110) **E.** Löffel

Zu 111) **C.** Shampoo

Zu 112) **A.** Trikot

Zu 113) **B.** Glas

Zu 114) **A.** Schuhe

Zu 115) **A.** Mitte Januar

Zu 116) **E.** Anfang Januar

Zu 117) **E.** Ende Januar

Zu 118) **A.** Mitte März

Zu 119) **C.** Glas

Zu 120) **D.** Shampoo

Figurenpaare einprägen (Aufgaben 121–135)

Zu 121) D.

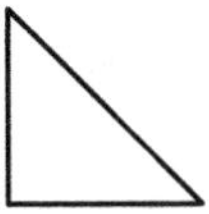

Zu 122) D.

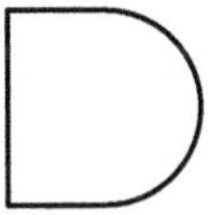

Zu 123) E.

Zu 124) C.

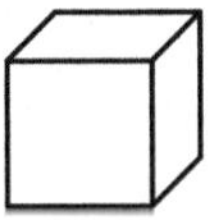

Zu 125) E.

Zu 126) D.

Zu 127) A.

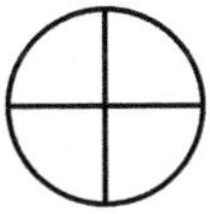

Zu 128) D.

Zu 129) D.

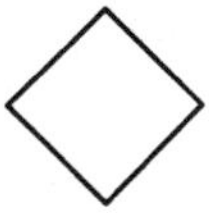

Zu 130) B.

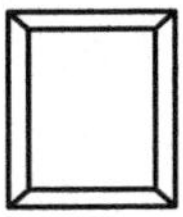

Zu 131) B.

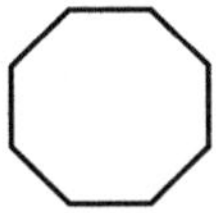

Zu 132) E.

Zu 133) B.

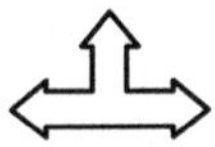

Zu 134) A.

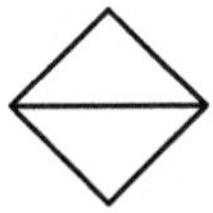

Zu 135) D.

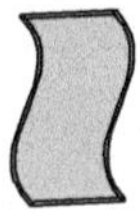

Kerzenleuchter (Aufgaben 136–165)

Zu 136)

Zu 137)

Zu 138)

Zu 139) 

Zu 140) 

Zu 141) 

Zu 142) 

Zu 143) 

Zu 144) 

Zu 145) 

Zu 146) 

Zu 147) 

Zu 148) 

Zu 149) 

Zu 150) 

Zu 151) 

Zu 152) 

Zu 153)

Zu 154)

Zu 155)

Zu 156)

Zu 157)

Zu 158)

Zu 159)

Zu 160)

Zu 161)

Zu 162)

Zu 163)

Zu 164)

Zu 165)

Rechnen mit Hindernis (Aufgaben 166–205)

Zu 166)
18
− 1
= ***17***

Zu 167)
11
− 5
= ***6***

Zu 168)
14
− 8
= ***6***

Zu 169)
16
− 6
= ***10***

Zu 170)
8
+ 20
= ***28***

Zu 171)
13
+ 21
= ***34***

Zu 172)
14
+ 28
= ***42***

Zu 173)
11
+ 15
= ***26***

Zu 174)
54
− 16
= ***38***

Zu 175)
−10
− (−21)
= ***11***

Zu 176)
17
+ 23
= ***40***

Zu 177)
46
+ 58
= ***104***

Zu 178)
29
+ 34
= ***63***

Zu 179)
16
− 11
= ***5***

Zu 180)
0
+ 9
= ***9***

Zu 181)
14
+ 31
= ***45***

Zu 182)
−9
+ 7
= ***−2***

Zu 183)
−1
+ (−1)
= ***−2***

Zu 184)
−8
+ 23
= ***15***

Zu 185)
−12
− (−15)
= ***3***

Zu 186)
30
− 15
= ***15***

Zu 187)
22
− 20
= ***2***

Zu 188)
20
− 15
= ***5***

Zu 189)
20
+ 20
= ***40***

Zu 190) 14 + 22 = ***36***

Zu 191) 49 – 36 = ***13***

Zu 192) 29 – 18 = ***11***

Zu 193) 11 – (–4) = ***15***

Zu 194) 20 – 10 = ***10***

Zu 195) 30 – 22 = ***8***

Zu 196) 42 – 20 = ***22***

Zu 197) 30 – 22 = ***8***

Zu 198) 32 – 22 = ***10***

Zu 199) 24 – 14 = ***10***

Zu 200) 40 – 35 = ***5***

Zu 201) 34 – 31 = ***3***

Zu 202) 39 – 22 = ***17***

Zu 203) 40 – 16 = ***24***

Zu 204) 33 – 29 = ***4***

Zu 205) 35 – 24 = ***11***

Symbole zuordnen (Aufgaben 206–210)

Zu 206)

7 4 8 1 3 5 0 2 6 9

Zu 207)

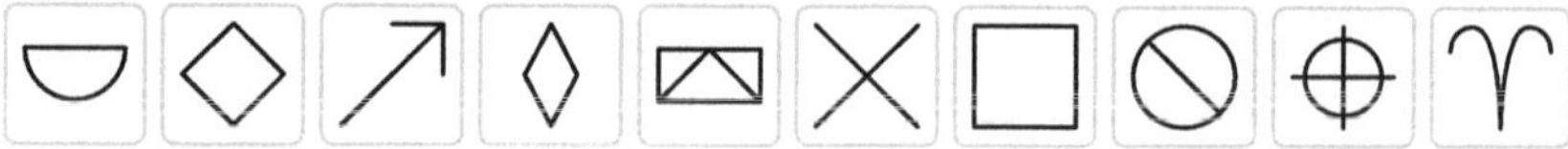

4 5 2 0 6 8 1 9 7 3

Zu 208)

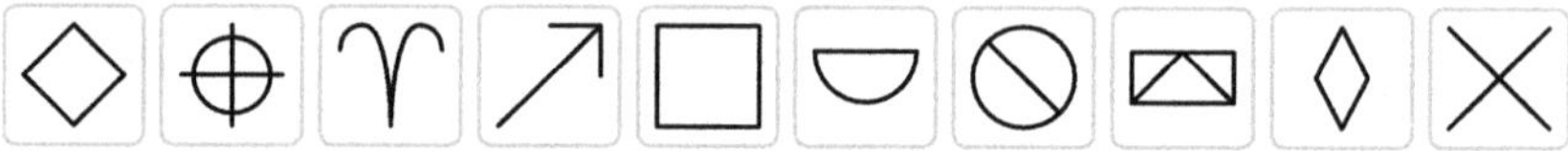

5 7 3 2 1 4 9 6 0 8

Zu 209)

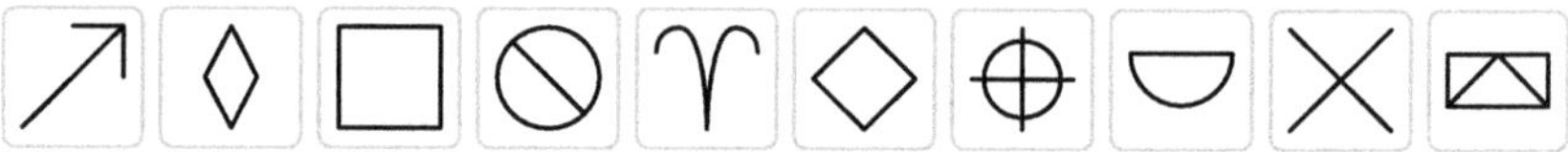

2 0 1 9 3 5 7 4 8 6

Zu 210)

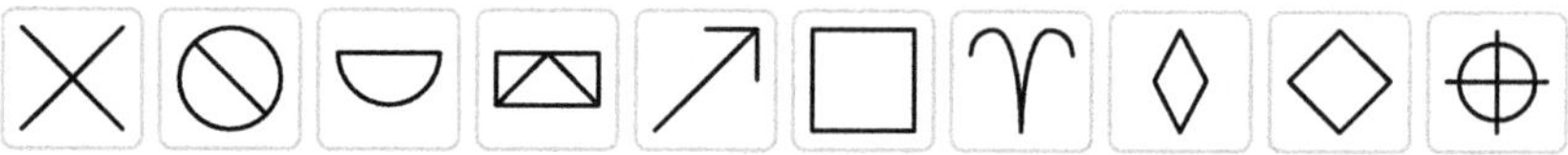

8 9 4 6 2 1 3 0 5 7

Verschlüsselte Zeichen (Aufgaben 211–225)

Zu 211) *a p*

Zu 212) *a c f*

Zu 213) *e o*

Zu 214) *o p*

Zu 215) *r u*

Zu 216) *g o*

Zu 217) *m n*

Zu 218) *w g f a*

Zu 219) *k e f b l*

Zu 220) *f w q k k*

Zu 221) *t b q x*

Zu 222) *r w 1 q g 1 i a i*

Zu 223) *j f 7 l 1 7 1 j r l*

Zu 224) *w u i n v 8 e k d*

Zu 225) *j y h l f ü w*

Anhang

Tabelle: Maße und Einheiten

Einheit	Einheitenzeichen	Umrechnung
	Länge	
Kilometer	km	1 km = 1.000 m
Meter	m	1 m = 10 dm = 100 cm
Dezimeter	dm	1 dm = 10 cm = 100 mm
Zentimeter	cm	1 cm = 10 mm
Millimeter	mm	1 mm = 1.000 µm
Mikrometer	µm	
	Fläche	
Quadratkilometer	km^2	1 km^2 = 100 ha
Hektar	ha	1 ha = 100 a
Ar	a	1 a = 100 m^2
Quadratmeter	m^2	1 m^2 = 100 dm^2
Quadratdezimeter	dm^2	1 dm^2 = 100 cm^2
Quadratzentimeter	cm^2	1 cm^2 = 100 mm^2
Quadratmillimeter	mm^2	
	Volumen	
Kubikkilometer	km^3	1 km^3 = 1.000.000.000 m^3
Kubikmeter	m^3	1 m^3 = 1.000 dm^3
Kubikdezimeter	dm^3	1 dm^3 = 1.000 cm^3
Kubikzentimeter	cm^3	1 cm^3 = 1.000 mm^3
Kubikmillimeter	mm^3	

Hektoliter	hl	1 hl = 100 l
Liter	l	1 l = 10 dl
Deziliter	dl	1 dl = 10 cl
Zentiliter	cl	1 cl = 10 ml
Milliliter	ml	1 ml = 1.000 µl
Mikroliter	µl	
Masse		
Tonne	t	1 t = 20 ztr = 1.000 kg
Zentner	ztr	1 ztr = 50 kg
Kilogramm	kg	1 kg = 1.000 g
Pfund	pf	1 pf = 500 g
Gramm	g	1 g = 1.000 mg
Milligramm	mg	1 mg = 1.000 µg
Mikrogramm	µg	
Zeit		
Jahr	a	1 a = 365 d
Woche	w	1 w = 7 d
Tag	d	1 d = 24 h
Stunde	h	1 h = 60 min
Minute	min	1 min = 60 s
Sekunde	s	1 s = 1.000 ms
Millisekunden	ms	
Geschwindigkeit		
Kilometer pro Stunde	km/h	1 km/h = 0,2778 m/s
Meter pro Sekunde	m/s	1 m/s = 3,6 km/h

Kraft		
Newton	N	$1\ N = 1\ kg \times m / s^2$
Druck		
Bar	bar	1 bar = 100.000 Pa
Pascal	Pa	1 Pa = 0,00001 bar
Temperatur		
Grad Celsius	°C	$T_{Celsius} = T_{Kelvin} - 273{,}15$
Kelvin	K	$T_{Kelvin} = T_{Celsius} + 273{,}15$

Ausbildungspark Verlag GmbH

Bettinastraße 69 • 63067 Offenbach am Main
Tel. (069) 40 56 49 73 • Fax (069) 43 05 86 02
E-Mail: kontakt@ausbildungspark.com
Internet: www.ausbildungspark.com